Kai-Uwe Hellmann · Dominik Schrage (Hrsg.)

Das Management der Kunden

Konsumsoziologie und Massenkultur

Herausgegeben von
Kai-Uwe Hellmann
Dominik Schrage

In der Reihe „Konsumsoziologie und Massenkultur" erscheinen Sammelbände und Monografien, die sich dem in der deutschen Soziologie bislang vernachlässigten Forschungsgebiet der Konsumsoziologie widmen. Der Akzent liegt auf Beiträgen, die den Bereich der Konsumsoziologie mit Blick auf gesellschafts- und kulturtheoretische Fragestellungen erschließen und den modernen Konsum als Herausforderung für die soziologische Theoriebildung begreifen.

Das Konzept der Massenkultur verweist vor allem auf die gesellschaftsdiagnostische Komponente konsumsoziologischer Forschung. „Massenkultur" kann als die übergreifende Kultur der gegenwärtigen Gesellschaft verstanden werden, die kulturelle Gehalte und Bedeutungen auf vielfältige Art und Weise für die Gesamtheit der Bevölkerung verfügbar macht. Massenkultur leistet die wichtigste Orientierung in der modernen, durch Technisierung, Ökonomisierung, Ästhetisierung und Demokratisierung geprägten Wirklichkeit, indem sie all jene Wahrnehmungs- und Handlungsmuster bereitstellt, die in ihrer Gesamtheit für jeden Einzelnen ein Universum von Selbstverständlichkeiten ausmachen. Deren Geltung ist dabei keine primär normative, sondern abhängig von der am Markt, in den Medien und durch den Konsum manifestierten Akzeptanz eines Massenpublikums.

Durch die Verbindung von Konsumsoziologie und Massenkultur können die in den einzelnen Beiträgen erforschten Konsumphänomene auf die Frage nach der gesellschaftlichen Funktion des Konsums in modernen Gesellschaften bezogen werden.

Kai-Uwe Hellmann
Dominik Schrage (Hrsg.)

Das Management der Kunden

Studien zur Soziologie des Shopping

VS VERLAG FÜR SOZIALWISSENSCHAFTEN

VS VERLAG FÜR SOZIALWISSENSCHAFTEN

VS Verlag für Sozialwissenschaften
Entstanden mit Beginn des Jahres 2004 aus den beiden Häusern
Leske+Budrich und Westdeutscher Verlag.
Die breite Basis für sozialwissenschaftliches Publizieren

Bibliografische Information Der Deutschen Bibliothek
Die Deutsche Bibliothek verzeichnet diese Publikation in der Deutschen Nationalbibliografie; detaillierte bibliografische Daten sind im Internet über <http://dnb.ddb.de> abrufbar.

1. Auflage Mai 2005

Lektorat: Frank Engelhardt

Der VS Verlag für Sozialwissenschaften ist ein Unternehmen von Springer Science+Business Media.
www.vs-verlag.de

Umschlaggestaltung: KünkelLopka Medienentwicklung, Heidelberg
Druck und buchbinderische Verarbeitung: MercedesDruck, Berlin
Gedruckt auf säurefreiem und chlorfrei gebleichtem Papier
Printed in Germany

ISBN 3-531-14571-1

Inhalt

Soziologie des Shopping: Zur Einführung

Kai-Uwe Hellmann

„We're socialized to shop."[1]

Einkaufen ist Arbeit, Shoppen macht Spaß. Wer sich mit dem Thema „Shopping" näher befaßt, kommt an dieser Leitdifferenz nicht vorbei: auf der einen Seite die lästige Besorgung des Notwendigen, all der Güter und Dienste, die nötig sind, damit das normale Leben in geordneten Bahnen verläuft, auf der anderen Seite das schiere Vergnügen, das Bummeln und Flanieren, Anschauen, Betasten, Anprobieren, Ausprobieren, ohne jede Not, purer Zeitvertreib, Luxus in Reinkultur. Denn Luxus, so Werner Sombart (1996: 85), ist jeder Aufwand, der über das Notwendige hinausgeht, und davon bietet Shopping allemal genug. Kurzum: Shopping ist hybrid, geradezu janusköpfig, so könnte man sagen. Jedenfalls hat es eine Soziologie des Shopping mit einer Unterscheidung zu tun, bei der beide Seiten von Bedeutung sind, und wo es darauf ankommt, den genauen Unterschied zwischen den beiden Seiten dieser Unterscheidung zu verstehen.

Zugleich ist Shopping gesellschaftlich fest eingebettet und darf nicht isoliert betrachtet werden. Zwar spielt sich die Praxis des Shopping in der Regel an der Schnittstelle von Angebot und Nachfrage ab und ist damit marktbezogen und marktspezifisch einzuordnen. Doch der Eigensinn des Shopping greift darüber weit hinaus. Denn jeder Art von Shopping läßt sich eine historisch spezifische Art und Weise des Konsums zurechnen, die ihr erst Form und Funktion verleiht: eine komplexe Figur in einem größeren Spiel, deren Performance nicht von ihr alleine abhängt. Insofern empfiehlt sich wenigstens ein kurzer Blick auf den gesellschaftlichen Rahmen, der den verschiedenen Situationen des Shopping ihre spezifische Sinnfälligkeit verleiht.

Zu diesem Zwecke wird im folgenden auf ein allgemeines Modell, das die Bedeutungen, Bilder und Botschaften im Wechselspiel zwischen Produktion und Konsumtion auf der Makroebene zu erfassen sucht, Bezug genommen, um darin die gesellschaftliche Stellung des Shopping zu verorten. Anschließend geht es um die binäre Struktur des Shopping und höchst selektiv um einige sachliche, soziale und zeitliche Konsequenzen, die daraus erwachsen. Denn Shopping ist

[1] Zukin 2004 166. Siehe auch das Interview mit drei Mädchen in einer Shopping Mall bei Underhill 2004: „When did you girls really start coming to the mall? – From birth." (168) Vgl. hierzu wiederum das Buch „Born to Buy" von Juliet B. Schor (2004).

ein Thema, dies wird sich alsbald zeigen, das nicht nur unmittelbar, sondern auch im übertragenen Sinne viele gesellschaftliche Bereiche von der Mikro- bis zur Makroebene betrifft. Eine Auswahl erscheint daher unumgänglich.

> „To understand where, and why, I shop, you have to look at both big structures of the economy and culture and little structures of feeling and desire. You have to look at the institutions that form the supply side of consumption: business organizations dedicated to selling us things, financial consultants with an appetite for corporate growth, and repeated demonstrations that, in a market economy, social status and distinction can be bought. You also have to read the magazines and consumer guides that create the very idea of lifestyle. And you will only understand what the public has become if you examine the branded stores, boutiques, discount chains, and websites where we shop. For this is where we form our dreams about a perfect society … and about a perfect self." (Zukin 2004: 10)

1 Der P/K-Kreislauf – shoppingsoziologisch adaptiert

Wenn von Konsum die Rede ist, werden damit gemeinhin sämtliche Praktiken im Umgang mit knappen Gütern und Dienstleistungen bezeichnet. Größtenteils handelt es sich dabei um allgemein verbreitete, bestens bekannte und gut sichtbare Vorgänge, um Handlungen nämlich, die mit Bezug auf die Welt der Waren ausgeführt werden. Was diese Handlungen konkret bedeuten und wie sie kommunikativ wirken, läßt sich dagegen nicht ohne weiteres erschließen, weil der Sinnzusammenhang, der sie als konsumspezifisch ausweist, per se unbeobachtbar ist. Doch gerade und nur durch diesen Sinnzusammenhang, der einer bestimmten Handlungsabfolge ex ante unterlegt ist und sie steuert, d.h. eine sinnvoll aufeinander bezogene Abfolge bestimmter Handlungen überhaupt erst ermöglicht, gelingt soziales Handeln, gelingt die soziale Praxis des Konsums.

Um diesen Sinnzusammenhang, durch den bestimmte Handlungen ihre Zugehörigkeit zur Sphäre des Konsums erfahren, für sich sichtbar zu machen, haben Dominik Schrage und ich ein Kreislaufmodell entworfen, in dem die Produktion, Zirkulation und Rezeption von Bedeutungen, Bildern und Botschaften, wie sie zwischen den beiden Polen Produktion und Konsumtion hin- und herwandern, auf eine höchst schematische Art und Weise erfaßt wird (vgl. Hellmann 2004a, S. 37ff., Abb. 1).[2]

[2] Vgl. das sehr ähnlich aufgebaute Kreislaufmodell von Rolf Haubl (1996: 208), das uns bei der Produktion des Bandes „Konsum der Werbung" noch nicht bekannt war.

Abb. 1: Produktion und Rezeption von Bedeutungen, Bildern und Botschaften im Wechselspiel

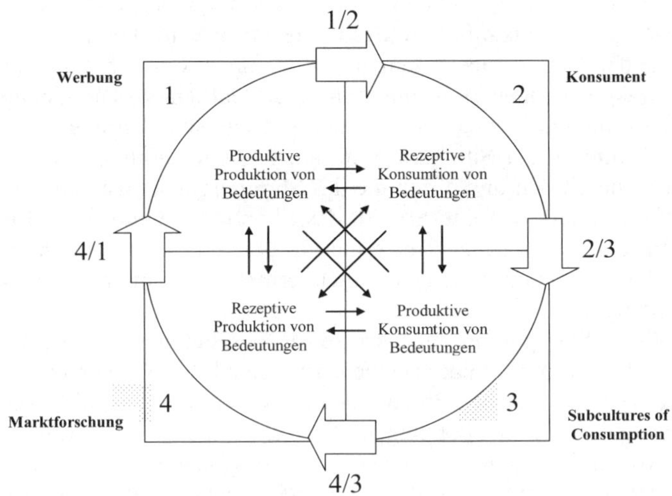

Demnach handelt es sich um einen fortwährenden Austausch von Sinngehalten, die sich allesamt auf die Sphäre des Konsums beziehen und denen ihrer Zirkularität wegen mit herkömmlichen Kausalannahmen kaum beizukommen ist. Vielmehr ist von einer Dialektik zwischen Produktion und Konsumtion auszugehen, wie Karl Marx diese Art von Wechselwirkung noch genannt hat, da sich Werbe- und Konsumpraxis ununterbrochen wechselseitig irritieren, beeinflussen, bedingen. Aus einer Sympathie für Subkulturen formuliert: „In the practices of consumption the commodity system is exposed to the power of the consumer, for the power of the system is not just top-down, or center-outward, but always two-way, always a flux of conflicting powers and resistances." (Fiske 2000: 320) Jedenfalls gibt es weder eine erste Ursache noch eine letzte Wirkung: Weder manipuliert die Werbung bloß, noch ist der Konsument schlichtweg souverän.

Nimmt man vor diesem Hintergrund die Frage wieder auf, welche Stellung das Shopping innerhalb dieses P/K-Kreislaufmodells einnimmt, dürfte es die Schnittstelle 1/2 sein, an der sich – bezogen aufs Shopping – eine ganze eigene Welt auftut. Denn das System der Massenmedien, wie es bei diesem Modell ursprünglich angelegt war, ist keineswegs der einzige Bezugspunkt, auf den es hier ankommt, wenngleich das Shopping auch massenmedial fortwährend präsentiert wird. Vielmehr richtet sich das Hauptaugenmerk auf den multimedial gestalteten Verkaufsort, den „Point of Sale", und die dort auftretenden Ereignisse unter jeweils höchst eigenartigen Bedingungen, sei es die Fußgängerzone oder das Einkaufszentrum, der Wochenmarkt oder Cash and Carry, das Schaufenster oder der Shop-in-Shop, das Regal oder die Tiefkühltruhe, der Schalter, das Telephon oder der Bildschirm, je nachdem, was gerade Gegenstand des Konsuminteresses ist und welche Einkaufsstätte dazu aufgesucht wird. Hinzu kommt, daß beim Shopping der face-to-face-Anteil und vor allem wahrnehmungsrelevante Aspekte des entsprechenden Konsumverhaltens deutlich vorherrschen. Denn meistens sind es Interaktionssequenzen, häufig technisch vermittelt, die beim Shopping die Definition der Situation bestimmen, sowie sinnliche Erfahrungen, die bewußt gesucht werden und durch die das Shopping eine ganz eigene Handlungs- und Erlebnisqualität erhält. So lädt das Shopping geradezu dazu ein, die gesamte Palette der sensorischen Reize auszuprobieren: sehen, hören, riechen, schmecken, anfassen, fühlen. Dies stellt gewissermaßen den internen Strukturbestand des Shopping dar.

Gleichzeitig ist Shopping in seiner ganzen Mannigfaltigkeit Ausdruck unzähliger, es übergreifender und oft nur schemenhaft erkennbarer Konsumkulturen, die durch das Wechselspiel zwischen Produktion und Konsumtion unaufhörlich reproduziert werden und die dem Shopping bestimmte Aufgaben zuweisen, die sich keineswegs – wovon das reiche „Innenleben" des Shopping augenscheinlich zeugt – im Produkterwerb erschöpfen. In diesem Sinne bezieht die Welt des Shopping ihre Form und Funktion von eben diesen Konsumkulturen. Wie ist dieser Zusammenhang zwischen Konsumkultur und Shoppingstil vorstellbar?

2 Konsum als Nachfrage und Nutzung

Der Begriff des Konsums besitzt mindestens zwei Bedeutungen: eine engere und eine weitere. Der Konsum im engeren Sinne bezieht sich auf die konkrete Verwendung des Einkommens für Zwecke des Konsums im weiteren Sinne, der Konsum im weiteren Sinne hingegen auf die konkrete Nutzung von Leistungen knapper Güter zum Zwecke der unmittelbaren Befriedigung der Bedürfnisse von Letztverbrauchern (vgl. Streissler/Streissler 1966: 11). „In this respect it is crucial to distinguish between a purely economic and a wider social action conception of what ‚consumption' means." (Campbell 1987: 38) Demnach ist die ökonomische Theorie vorrangig mit dem Konsum im engeren Sinne beschäftigt, indem sie das Nachfrage- und Einkaufsverhalten der Letztverbraucher untersucht, die sich am Point of Sale für ein bestimmtes Angebot entscheiden. Was anschließend damit passiert, fällt dagegen nicht mehr in die Zuständigkeit der Ökonomie. Demgegenüber interessiert sich die soziologische Forschung gerade für den Konsum im weiteren Sinne, also für das Nachkaufverhalten der Konsumenten.[3] Das soll nicht etwa heißen, daß die Konsumsoziologie der Suche, Auswahl und Aneignung eines bestimmten Angebots keinerlei Aufmerksamkeit schenkt. Doch vor allem geht es ihr darum herauszufinden, wozu sich die Leute eine bestimmte Sach- oder Dienstleistung gekauft haben und was sie damit, aus welchen Gründen, nach der Marktentnahme konkret anstellen.

Wendet man sich speziell diesem Konsum im weiteren Sinne zu, kann zwischen Konsum erster und zweiter Ordnung unterschieden werden (vgl. Hellmann 2004b).[4] Der Konsum erster Ordnung bezieht sich auf die Befriedigung primärer Bedürfnisse. Im Mittelpunkt der Aufmerksamkeit steht hierbei das physische Wohlbefinden der eigenen Person. Die Befriedigung primärer Bedürfnisse ist damit eine Sache der Notwendigkeit, die keine Kontingenz zuläßt. Der Konsum zweiter Ordnung richtet sich demgegenüber auf die Befriedigung sekundärer Bedürfnisse, also sämtlicher Bedürfnisse, für die keine echte Notwendigkeit reklamiert werden kann, und betrifft damit – im Sinne der Unterscheidung Sombarts – durchweg Luxusbedürfnisse.[5]

Bemerkenswert ist in diesem Zusammenhang zunächst, daß sekundäre Bedürfnisse hochgradig kontingent sind. Denn zu jedem Bedürfnis sekundärer Natur gibt es unbestimmt viele Alternativen, die ebenso gut befriedigt werden könnten, weil keine echte Notwendigkeit, sondern Austauschbarkeit innerhalb dieser Klasse von Bedürfnissen besteht. Durch die Emergenz der Kontingenz, von der alles abhängt, wird quasi ein unerschöpflicher Abwägungsspielraum eröffnet, da man sich psychisch auf unterschiedlichste Alternativen einlassen kann, um sie virtuell durchzuspielen, bevor man zur eigentlichen Tat, dem Produktkauf, schreitet. Der Phantasie sind damit kaum mehr Grenzen gesetzt. Dabei erscheint die reine Simulation der Befriedigung irgendwelcher Bedürfnisse sekundärer Natur zum Zwecke der Stimulation rein imaginativer Erlebnisse derart verlockend, daß sie bald mehr Aufmerksamkeit auf sich zieht als die tatsächliche Befriedigung eines konkreten Bedürfnisses, weil diese – angesichts der verpaßten Alternativen – ohnehin nur zu enttäuschen droht. Dies kann selbst bei Kleinigkeiten passieren, wie es Gerhard Schulze (1992: 65) einmal formuliert hat: „Könnte es nicht sein, daß das andere Fernsehprogramm doch besser ist? Vielleicht ist in der nächsten Diskothek mehr

---

[3] Wobei hier ausdrücklich dem Mißverständnis vorgebeugt werden soll, die Konsumsoziologie interessiere sich ausschließlich für das, was nach dem Kauf einer bestimmten Sach- oder Dienstleistung (damit) geschehe, nicht aber dafür, was davor passiere. Denn aufgrund der Zirkularität von Produktion und Konsumtion heißt nach einem solchen Kauf immer schon vor dem nächsten Kauf, der Umschlag von Nachher zu Vorher ist lediglich eine Frage der Zeit und des Bedarfs.

[4] Mit Campbell (1987: 60f.) könnte man auch zwischen Fremd- und Selbstreferenz unterscheiden: Auf der einen Seite geht es um die Versorgung des Körpers mit Lebensmitteln, auf der anderen um die Versorgung des Bewußtseins mit Erlebnissen, vgl. auch den Beitrag von *Bareis* in diesem Band.

[5] Vgl. Schulze 1992; Jäckel/Kochhan 2000; Satterthwaite 2001.

los als in dieser? Vielleicht hätte mir ein anderer Mensch mehr zu bieten, als der, auf den ich mich eingelassen habe?“ Von daher scheint die Virtualität gegenüber der Realität des Konsums einen echten Vorteil zu bieten.[6]

Mit Colin Campbell (1987: 77) könnte man diese Form von Stimulation rein imaginativer Erlebnisse, wie sie beim Konsum zweiter Ordnung gang und gäbe ist, als Tagträumen qualifizieren, „that is to say, individuals employ their imaginative and creative powers to construct mental images which they consume for the intrinsic pleasure they provide, a practice best described as day-dreaming or fantasizing.”[7] Zwar gab es dafür auch früher schon Ansätze, vornehmlich bei den privilegierten Kreisen, denen aufgrund ihres Reichtums alle Möglichkeiten offenstanden (vgl. Williams 1991: 19ff.). Im Unterschied zu deren Gelüsten und Launen, die gemeinhin auf exklusive, sozial geteilte Vergnügen gerichtet waren, wie „to spend more and more time eating, drinking, having sex and dancing“ (Campbell 1987: 69), geht es heutzutage nicht mehr bloß um solche Vergnügen der besonderen Art, sondern um das Vergnügen am Vergnügen selbst.

> „The former was identified as a preoccupation with sensory experience, with ‚pleasures‘ regarded as discrete and standardized events, and in the pursuit of which there is a natural tendency for the hedonist to seek despotic powers. Modern hedonism is marked, in contrast, by a preoccupation with ‚pleasure‘, envisaged as a potential quality of all experience.” (Campbell 1987: 203)

Die reine Selbstbezüglichkeit, die in diesem Vergnügen am Vergnügen zum Vorschein kommt, ist dabei symptomatisch, da die idiosynkratische Befindlichkeit des modernen Selbst, das keine feste Struktur mehr aufweist, wie dies für vormoderne Gesellschaften unterstellt wird, nunmehr den einzigen Bezugspunkt darstellt, auf den hin der Konsum ausgerichtet ist. Letztlich bedeutet das, sich mittels der Bedeutungen, Bilder und Botschaften, wie sie einem gerade beim „window shopping“ (Friedberg 1993) begegnen, vor dem Horizont der eigenen Erlebnismöglichkeiten in immer neuen Gestalten, Kostümen und Lebensläufen zu erfinden und dabei selbst zu konsumieren (vgl. auch Schulze 1992; Zukin 2004).

> „Window shopping involves a seemingly casual, but actually purposeful, wandering from shop to shop, which means wandering from potential identity to potential identity until a shop identity is found that matches the individual identity, or, rather, that offers the means to construct that identity.“ (Fiske 2000: 325)

[6] Vgl. nochmals Campbell 1987: „Whatever one experiences in reality it is possible to ‚adjust’ in imagination so as to make appear more pleasurable; thus the illusion is always better than the reality: the promise more interesting than actuality.” (90)

[7] Dabei könnte man den Hang zum Materialismus auch als Surrogat für ein fehlendes Heilsversprechen sehen, für die Ungewißheit, ob man das richtige Leben führt, ähnlich wie beruflicher Erfolg von den Kalvinisten als Indiz für die Gnadenwahl Gottes gedeutet wurde – entgegen der ursprünglichen Absicht Calvins, vgl. Weber 1984; Satterthwaite 2001: 124.

Doch damit nicht genug. Denn sekundäre Bedürfnisse berühren nicht bloß die psychische, sondern auch die soziale Situation der Konsumenten, indem sie die soziale Position der jeweiligen Person im sozialen Raum markieren. Im Mittelpunkt der Aufmerksamkeit steht dabei das Verhältnis der eigenen Person zu anderen Personen, sei es aus Gründen der Identifizierung mit ihnen, sei es aus Gründen der Differenzierung von ihnen – womit der Distinktion eine herausragende Rolle für den Konsum zukommt (vgl. Veblen 2000; Bourdieu 1987). Größtenteils nämlich zielen Luxusbedürfnisse auf Distinktionsbedarf, indem sie eine Politik der Abgrenzung durch Selbstabgrenzung verfolgen.

Indes ist die Distinktionsfunktion sekundärer Bedürfnisse keineswegs auf die gesellschaftlichen Eliten begrenzt, wie es sich noch bei Norbert Elias (1989) oder Thorstein Veblen (2000) darstellte, sondern betrifft alle, fast ohne Ausnahme. Dies gilt insbesondere heutzutage.[8] Denn dem Konsum erster Ordnung wird – aufgrund des erreichten Reichtumsniveaus in fast allen (post)industriellen Nationen – zumeist nur noch marginale Bedeutung beigemessen. Vielmehr dreht sich alles um den Konsum zweiter Ordnung. Die Politik der Distinktion durch Konsum besitzt quasi allgegenwärtige Präsenz, weil es kaum einen Bereich in der Gesellschaft gibt, in dem es nicht um die wechselseitige Beobachtung der Beobachtungen von Personen geht, für die das jeweilige Konsumverhalten, ob Sprache, Mimik, Körperhaltung, Manieren, Kleidung, Konsumgüter, Mediennutzung etc., die beste Möglichkeit der Zurechnung bestimmter Zugehörigkeitsmerkmale bietet (vgl. Schulze 1992).

Als Zwischenfazit ist festzuhalten, daß der Konsum im weiteren Sinne nicht nur psychisch, sondern auch sozial höchst bedeutsam ist, weil die wechselseitige Beobachtung von Beobachtungen des jeweiligen Konsumverhaltens für das Selbstverhältnis wie die soziale Stellung der sich beobachtenden Personen eine außerordentlich wichtige Rolle spielt, insbesondere in der modernen Gesellschaft, in der diese Form des Konsums nahezu universale Geltung gewonnen hat (vgl. Campbell 1987: 68). Aus diesem Grund ist auch – in Anlehnung an Niklas Luhmann (1992), dem zufolge die moderne Gesellschaft sich dadurch auszeichnet, daß vermehrt alles unter dem Gesichtspunkt der Beobachtung zweiter Ordnung thematisiert wird – von Konsum zweiter Ordnung die Rede.

Falls diese Einschätzung soweit zutreffen sollte, reiht sich diese inzwischen vorherrschende Form des Konsums nahtlos in die Gesamtlogik der modernen Gesellschaft ein[9] – wobei zu fragen bliebe, ob des enormen Stellenwerts wegen, den der Konsum zweiter Ordnung für das Selbstwertgefühl, die Persönlichkeitsbildung und soziale Anerkennung inzwischen gewonnen hat, diese Form von

---

[8] Vgl. Bourdieu 1985; Schulze 1992; Lamont/Fournier 1992; Haubl 1996.

[9] In diesem Sinne könnte man sagen, daß Kontingenz als Eigenwert des modernen Konsums fungiert, wie für die moderne Gesellschaft insgesamt.

Konsum in Anbetracht ihres Generalisierungsgrades nicht in hohem Maße für die Vergesellschaftung der Personen verantwortlich zeichnet.[10]

3 Ordnungen des Shopping

Kehrt man vor diesem Hintergrund zur Ausgangsfrage zurück, dürfte auf der Hand liegen, worin der Zusammenhang zwischen Konsumkultur und Shoppingstil besteht. Denn wie beim Konsum kann auch beim Shopping zwischen Shopping erster und zweiter Ordnung unterschieden werden. Zwar trifft man in der Forschungsliteratur auf eine dem ersten Anschein nach recht heterogene, in der Bedeutung jedoch relativ synonyme Terminologie, da sämtliche Arbeiten gemeinsam haben, daß sie hinsichtlich des Shoppingthemas von einer Unterscheidung ausgehen, die sich in der Sache so darstellt: auf der einen Seite das Einkaufen als Pflicht und Notwendigkeit, auf der anderen das Shopping als Vergnügen und Selbstzweck.[11] Mit dem Blick einer Frau gesehen: „Hats are the one thing, housekeeping is another." (Bowlby 2001: 119)

So sprechen Barry J. Babin, William R. Darden und Mitch Griffin (1994: 647) davon, daß „*shopping with a goal* can be distinguished from *shopping as a goal*": Während „shopping with a goal" das geplante Einkaufen bestimmter Sach- oder Dienstleistungen bedeutet, vorrangig utilitaristischen Charakter hat und als „work" bewertet wird, geht es beim „shopping as a goal" um den Vorgang selbst, der deutlich hedonistische Züge trägt und als „fun" erlebt wird. Pasi Falk und Colin Campbell (1997) legen ihren Ausführungen hingegen die Unterscheidung „shopping for" und „shopping around" zugrunde: „shopping for" verfolgt demnach rein instrumentelle Absichten und deckt sich mit dem geplanten Einkauf bestimmter Sach- oder Dienstleistungen, während „shopping around" einen autonomen Bereich des Erlebens und Handelns betrifft, der in Erscheinung tritt, wenn man nicht geplante Einkäufe unternimmt, sondern geplant hat, eher planlos durch die Geschäfte zu schlendern.[12] Rachel Bowlby (1997: 102; 2001: 8) unterscheidet wiederum zwischen „doing the shopping" und „going shopping". Dabei bezeichnet „doing the shopping" eine Verpflichtung, die regelmäßig zu erledigen ist und die sich auf den Kauf einer mehr oder weniger festgelegten Anzahl von Artikeln bezieht. Dafür bewegt sich „going shopping" eher in Richtung Neigung; es stellt eine vage, ja extravagante Tätig-

---

[10] Vgl. Commandeur/Nokielski 1977: 253; Schrage 2003; Makropoulos 2004.

[11] Vgl. Bowlby 1997: 108; Fiske 2000; Bowlby 2001: 11; Satterthwaite 2001; Miller 1998, S. 69: „For this reason, shopping as pleasure is often associated with holiday time, as something to do when free from other burdens, or the need for particular items."

[12] Vg. auch Cobb/Hoyer 1986; Hewer/Campbell 1997: 189.

keit dar, die kein bestimmtes Ziel kennt und sich über eine längere Zeit erstrekken kann, ohne daß es am Ende zum Kauf eines bestimmtes Gutes kommen muß. Turo-Kimmo Lethonen und Pasi Mäenpäa (1997: 143f.) trennen demgegenüber zwischen „necessity shopping“ einerseits und „pleasurable shopping“ andererseits: Shopping von der ersten Art betrifft das „buying-myself-this-and-that-and-now“, Shopping von der zweiten Art ist statt dessen eine „pleasurable social activity in itself“, die also ihrer selbst wegen ausgeführt wird und damit eine intrinsische Motivation aufweist.[13] Schließlich unterscheidet Paco Underhill (1999: 161ff.) einfach zwischen „buying“ und „shopping“: Das „buying“ beschränkt sich ganz nüchtern auf den Kauf konkreter Güter und bezeichnet gleichsam einen technischen Vorgang, eine Routine, die fast automatisch ausgeführt wird, ohne nennenswerte innere Anteilnahme. Beim „shopping“ steht hingegen das Erleben und Erfahren des möglichen Erwerbs beliebiger Sach- und Dienstleistungen im Vordergrund, weitgehend unabhängig davon, ob tatsächlich eine erworben wird oder nicht (vgl. auch den Beitrag von *Delitz* in diesem Band).[14]

Wie man sieht, gibt es eine Reihe von Anknüpfungspunkten dafür, zwischen Shopping erster und zweiter Ordnung zu unterscheiden, selbst wenn der Unterschied zwischen den beiden Seiten dieser Unterscheidung durchaus unterschiedlich definiert wird. In der Sache besteht jedoch Übereinstimmung.[15] Dies gilt übrigens auch für die psychischen und sozialen Effekte, wie sie gerade beim Shopping zweiter Ordnung auftreten. So gibt es auf der einen Seite das rein innerpsychische Einlassen auf das ungeheure Ausmaß an Kontingenz, das beim Shopping zweiter Ordnung in Erscheinung tritt, etwa beim „window shopping“ oder dem An- und Ausprobieren der unterschiedlichsten Kleidungsstücke, bei der spielerischen Dekoration und Umgestaltung der eigenen Wohnung, bei der Imagination möglicher Urlaubsziele oder der Vorbereitung eines festlichen Mahls. In jedem einzelnen Fall inszeniert man sich vor dem inneren Auge in einem jeweils anderen Stück, in ständig wechselnden Kostümen und auf den unterschiedlichsten Bühnen angesiedelt, ohne je in die Verlegenheit zu kommen, sich damit gegenüber der sozialen Wirklichkeit behaupten zu müssen (vgl. Lethonen/Mäenpää 1997).

> „At the exalted level, shopping is a transforming experience, a method of becoming a newer, perhaps even slightly improved person. The products you buy turn you into that other, idealized version of yourself: That dress makes you beautiful, this lipstick makes you kissable, that lamp turns your house into an elegant showplace.” (Underhill 1999: 116f.)

[13] Vgl. auch Babin et al. 1994: 653; Vester 2004: 212f.
[14] Vgl. auch Tauber 1972: 48; Hewer/Campbell 1997: 188; Hollein/Grunenberg 2002: 13.
[15] Vgl. die Unterscheidung *first shopper/second shopper* bei Bowlby 2001: 5.

Auf der anderen Seite gibt es die soziale Dimension, die wechselseitige Wahrnehmung der Kunden am Point of Sale, ob als zentrierte oder unzentrierte Interaktion (vgl. Goffman 1971). So könnte man etwa in Anlehnung an Mary Douglas (1997: 30) von einer Politik des Shopping sprechen, weil das Einkaufen bestimmter Sach- oder Dienstleistungen in erster Linie Distinktionszwecken dient: „Shopping is agonistic, a struggle to define not what one is, but what one is not." Ebensogut ließe sich mit Daniel Miller (1998: 148) aber auch das Gegenteil behaupten, daß der zentrale Beweggrund von Shopping nämlich Sympathie, Liebe und die Pflege sozialer Beziehungen ist: „Shopping is the construction of the other as the desiring subject. The purpose of shopping is not so much to buy the things people want, but to strive to be in a relationship with subjects that want these things." Sharon Zukin (2004: 7) begreift das Shopping wiederum als die wichtigste Gelegenheit, sich selbst zum Ausdruck zu bringen: „Because it is usually what we do when we ‚go out', shopping is how we satisfy our need to socialize – to feel we are a part of public life. Moreover, we often feel that shopping is our most available means of creative expression." Schließlich könnte man mit Turo-Kimmo Lethonen und Pasi Mäenpää (1997: 154) von der „sociality of shopping" sprechen, da die (halb)öffentlichen Orte des Shopping als institutionalisierte Treffpunkte bzw. -räume von Massen heutzutage – neben dem Fernsehen – noch am ehesten dazu beitragen, sich der Existenz einer gemeinsamen sozialen Welt bewußt zu werden: „Shopping as a social play form is ruled by certain ways of being with others, even when one seemingly ‚plays' only by oneself. It is central to pleasurable shopping that it always *takes place* in public space." Lethonen/Mäenpää (1997: 156) sprechen in diesem Zusammenhang auch von „street sociability", um diesen Effekt der Vergesellschaftung an öffentlichen Plätzen zu bezeichnen, eine Beobachtung, die sich wiederum mit der von Rob Shields (1992) deckt, dem zufolge zentrale Orte wie die gigantischen Shopping Malls nicht zuletzt dazu dienen, das Gefühl der Zusammengehörigkeit einer (Stadt)Bevölkerung zu (re)produzieren (vgl. auch den Beitrag von *Bareis* in diesem Band).[16]

3.1 Typen und Typologien

Wie man an diesem kurzen Überblick schon erkennen kann, zeichnen sich in der Forschungsliteratur zum Shoppingthema durchaus erste Grundlinien in der Beschreibung des entsprechenden Gegenstandsbereichs ab. Dennoch ist dieser

[16] Vgl. ferner Commandeur/Nokielski 1977, 1980; Satterthwaite 2001; Zukin 2004; Underhill 2004. Neuerdings soll sich das Shoppen sogar zur Partnervermittlung eignen, vgl. die Aktion u.a. von Wal-Mart: „Teuflisch gut flirten: Halloween Single-Shopping bei Wal-Mart", Pressemitteilung vom 25. November 2004 (http://www.walmartgermany.de/presseservice/pm/041025_halloweensingle.php vom 19. März 2005).

Forschungsbereich in der Soziologie eindeutig unterbelichtet, weshalb die Bewertung von Paul Hewer und Colin Campbell (1997: 186), „(u)ntil recently, however, sociologists have all but completely neglected the phenomenon“, weiterhin Bestand haben dürfte. Denn insgesamt hinterläßt dieser Diskussionszusammenhang einen eher unsystematischen Eindruck. Dies trifft insbesondere für die bisherigen Bemühungen zu, möglichst vollständige Typologien von Käufern und deren Motivlagen zu entwerfen.

Die erste Arbeit, mit der quasi der Grundstein für die Soziologie des Shopping gelegt wurde, ist 1954 von Gregory P. Stone veröffentlicht worden (vgl. Stone 1954; Hewer/Campbell 1997: 186). In dieser Arbeit entwickelt Stone mittels einer Befragung von Hausfrauen hinsichtlich der Kriterien, die sie der Wahl ihrer Einkaufsstätten zugrunde legen, eine allererste Typologie, die für viele weitere Anstrengungen in dieser Richtung maßgebend wurde. So hat Stone (1954: 37) insgesamt fünf Kategorien herausgefunden: „Replies to the filter question were grouped into five empirical categories of criteria housewives used to evaluate stores: (1) economic, (2) personalizing, (3) ethical, (4) apathetic and (5) a residual category of unique or indeterminate criteria.” Anschließend hat Stone aus diesen fünf Kategorien wiederum fünf dementsprechende Käufertypen abgeleitet. So achtet der „economic shopper“ mit einem Anteil von 33 Prozent vorrangig auf das Preis/Leistungsverhältnis der Waren; er ist kühl abwägend, interessiert sich für das soziale Umfeld der Einkaufsstätte so gut wie gar nicht und entspricht damit am ehesten dem Idealtypus des „homo oeconomicus“. Der „personalizing shopper“ mit einem Anteil von 28 Prozent legt demgegenüber sehr viel Wert auf das soziale Umfeld, auf soziale Beziehungen und einen sehr persönlichen Umgang mit dem Personal der jeweiligen Einkaufsstätte. Der „ethical shopper“ mit einem Anteil von 18 Prozent empfindet wiederum eine besondere moralische Verpflichtung/Verbundenheit gegenüber bestimmten Einkaufsstätten und dem dort tätigen Personal. Der „apathetic shopper“ mit einem Anteil von 17 Prozent ist aufgrund seiner ökonomischen Situation gezwungen, sich im Rahmen sehr bescheidener Möglichkeiten mit dem Notwendigen zufrieden zu geben, weshalb er keinerlei besondere Ansprüche erhebt. Über den „indeterminate shopper“ mit einem Anteil von 4 Prozent macht Stone keine genauen Angaben. Obgleich diese Typologie aufgrund einer zweifelsohne kontingenten Untersuchungsanlage erhoben wurde, gab sie immer wieder Anlaß zur Überprüfung oder Widerlegung dieser Vierer- bzw. Fünfer-Typologie.

Eine weitere frühe Arbeit, die der Soziologie des Shopping zugerechnet wird, stammt von Edward M. Tauber (1972), die ebenfalls nachhaltig gewirkt hat.[17] Tauber stellt fast zwanzig Jahre nach Stone eine denkbar einfache Frage:

[17] Vgl. Engel et al. 1995; Antonides/van Raaij 1998.

„Why Do People Shop?“.[18] Die Antworten seiner Probanden unterteilt Tauber zunächst in zwei Klassen, und zwar in persönliche und soziale Kaufmotive. Bei den persönlichen Kaufmotiven unterscheidet Tauber dann nochmals fünf Typen: *Role Playing*, *Diversion/Recreation*, *Self-Gratification*, *Learning About New Trends*, *Physical Activity* und *Sensory Stimulation*.

a. Mit dem Kaufmotiv „role playing“ ist gemeint, daß man im Rahmen schon vorgegebener Rollen als Käufer auftritt, etwa als Vater oder Mutter, als Mann oder Frau, als junger oder alter Mensch etc.
b. Das Kaufmotiv „diversion“ bzw. „recreation“ bedeutet, daß man als Käufer beim Shoppen Entspannung und Erholung sucht.
c. Das Kaufmotiv „self-gratification“ heißt schlicht Selbstbelohnung durch Shoppen.
d. Das Kaufmotiv „learning about new trends“ bezieht sich auf das Interesse an Abwechslung und Neuem, das man beim Shopping zu entdecken hofft.
e. Das Kaufmotiv „physical activity“ bezeichnet die rein körperliche Aktivität, die traditionell mit dem Shoppen verbunden ist.
f. Schließlich geht es beim Kaufmotiv „sensory stimulation“ um den Reiz, den der Anmutungsgehalt der dargebotenen Waren, die Verpackung, die Einrichtung der Einkaufsstätte, bestimmte Verkaufsfördermaßnahmen und dergleichen mehr auslösen können.

Eine ähnliche Unterteilung nimmt Tauber anschließend bei den sozialen Kaufmotiven vor: *Social Experiences Outside the Home, Communications with Others Having a Similar Interest, Peer Group Attraction, Status and Authority* und *Pleasure of Bargaining*.

g. Das Kaufmotiv „social experiences outside the home“ richtet sich auf das eher diffuse Bedürfnis, jenseits der eigenen vier Wände mit anderen, häufig fremden Menschen eher unspezifische Kontakte zu haben.
a. Das Kaufmotiv „communications with others having a similar interest“ bezieht sich demgegenüber auf das sehr viel zielgerichtetere Interesse, mit Gleichgesinnten ins Gespräch zu kommen.
b. Beim Kaufmotiv „peer group attraction“ geht es um eine konkrete Bezugsgruppe, die man aufsucht, um mit Bekannten und Freunden gemeinsam einkaufen zu gehen.
c. Das Kaufmotiv „status and authority“ bezeichnet den Wunsch, die eigene soziale Position beim Shopping zum Ausdruck zu bringen.
d. Zum Schluß ist mit dem Kaufmotiv „pleasure of bargaining“ klassisch das erfaßt, was man die Jagd nach Sonderangeboten nennt (Typus „Schnäppchenjäger“) und was mit der „Geiz ist geil“-Kampagne in den letzten Jahren einen solch furiosen Auftrieb erfahren hat.

Ohne die Darstellung von Typologien zum Selbstzweck zu erheben, soll noch ein neuerer, diesen Aspekt damit abschließender Typologisierungsvorschlag von Hans Baumgartner (2002) kurz vorgestellt werden, weil er für das genannte

[18] Siehe auch das Interview von Alladi Venkatesh (2000) mit Judith Wilske über ihre Kunstaktion „Why Do You Shop?“.

Komplexitätsproblem möglicher Kaufmotive eine recht anschauliche Auflösung gibt. Das Besondere an Baumgartners Vorschlag ist nämlich darin zu sehen, daß er versucht hat, durch eine Synthese sämtlicher bisher vorliegender Ansätze der *Consumer Research* eine Systematik zu entwickeln, die zumindest einer an Einheit interessierten Soziologie des Shopping relativ nahe kommen dürfte.

Baumgartners Typologie umfaßt insgesamt acht verschiedene Formen des Einkaufsverhaltens. Demzufolge kann ein Käufer *erstens* eine ausführliche Abwägung utilitaristischer Kriterien vornehmen (*extended purchase decision making*); *zweitens* kann ein Käufer sich auf die rein symbolischen Anteile einer Sach- oder Dienstleistung beziehen (*symbolic purchase behavior*); *drittens* kann sich ein Käufer aus reiner Gewohnheit oder Treue für ein bestimmtes Produkt entscheiden (*repetitive purchase behavior*); *viertens* kann ein Käufer aus bloßem Lustgewinn handeln (*hedonic purchase behavior*); *fünftens* kann ein Käufer aufgrund von Gelegenheiten wie Sonderangeboten zum Einkaufen verleitet werden (*promotional purchase behavior*), *sechstens* kann ein Käufer aus Neugier oder dem Bedürfnis nach Abwechslung kaufen (*exploratory purchase behavior*); *siebtens* kann ein Käufer Sach- oder Dienstleistungen erwerben, ohne einen bestimmten Grund dafür zu haben (*casual purchase behavior*); und *achtens* kann ein Käufer aus einem schieren Impuls heraus kaufen (*impulse purchase behavior*). Zusammengeführt in eine dreidimensionalen Graphik, stellt sich diese Typologie wie folgt dar (vgl. Abb. 2).

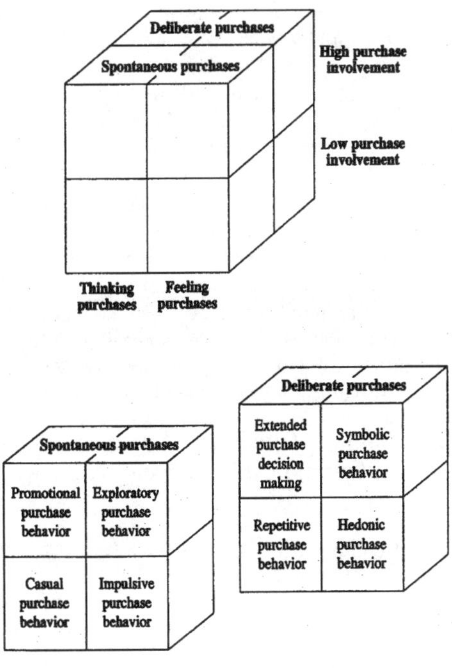

Abb. 2: The Purchase Cube. A Three-Dimensional Typology of Purchase Behavior (nach Baumgartner 2002: 290)

Die Parameter dieser Typologie, gleichsam die Achsen eines dreidimensionalen Motivationssystems, stellen allgemein anerkannte Leitdifferenzen des Käuferverhaltens dar, die schon seit Jahrzehnten in der Verbraucherforschung in Gebrauch sind, nämlich die Unterscheidung High und Low Involvement, was die Wichtigkeit des Kaufobjekts für den Käufer anzeigt, die Unterscheidung zwischen kognitiven und emotionalen Entscheidungskriterien sowie die Unterscheidung zwischen Reflexion und Spontaneität (vgl. Kroeber-Riel/Weinberg 1996). Inwiefern diese Typologie den selbst gesetzten Ansprüchen tatsächlich gerecht wird, eine weitgehend vollständige Abbildung sämtlicher Kaufmotive zu sein und damit nicht nur eine Typologie des Käuferverhaltens, sondern auch eine „Personology of the Consumer" zu liefern, bleibt abzuwarten.

Im Rückblick auf die Entwicklung der Soziologie des Shopping ist festzustellen, daß ständig erneut Anläufe unternommen wurden, um solcherart Typologien zu erarbeiten, ohne daß darüber jedoch eine eigenständige Käufersoziologie entstanden ist.[19] Dies dürfte mit hoher Wahrscheinlichkeit daran liegen, daß die Motivlagen beim Shopping ausgesprochen komplex und dynamisch sind, so daß ständig neue Motivlagen entdeckt werden. So vergegenwärtige man sich nur einmal die Aufzählung von Kaufmotiven, wie Paco Underhill (2004: 1f.) sie, vorrangig Shopping Malls betreffend, kürzlich zusammengestellt hat:

> „Why are we here? We're here to buy stuff / We're here because tomorrow's Mother's Day / We're here for the new Avril Lavigne CD / We're here for emancipation / We're here for lip gloss / We're here because our mom made us come / We're looking for sheets and towels / We're looking for sex and love / We're looking for self-esteem / We're looking for jeans that fit / We're here for our first business suit / We're here because our daughter made us come / We're here for a nice afternoon with the grandkids / We're here for the food court / We're here for the video arcade / We're here for the movies / We're here because it's pouring / We're here to buy sneakers / We're here because tomorrow's our anniversary / We're here because he needs underwear / We're here because she needs underwear / We're here because everybody needs underwear / We're here because there's nothing on TV / We're here because it's fun! / We're here because our wife made us come / We're here for no reason whatsoever / We're looking for boys / We're looking for girls / We're looking for work / We're looking to shoplift / We're here because we love the mall! / We're here because everybody else is / We're here because Christmas is coming / We're here because Hanukkah is coming / We're here because Kwanzaa is coming / We don't know *why* we're here / We're here to find ... something / We're here because *we're here*."

Festzuhalten ist, daß die Arbeit an solchen Typologien, die Verhaltensmuster von Käufern und ihre Beweggründe weiter aufzufächern suchen, noch längst

[19] Vgl. Howard/Sheth 1969; Hendersen Britt 1970; Wallendorf/Zaltman 1979; Graf 1981; Westbrook/Black 1985; Gitomer 2004.

nicht abgeschlossen ist und aufgrund der Eigendynamik in vielen Märkten wohl auf absehbare Zeit auch keine endgültige Gestalt finden wird. Dabei sollte vor allem die Ausarbeitung einer Soziologie des Käufers, Kunden und Konsumenten im Sinne einer Rollentheorie allerhöchste Priorität genießen, um sich über die tatsächliche Relevanz und gesellschaftliche Reichweite des Shopping ein genaueres Bild machen zu können (vgl. Zukin 2004; Hellmann 2005). Immerhin geht Underhill (2004: 3) davon aus, daß „the saga of humankind can be told at least in part through the story of shopping."

3.2 „Shopping is female"

In der Typologie von Edward M. Tauber von 1972 wird als erstes persönliches Kaufmotiv das „role playing" aufgeführt, worunter sich unter anderem die Rollenverteilung zwischen Mann und Frau subsumiert findet. Diese beiläufige, fast geringschätzige Art der Zuordnung mag durchaus überraschen, und zwar nicht bloß deshalb, weil die Rollenkomplementarität zwischen Mann und Frau in erster Linie sozialer Natur ist, sondern weil die öffentliche Diskussion übers Shopping der Geschlechterkategorie seit jeher allergrößte Aufmerksamkeit entgegenbringt. Deshalb wird dieser Punkt hier gesondert angesprochen. Zu tun hat dieses ausgeprägte Interesse an Unterschieden des Geschlechterverhaltens beim Shopping übrigens damit, daß Shopping in den meisten Fällen, um es auf den Punkt zu bringen, als Frauensache bewertet wird.[20] Davon zeugt schon die erste soziologische Untersuchung zum Shopping von Stone aus den fünfziger Jahren, bei der ja ausschließlich Hausfrauen interviewt wurden. „All shoppers are described as ‚housewife', a title that starts at the age of sixteen and applies, universally, to the female sex." (Bowlby 2001: 231)

Historisch gesehen wird diese geschlechtsspezifische Eigenheit häufig damit begründet, daß die regelmäßige Besorgung der alltäglichen Lebensmittel auf den Märkten, später auch in den Geschäften und Warenhäusern, traditionell in den Aufgabenbereich der Frauen fiel, so Underhill (nicht ganz ernst gemeint):

> „What makes women such heroic shoppers? The nature-over-nurture types posit that the prehistoric role of women as homebound gatherers of roots, nuts and berries rather than roaming hunters of woolly mammoths proves a biological inclination toward skilful shopping." (Underhill 1999: 114)

---

[20] Vgl. Bowlby 2001: 7, 145 sowie die Frankfurter Allgemeine Zeitung vom 19. März 2004, S. 9: „Beim Einkaufen legen Frauen nach einer britischen Studie mehr als 200 Kilometer im Jahr zurück – das entspricht der Strecke von Stuttgart nach München. Einkaufen erleichtert demzufolge nicht nur die Geldbörse: Pro Shopping-Trip verbraucht eine Frau im Durchschnitt 193 Kalorien. Diese Erkenntnisse gäben dem Begriff ‚Shopping-Therapie' eine ganz neue Bedeutung, berichtete der ‚Guardian'."

Darüber hinaus wird angenommen, daß der Gang zum Einkaufen lange Zeit die einzig legitime Möglichkeit für viele Frauen war, das Haus ohne Begleitung ihrer Männer zu verlassen (vgl. auch den Beitrag von *Delitz* in diesem Band).[21] „Shopping was what got the housewife out of the house." (Underhill 1999: 114) Von daher rührt auch das Eskapismusmotiv, das dem Shopping bisweilen unterschoben wird.[22]

Heutzutage stellt sich die Aufgabenteilung in vielen Haushalten zwar immer noch auf diese Art und Weise dar. Doch haben die Gleichberechtigungsbestrebungen der letzten Jahrzehnte zumindest erreicht, daß die Bedingungen der Möglichkeit für Frauen, sich in der Öffentlichkeit weitgehend frei bewegen zu können, sichtbar gelockert wurden. Gleichviel wird das Shopping weiterhin als eine privilegierte Angelegenheit von Frauen betrachtet, und dies betrifft nicht nur das Shopping erster Ordnung, sondern viel mehr das Shopping zweiter Ordnung. Denn egal, welche Leitdifferenz dem Shopping auch zugrunde gelegt wird, ob „shopping with a goal" vs. „shopping as a goal", „shopping for" vs. „shopping around", „doing the shopping" vs. „going shopping", „necessity shopping" vs. „pleasurable shopping" oder schlicht „buying" vs. „shopping": Meistens sind es Frauen, die sich auf das Shopping zweiter Ordnung besser verstehen, die sich also der Emergenz der Kontingenz beim Shopping in psychischer wie sozialer Hinsicht viel bereitwilliger hingeben. Von daher heißt es bei Underhill (1999: 113) kurzerhand: „Shopping is female." Umgekehrt ist kaum mehr verwunderlich, wenn viele Geschäfte von vornherein auf Frauen und nicht auf Männer als Käufergruppe eingestellt sind (vgl. Underhill 2004: 52).

Man kann die Unterschiede im Geschlechterverhalten beim Shopping auf vielerlei Weise feststellen.[23] Sehr auffällig ist etwa der Zeitfaktor.[24] So verbringen Männer im Durchschnitt deutlich weniger Zeit beim Einkaufen als Frauen. Ein Grund für diese unterschiedliche Zeitökonomie wird darin gesehen, daß viele Männer das Shopping überwiegend als lästige Pflicht, als Notwendigkeit, mithin als Shopping erster Ordnung empfinden, wofür sie so wenig Zeit wie möglich opfern (vgl. Campbell 1997). Deshalb überlegen sie sich vorher genau, was sie einkaufen wollen, und kommen dann mit einer relativ klaren Vorstellung ins Geschäft, finden den gesuchten Gegenstand entweder und kaufen ihn gleich oder verlassen das Geschäft unverrichteter Dinge wieder.[25] „Males just want places that allow them to find what they need with a minimum of looking and then get

---

[21] Vgl. Nava 1997; Fiske 2000; Bowlby 2001: 225; Satterthwaite 2001: 133ff.

[22] Vgl. Babin et al. 1994; Haubl 1996: 220; Underhill 1999: 115; 2004: 52; Satterthwaite 2001: 127f.

[23] Vgl. Campbell 1997; Corrigan 1997; Woodward et al. 2000; Underhill 1999, 2004.

[24] Der Zeitfaktor hat dabei entscheidenden Einfluß auf die Kaufmenge, vgl. Underhill 1999, S. 33: „Finally, the studies prove that the longer a shopper remains in a store, the more he or she will buy."

[25] Vgl. Woodward et al. 2000: 348; Underhill 2004: 44.

out *fast.*" (Underhill 1999: 117) Längere Aufenthalte, das Umherschlendern in den verschiedenen Abteilungen, das Auf-sich-wirken-lassen der vielfältigen Angebote treten dementsprechend kaum auf.[26] „In many settings it's hard to get them to look at anything they hadn't intended to buy." (Underhill 1999: 99)

Ganz anders Frauen, die nicht selten ohne klare Vorstellungen einkaufen gehen, und selbst wenn es einen Einkaufszettel gibt, macht dieser mitunter nur einen kleineren Teil dessen aus, was Frauen beim Shopping wirklich tun. Denn für Frauen ist bei weitem bedeutsamer, was hier mit Shopping zweiter Ordnung gemeint ist: die Simulation der Befriedigung irgendwelcher Bedürfnisse sekundärer Natur zum Zwecke der Stimulation rein imaginativer Erlebnisse.[27]

> „In fact, it's women, not men, who plumb the metaphysics of shopping – they illuminate how we human beings go through life searching, examining, questioning, and then acquiring and assuming and absorbing the best of what we see." (Underhill 1999: 116)

Die Zeitdifferenz läßt sich übrigens auch daran festmachen, ob und in welcher Begleitung Frauen shoppen gehen. So benötigen zwei Frauen durchschnittlich acht Minuten und fünf Sekunden,[28] eine Frau mit Kindern sieben Minuten und 19 Sekunden, eine Frau alleine fünf Minuten und zwei Sekunden und eine Frau mit einem Mann vier Minuten und 41 Sekunden. Woher rühren diese Unterschiede? Underhills Antwort lautet wie folgt:

> „In each case, what's happening seems clear: When two women shop together, they talk, advise, suggest and consult to their hearts' content, hence the long time in the store; with the kids, she's partly consumed with herding them along and keeping them entertained; alone, she makes efficient use of her time. But with him – well, he makes it plain that he's bored and antsy and likely at any moment to go off and sit in the car and listen to the radio or stand outside and watch girls. So the woman's comfort level plummets when he's by her side; she spends the entire trip feeling anxious and rushed." (Underhill 1999: 102f.)

Ebensogut könnte danach unterschieden werden, was Männer und Frauen jeweils kaufen. So kann grundsätzlich davon ausgegangen werden: „She buys anything that goes inside, and he buys everything that goes outside – mower and other gar-

---

[26] Vgl. demgegenüber die Studie von Cobb/Hoyer 1986: „Males were more likely to be impulse purchasers than to be any other purchaser type." (406) Irritierend ist daran, daß von „any other" die Rede ist, obgleich es sich eigentlich nur noch um Frauen (und vielleicht noch Kinder) handeln kann.

[27] Vgl. Nava 1997; Miller 1998; Zukin 2004.

[28] Vgl. Underhill 1999: „Two women in a store can be a shopping machine, and wise retailers do whatever they can to encourage this behaviour – promotions such as ‚bring-a-friend-get-a-discount', or seating areas just outside dressing rooms, to allow for more relaxed try-ones and assessments." (116) Hierzu paßt Paul Nystroms Rede von den „household industries", denen Frauen seit dem 19. Jhd. vorstehen, vgl. Satterthwaite 2001: 142. Übrigens erkennt Underhill (2004: 151) das delikate Privileg der „shopping machine" außer Frauen nur noch Japanern zu – a very special kind of humor.

dening and lawn-care equipment, barbecue grill, water hose and so on." (Underhill 1999: 102) Darüber hinaus läßt sich bei vielen Männern ein notorisches Shopping-Faible für technische Gadgets, Computer und Zubehör, Autos, Sportartikel sowie Bier, Spirituosen und Snacks aller Art beobachten, während die existenziell bedeutsamen Lebensmittel weiterhin in die Zuständigkeit der Frauen fallen.[29]

Ohne diese Auflistung geschlechtsspezifischer Unterschiede beim Shopping noch weiterzuführen, dürfte deutlich geworden sein, daß (viele) Frauen und Männer grundsätzlich andere Gewohnheiten beim Einkaufen aufweisen. Hierbei mag der Eindruck entstehen, daß Frauen, weil sie dem Shopping zweiter Ordnung, das erst in der modernen Gesellschaft diese Verbreitung findet, deutlich mehr abgewinnen können als Männer, in diesem Punkt viel moderner sind als Männer, die das Shopping erster Ordnung definitiv vorziehen.[30] Leider läßt die Forschungslage eine zuverlässige Einschätzung nicht zu, auch wenn die Vorarbeiten, die Paco Underhill für seine „Science of Shopping", wie er seine erste Studie untertitelt hat und auf die sich dieser Abschnitt maßgeblich stützt, unternommen hat, gewiß eine Menge interessantes Material hervorzaubern. Doch fehlt es an einer vergleichbar zuverlässigen Datenbasis für das Shoppingverhalten von Männern, weshalb mancher Befund eher klischeehaft wirkt. Ein Gleiches gilt für andere Zielgruppen des Shopping, ob Kinder, Erwachsene, ältere Menschen, Arme, Reiche, Ethnien oder Marginalisierte.[31] Von daher besteht dringender Bedarf an einer Soziologie des Shopping, die nicht nur Unterschiede im Geschlechterverhalten, sondern generell für alle nur denkbaren Bezugsgruppen beim Shopping systematisch untersucht und zusammenführt.

3.3 The Call of the Mall

Nachdem es bislang eher um sachliche und soziale Aspekte des Shopping ging, soll zum Schluß dieses sehr allgemein gehaltenen Überblicks zum aktuellen Forschungsstand dessen, was gegenwärtig einer Soziologie des Shopping zuge-

---

[29] Wobei nicht vergessen werden darf, daß die Geschlechterrollen in den letzten Jahrzehnten eine nicht unwesentliche Veränderung erfahren habe, man denke an berufstätige Frauen, alleinerziehende Mütter, Hausmänner, neue Väter etc. So hat das rheingold-Institut aus Köln 2003 im Auftrag von *AutoBild* und *SportBild* herausgefunden, daß es inzwischen sechs (neue) Männlichkeitstypen gibt: der *Weichzeichner*, der *Standhalter*, der *Kompensierer*, der *Bildlose*, der *Patchworker* und der *Bild-Entdecker*, vgl. Newsletter Zukunftsinstitut September 2003. Inwieweit die damit verbundenen und teilweise erhofften Verhaltensänderungen tatsächlich zutreffen, ist freilich mit Skepsis zu betrachten.

[30] Diese Besonderheit von Frauen gilt übrigens auch für Kinder, vgl. Bowlby 2001: 129; Schor 2004.

[31] Zu den Anfängen siehe Rich/Jain 1970; Sexton 1972; Bowlby 2001: 212ff. Oder neuerdings die erst wenige Jahre alte „Zielgruppe Aussiedler", vgl. Vogt 2004. Seit neuestem gibt es sogar einen „Supermarkt für Senioren", was Underhill (1999: 129ff.) schon vor Jahren eingeklagt hatte, und zwar in Bad Füssig in Bayern (http://br-online.de/leben2020/artikel/0503/21-seniorensupermarkt/index.xml vom 21.3.05).

rechnet werden kann, die zeitliche Dimension kurz noch in den Blick genommen werden. Gemeint sind damit vor allem die Geschichte und Evolution des Shopping, also die fortwährende Veränderung, die sich in der Beziehung zwischen den Arten und Orten des Shopping beobachten läßt.[32]

Bei der Frage nach dem Nullpunkt der Evolution des Shopping könnte man mit Sharon Zukin (2004: 12) den archaischen Marktplatz, auf dem sich Hersteller, Händler und Verbraucher persönlich begegnen und Handel treiben, gewissermaßen den Geertz'schen Basar,[33] als „the origin, the ur-experience, of shopping" zum Ausgangspunkt nehmen:

> „A true market-place brings buyers face to face with sellers; the resulting exchange begins in rough equality and ends in mutual benefit. The best exchange, I think, is when the seller is also the producer – the baker who made the bread, or the farmer who made the cheese, that you buy. But if you can't get this close to the producer, the next-best thing is getting close to the goods – close enough to touch and taste them – and to talk to a knowledgeable seller."

Obgleich es durchaus noch ältere Formen des Handels gibt,[34] lassen sich aus Zukins Beschreibung der Urszene des Shopping drei Schlußfolgerungen hinsichtlich der Startbedingungen dieses Phänomens ableiten: erstens das direkte persönliche Verhältnis, das zwischen den Tauschpartnern bestanden hat, zweitens die unmittelbare sinnliche Erfahrung der Waren, drittens die Situation des öffentlichen Marktes, auf dem entsprechende Inter- und Transaktionen stattgefunden haben.[35]

Wirtschaftshistorisch betrachtet ist diese Einschätzung soweit zutreffend. Zwar sind die meisten Haushalte archaischer Gesellschaften überwiegend auf Subsistenzwirtschaft, d.h. auf Selbstversorgung eingestellt. Dennoch gibt es in regelmäßigen Abständen und an bestimmten Orten solche öffentlichen Märkte, auf denen Nah- bzw. Fernhandel betrieben wird. Mit dem Auftauchen der hochkulturellen Gesellschaften, maßgeblich bedingt durch die Entstehung und Verbreitung der Städte, wächst der Bedarf an Fremdversorgung deutlich an. Weitgehend unberührt bleibt davon jedoch, daß Hersteller, Händler und Verbraucher noch persönlichen Umgang miteinander pflegen, daß der direkte Kon-

---

[32] Übrigens kann man diesen Abschnitt „Call of the Mall" noch unter einem weiteren Gesichtspunkt betrachten. So ging es bislang eher um die rein symbolische Seite des Shopping, um Wahrnehmungs- und Handlungsmuster, Kaufmotive, Rollenverteilungen etc., gewissermaßen um die immaterielle Seite des Shopping. Darüber sollte die materielle Seite des Shopping, die Orte, Treffpunkte, Gebäude, Hallen, Regale, Schalter, Info-Desks, Transport- und Kommunikationstechnologien jedoch nicht vergessen werden, die gewissermaßen in der nicht-sozialen Umwelt des Shoppingsystems die materiale Kultur des Shopping verkörpern, um mit Bronislaw Malinowski (1986) zu sprechen.

[33] Vgl. Geertz 1992; Satterthwaite 2001: 12ff.

[34] Vgl. Hellmann 2003: 185ff.

[35] Vgl. auch Commandeur/Nokielski 1977; Underhill 2004: 4.

takt zu den Waren erhalten bleibt, und daß Tauschgeschäfte zum Großteil noch immer auf öffentlichen Märkten abgewickelt werden.

Mit dem Auftauchen der modernen Gesellschaft tritt jedoch eine Revolution des Konsums ein, die erwartungsgemäß Folgen hat für den gesamten Bereich des Shopping.[36] So nimmt zunächst die Zahl und Vielfalt von Geschäften für Luxusgüter erheblich zu; parallel dazu entwickelt sich eine eigene Industrie mit einem entsprechenden Bedienungs- und Beratungsbedarf (vgl. Sombart 1996). Die ersten Warenhäuser entstehen Mitte des 19. Jahrhunderts, durch die das Shopping zweiter Ordnung erstmals allgemeine Verbreitung findet (vgl. Pasdermadjian 1954; Crossick/Jaumain 1999). Immer mehr Waren werden in halböffentlichen und privaten Räumen dargeboten, und es erfolgt eine schnelle funktionale Differenzierung des Warenangebots, die sich wiederum auf die Art und Weise des Shopping auswirkt.

1909 eröffnet Woolworth den ersten Selbstbedienungsladen in den USA, 1916 folgt Piggly Wiggly, während sich dieser Ladentypus in Deutschland erst nach dem zweiten Weltkrieg durchsetzt (siehe auch den Beitrag von *Voswinkel* in diesem Band).[37] Die Waren werden in den Verkaufsraum gestellt, und die Theke, über die bis dahin der Warentausch abgewickelt wurde, sowie die damit verbundenen Sozialtechniken werden mit einem Schlag aus dem Verkehr gezogen.

> „Mit dem Verschwinden des Verkaufspersonals wird die Theke hinfällig, der uralte Ladentisch, das Symbol jener imaginären Grenze zwischen Angebot und Nachfrage, jener Schranke, an der der Handel so oft Selbstzweck und Zeitvertreib war, der Preis ‚ausgeredet', die Qualität überprüft, die Quantität umständlich gewogen, gemessen oder gezählt und schließlich verpackt werden mußte." (Zahn 1960: 105)

Die Kundschaft muß plötzlich lernen, sich im Laden, ohne Bedienung und Beratung durch das Personal, selbst zurecht zu finden.[38] Dafür wird die Kommunikation der Produkte verstärkt von Texten und Symbolen übernommen, die sich direkt auf den Verpackungen befinden. In diesem Sinne kann man sagen: „Die Verpackung übernimmt das Verkaufsgespräch." (Zahn 1960: 105) Der einzelne Kunde gewinnt dadurch zwar eine enorme Selbständigkeit. Die Schattenseite dessen ist jedoch, daß er seinen Einkauf völlig auf sich gestellt organisieren und verantworten muß, ob er will oder nicht (vgl. die Beiträge von *Voswinkel* und *Keim* in diesem Band).[39]

1956 wird in Edina, Minnesota, die erste Shopping Mall der USA eröffnet, acht Jahre später folgen in Deutschland das Main-Taunus-Zentrum bei Frankfurt/M. und das Ruhrpark-Zentrum bei Bochum, womit eine weitere folgenreiche

---

[36] Vgl. McKendrick et al. 1982; Campbell 1987; Stihler 1998.
[37] Vgl. Zukin 2004: 71ff.; Zahn 1960; Bowlby 2001: 135ff.
[38] Vgl. Commandeur/Nokielski 1977. Dies gilt natürlich nicht für alle Warengruppen, vgl. exemplarisch die Untersuchung von Haug 1980.
[39] Vgl. Commandeur/Nokielski 1977; Bateson 1985; Moon/Frei 2000; Scharrenbroch 2004.

Phase der Evolution des Shopping eingeleitet wird (vgl. die Beiträge von *Delitz* und *Rieper* in diesem Band).[40] Denn nicht nur in den USA und Kanada, sondern auch Europa und Japan und in allen Metropolen weltweit setzt sich das Prinzip der Shopping Mall, wonach nicht nur die Geschäfte in ihr, sondern die Mall als solche[41] die eigentliche Attraktion darstellen, immer stärker durch.[42] „Malls sind Einkaufsstätten, an denen keine Versorgungskäufe sondern Erlebniskäufe getätigt werden.“ (Haubl 1996: 208) Inzwischen ist die Verbreitung von Shopping Malls soweit fortgeschritten, daß Paco Underhill (2004) mit Blick auf die USA von einem „Call of the Mall“ spricht, der die US-amerikanische Bevölkerung in großen Scharen in ihre Mauern ruft. So gab es Mitte der 1990er Jahre in den USA ca. 39.000 Shopping Center incl. Malls (und damit deutlich mehr als Schulen in den USA), die 50 Prozent des US-amerikanischen Einzelhandelsumsatzes und 13 Prozent des Bruttosozialprodukts der USA erwirtschaftet haben (vgl. Haubl 1996: 200). 2003 lag die Zahl der Shoppingcenter in den USA bei 46.000 (vgl. Schor 2004; Zukin 2004). – Daneben ist in den fünfziger Jahren eine weitere Entwicklung festzustellen, die als nicht minder einflußreich einzuschätzen ist, nämlich die Ausbreitung der Distributionsschiene „Discount“ mit Unternehmen wie Aldi, Lidl, Penny und Plus in Deutschland oder Kmart und vor allem Wal-Mart in den USA, dem gegenwärtig umsatzstärksten Unternehmen der Welt.[43]

In den sechziger Jahren kommt dann der Versandhandel hinzu, wodurch die Verbraucher davon befreit werden, sich selbst auf den Weg zu machen, da Übersicht und Auswahl der begehrten Waren zu Hause stattfinden. Seit den neunziger Jahren entsteht schließlich der eCommerce, also das Shopping übers Internet, die momentan letzte evolutionäre Errungenschaft im Bereich des Shopping. Auch hier finden Übersicht und Auswahl zuhause statt, nur nicht mehr in der Katalogausführung, sondern übers Browsen im Netz (vgl. den Beitrag von *Lamla/Jacob* in diesem Band).

Eine empirisch gesicherte Einteilung der Evolution des Shopping liegt bislang noch nicht vor, allenfalls Übersichten und vereinzelte Vorschläge gibt es.[44] So favorisieren Clayton M. Christensen und Richard S. Tedlow (2000: 42) in einer neueren Arbeit ein Vier-Phasen-Schema ohne genaue Datierungen: „In retailing, the first disruption arrived in the form of department stores. The Sec-

---

[40] Vgl. Haubl 1996; Satterthwaite 2000; Zukin 2004; Underhill 2004.

[41] Vgl. Commandeur/Nokielski 1980; Underhill 2004, S. 127: „The mall is for shopping as an activity unto itself“ zu begreifen, beinahe unabhängig von den unter einem Dach versammelten Einkaufsstätten. Underhill (2004: 19) bezeichnet eine Shopping Mall beiläufig sogar als „store of stores“, eine Formulierung, die an das Schmitt'sche Verständnis von Politik als dem „Gebiet der Gebiete“ erinnert, vgl. Göbel 1999: 282.

[42] Vgl. Commandeur/Nokielski 1977; Shields 1992; Lethonen/Mäenpää 1997; Vester 2004.

[43] Vgl. Brandes 1998; Ortega 1999; Bowlby 2001; Zukin 2004.

[44] Vgl. Stickel/Tröscher 1998; Bauer/Hallier 1999; Spiekermann 1999.

ond was the mail-order catalog. The third was the rise of discount department stores. Internet retailing marks the fourth disruption." Sicher bieten sich auch andere Phasenmodelle an.[45] So könnte man die diachrone Betrachtungsweise um eine synchrone ergänzen, etwa bezüglich der Unterscheidung Markt/Geschäft,[46] Kolonialwarenhandel/Warenhaus oder Vollsortimenter/Discounter, die vor allem in Deutschland seit einigen Jahren eine geradezu dramatische Entwicklung durchmacht (vgl. GfK Panel Services Consumer Research GmbH 2003; Lebensmittelzeitung 2004).[47] – Ebensogut könnte man nach den sozialen Kosten der Shopping Malls fragen, Stichwort Verödung der Innenstädte,[48] und die unerwartete Renaissance der Tante Emma-Läden dazu ins Verhältnis setzen.[49] Oder

[45] So argumentieren B. Joseph Pine und James H. Gilmore (2000) mit der Abfolge *Massengüter*, *Konsumgüter*, *Dienstleistungen* und *Erlebnisse*, die das wirtschaftliche Geschehen phasenweise dominiert haben bzw. dominieren und sich jeweils auf die Arten und Orte des Shopping auswirken.

[46] So nimmt Peter Corrigan (1997) eine interessante Gegenüberstellung zwischen dem Shopping vor und nach den „department stores" vor, vgl. die Tabelle auf S. 61. Vor den „Stores" galt: 1. purchase obligatory: just looking was impossible, 2. ultra specialization: each shop sells only one type of good, 3. retailing governed by guild system: restricted number of goods available in artisanal system, 4. no competition between guild members, 5. no fixed prices: bargaining obligatory, 6. need-centred: goods neither displayed nor advertised, 7. shopping around was impossible, 8. selling mere merchandise, 9. exchange or return impossible, 10. production-centre, 11. shopping restricted to one's local area, 12. personal characteristics of seller relatively unimportant, 13. public space generally male und 14. shopping could not provide cultural identity for new middle class. Seitdem gilt: 1. purchase optional: just looking becomes possible, 2. ultra-generalizations: each department store sells a vast range of goods, 3. retailing in the department store is a response to the availability of mass quantities of goods produced by the factory, 4. competition between department stores, 5. fixed prices: bargaining impossible, 6. desire-centred: display and advertising of goods become vital to successful retailing, 7. shopping around is possible, 8. selling fantasies, 9. exchange or return is possible, 10. consumption-centred, 11. department stores attract shoppers from all over city and beyond, 12. personal characteristics of sales clerk must match ‚cultivated' image of store, 13. creation identity of female public space for both shoppers and workers und 14. cultural identity form new middle class can be bought off the shelf.

[47] In diesem Zusammenhang sei an das zehnjährige Jubiläum des Smart Shopper erinnert, 1995 von der Werbeagentur Grey erfunden, der genau diese hybride Situation zwischen Luxus und Discount für sich auszunutzen versteht, vgl. den Artikel „Der Smart Shopper wird Zehn – ein Grund zum Feiern?" in media business anzeigen@stern.de 11/2004, S. 3ff.

[48] So findet sich etwa im Raum Frankfurt/M. das geflügelte Wort „Eschbornisierung" für das unaufhaltsame Voranschreiten einer Fehlentwicklung hinsichtlich der Innenstädte, die mit der fortlaufenden Zulassung neuer Shopping Malls einhergeht, wie sie im Vorort Eschborn zu beobachten ist, vgl. Frankfurter Allgemeine Zeitung vom 22. Februar 2005, S. 53: „‚Drohende Eschbornisierung der Kurstadt'. SPD warnt vor Fehlentwicklung in Baden Soden." Ein anderer, aktuell höchster kontroverser Fall betrifft die Erweiterung des CentrO von Oberhausen. Dabei scheint selbst Underhill im Zuge seiner Berichterstattung über den Status quo US-amerikanischer Shopping Malls allmählich die Contenance zu verlieren, wenn er schreibt: „Malls were the Godzillas of shopping." (Underhill 2004: 202) Vgl. hierzu auch Gelinsky 2004 und zur aktuellen Entwicklung in den USA siehe die Frankfurter Allgemeine Zeitung vom 29. März 2005, S. 13: „Eine Kampagne gegen Wal-Mart & Co. Amerikanische Kleinstädte machen nach dem Vorbild des texanischen Austin für lokale Einzelhändler mobil."

[49] Vgl. Metters et al. 2000; Satterthwaite 2001: 213f.; Underhill 2004: 209.

man könnte unter dem Gesichtspunkt der sinnlichen Seite des Shopping die offensichtlichen Nachteile des eShopping erörtern (vgl. Christensen/Tedlow 2000; Underhill 2004: 207; vgl. auch den Beitrag von *Lamla/Jacob* in diesem Band). In all diesen Bereichen ist von seiten der Soziologie noch viel aufzuarbeiten.[50] Unzweideutig ist jedenfalls, daß gerade die Evolution des Shopping, ja die Gleichzeitigkeit des Ungleichzeitigen beim Shopping eine entscheidende Rolle spielen, um besser zu verstehen, was Shopping heute bedeutet.

4 Was für ein Theater!

Shopping hat immer mit dem Wechselspiel zwischen Angebot und Nachfrage zu tun. In der Regel treffen Käufer und Verkäufer aufeinander, um früher oder später handelseinig zu werden. Die Situation des Shopping ist dabei von einer Reihe strategischer Überlegungen geleitet und durch bestimmte, allseits bekannte Bemühungen seitens der Beteiligten geprägt, einen für sie möglichst großen Vorteil herauszuschlagen, so daß es allemal gerechtfertigt erscheint, wenn man Shopping mit Erving Goffman (2003) im Sinne einer Theaterinszenierung analysiert.

Im Theater gibt es die Vorderbühne, auf der die Schauspieler vor und für das Publikum ein bestimmtes Stück aufführen. Zugleich gibt es eine Hinterbühne mit verschiedensten Aufgabenbereichen, auf der sich alles abspielt, was für den Betrieb des Theaters notwendig ist, jedoch unter Ausschluß des Publikums – nicht zu vergessen das gesamte physische wie symbolische Umfeld, das ein Theater überhaupt erst zum Theater macht, einschließlich der Massenmedien, der Kunst und Kultur im allgemeinen.

Beim Shopping liegt es nun nahe, die Verkäuferseite mit dem Geschehen auf der Bühne zu identifizieren, während sich für die Käuferseite natürlich das Publikum anbietet, und gewiß finden sich viele Anknüpfungspunkte für diese Analogie. Aus diesem Grunde weist der vorliegende Band auch eine dichotome Struktur auf: Aufgeteilt in vier Blöcke, werden unterschiedliche Aspekte des Shopping jeweils paarweise behandelt, so als ob es sich um eine Theaterinsze-

[50] Dies gilt übrigens auch für viele andere Themen, die im Rahmen dieser Einführung keine Berücksichtung erfahren haben, wie Pathologien beim Shopping und andere Probleme, sei es Shoplifting, Kaufsucht oder Verschuldung, sei es die Stellung der Stiftung Warentest oder generell die Debatte über Verbraucherschutz und Konsumerismus, sei es die Übertragung von Shoppinggewohnheiten auf außerökonomische Bereiche, sei es die Sozialisation des Shopping, sei es das Käufer/Verkäufer-Verhältnis, vgl. Frederiksson 1997; Lehrmann 2004; Satterthwaite 2001: 135; Faber 2000; Schor 2004; Sheth 1975. Shopping stellt ein derartig komplexes Phänomen dar, daß vermutlich sämtliche Subdisziplinen der Soziologie dazu einen relevanten Beitrag leisten könnten, und dem ist bei einer Einführung verständlicherweise nicht Rechnung zu tragen.

nierung handelt. Die Konstellation der Paare wurde dabei dem Wechselspiel von Angebot und Nachfrage möglichst präzise nachempfunden.

Darüber hinaus bleibt jedoch zu fragen, ob es überhaupt zutreffend ist, wenn man lediglich die Verkäufer auf die Bühne stellt, während die Käufer allesamt dem Publikum zugeschlagen werden. Denn ausgehend von der Leitdifferenz des Shopping bietet sich gerade beim Shopping zweiter Ordnung die Möglichkeit an, die Käufer in der Rolle der Schauspieler zu entdecken, die sich vor Publikum inszenieren, und sei es eine reine Selbstinszenierung vor dem inneren Auge. In jedem Fall verkehrt sich dadurch die Rollenverteilung, die Seiten werden gewechselt, ein Vorgang, den Goffman (1971) bei seiner Analyse von Interaktionssituationen, in denen die Beteiligten durchgängig auf ein möglichst erfolgreiches Imagemanagement bedacht sind, vor allem im Blick hatte. Insofern scheint sich Goffmans Begrifflichkeit selbst für diesen alternierenden Rollenwechsel zu eignen.

Die Theatersemantik, mit all den assoziierten Begriffen, die dafür in Gebrauch sind, erfährt in der Forschungsliteratur zum Shopping übrigens eine recht große Aufmerksamkeit.[51] Offenbar ist sie von hohem heuristischem Wert. Insbesondere in dem Buch „Erlebniskauf. Konsum als Ereignis, Business als Bühne, Arbeit als Theater" von Pine und Gilmore (2000) kann man gut beobachten, in welchem Maße die Theatermetapher von Goffman das Phänomen „Shopping" aufzuschließen hilft.

Freilich gibt es auch Grenzen der Anwendbarkeit, keine Frage. Gerade beim eShopping zeigt sich dies, wenn keine Interaktion, also keine face-to-face-Begegnung mehr vorliegt, sondern hochgradig isolierte und anonymisierte Kommunikationsprozesse ablaufen (vgl. die Beitrag von *Lamla/Jacob* in diesem Band). Und dennoch könnte es sein, daß die Ordnungsstrukturen, wie Goffman (1967) sie am Beispiel der Kommunikation unter Anwesenden studiert hat, auch für solche Situationen des Shopping zumindest teilweise Gültigkeit beanspruchen können. Immerhin geht es auch hier um Asymmetrien, um Informationsvorsprünge, um Latenzschutzbedarf, um die Inszenierung von Glaubwürdigkeit, um den Erfolg der Kommunikation, selbst wenn keine Interaktion erfolgt.[52] Insofern ist ein Forschungsdesiderat angezeigt, wenn danach gefragt wird, ob die Soziologie des Shopping auf eine universale Kommunikations- bzw. Handlungstheorie zurückgreifen kann.

---

[51] Vgl. Zahn 1960; Commandeur/Nokielski 1980; Haubl 1996; Miller 1997; Lethonen/Mäenpää 1997; Satterthwaite 2001.

[52] Vgl. Haug (1980: 74) bezüglich des Interaktionsshopping: „Das Bild ist ganz bestimmt durch das wechselseitige Belauern und einseitige Vorspiegeln, mit dem die andere Seite von vornherein rechnet, worauf die erste Seite wiederum mit der Vorspiegelung personifizierter Offenheit, Klarheit und heiterer Zuversicht antwortet."

5 Das Management der Kunden

Wenn man die Welt des Shopping dergestalt als eine Form des Theaters begreift und sich dafür Erving Goffmans bedient, der bei der Mikroskopie von Interaktionssituationen zuallererst an den unterschiedlichen Techniken der Beeinflussung der jeweiligen sozialen Situation interessiert war, dann liegt es nahe, auch das Shopping in seiner ganzen Mannigfaltigkeit unter diesem Gesichtspunkt zu betrachten.

Dies zum Ausgangspunkt nehmend, drängt sich die schon länger laufende, neuerdings unter dem Label *Customer Relationship Management* firmierende Debatte um Kundenbindung mit all den Spezifikationen, die es dazu mittlerweile gibt, geradezu auf, und der Titel dieses Buches, „Das Management der Kunden", legt es zugegebenermaßen darauf an, sich dieser Diskussion gegenüber als anschlußfähig zu erweisen.[53] Die entsprechenden Beiträge von *Voswinkel*, *Rieper* und *Thiermann* in diesem Band sind bestens geeignet, diese Seite des Kundenmanagements näher zu beleuchten.

Dieser Umstand sollte aber nicht darüber hinwegtäuschen, daß sämtliche Bemühungen des Kundenmanagements, wie sie von der Seite der Produktion fortwährend angestrengt werden, an der Autonomie der Konsumenten scheitern müssen, sofern sie nicht strategisch darauf eingestellt sind.[54] Denn die Kunden betreiben in hohem Maße Selbstmanagement, worauf der Titel dieses Bandes ebenfalls hinweist: Nicht bloß das Management der Kunden durch andere, sondern durch sich selbst ist es, worauf es beim Shopping ankommt, und auch hierfür gibt es mit den Beiträgen von *Keim*, *Bareis* und *Lamla/Jacob* in diesem Band instruktive Fallstudien.

Jenseits dieser beiden Auslegungsalternativen unseres Buchtitels, ob als *Genitivus objectivus* oder als *Genitivus subjectivus* gelesen, ist schließlich noch festzuhalten, daß das Shopping stets in bestimmte Kulturen des Konsums eingebettet ist, die diesem Bereich eine jeweils unterschiedliche, mitunter gänzlich entgegengesetzte Bedeutung bemessen können. Für einen solchen geradezu diametralen Vergleichsfall eignen sich die Beiträge von *Delitz* und *Müller* in diesem Band ganz vorzüglich, weil es im einen Fall (Delitz) um die Entstehung des modernen Shopping in Westeuropa geht, während der andere Fall (Müller) u.a. das teilweise völlige Fehlen jeglicher Shoppingkultur in der ehemaligen Sowjetunion zum Thema hat (vgl. hierzu auch Merkel 1999; Kaminsky 2001). Dies macht deutlich, daß das Shopping niemals isoliert betrachtet werden sollte, son-

---

[53] Vgl. Haug 1980; Graf 1981; Gröppel 1991; Bellarbarba et al. 2002; Hellmann 2005.

[54] Vgl. Graf 1981, S. 12: „Wer das Vertrauen seiner Kunden nicht hat, kann nicht verkaufen. Da helfen auch keine Verkaufsformeln. Im Prinzip geht es nur um die Aufmerksamkeit des Kunden und sein Vertrauen. Und wie man beides durch Manipulation erreicht."

dern immer unter Einbeziehung der es umfassenden gesellschaftlichen Verhältnissen. In diesem Sinne ist eine Soziologie des Shopping als Gesellschaftstheorie zu konzipieren. Und auch hier gilt es, Forschungslage und Erkenntnisstand zu verbessern.

Literatur

Antonides, Gerrit/W. Fred van Raaij (1998), Consumer Behaviour. A European Perspective, Chichester et al.

Babin, Barry J./William R. Darden/Mitch Griffin (1994), Work and/or Fun: Measuring Hedonic and Utilitarian Shopping Value, in: Journal of Consumer Research 20, March, S. 644-656.

Bateson, J. E. G. (1985), Self-Service Consumer: An Exploratory Study, in: Journal of Retailing 61, No. 3, S. 49-76.

Bauer, Hans-Jörg/Bernd Hallier (Hg.) (1999), Kultur und Geschichte des Handels, Köln.

Baumgartner, Hans (2002), Toward a Personology of the Consumer, in: Journal of Consumer Research 29, S. 286-292.

Bellarbarba, Alexander/Philipp Radtke/Dirk Wilmes (2002), Management von Kundenbeziehungen. 7 Bausteine für ein effizientes Kundenmanagement. Die KM7, München.

Bourdieu, Pierre (1985), Sozialer Raum und „Klassen". Leçon sur la leçon. Zwei Vorlesungen, Frankfurt/M.

Bourdieu, Pierre (1987), Die feinen Unterschiede. Kritik der gesellschaftlichen Urteilskraft, Frankfurt/M.

Bowlby, Rachel (1997), Supermarket Futures, in: Pasi Falk/Colin Campbell (Hg.), The Shopping Experience, London et al., S. 92-110.

Bowlby, Rachel (2001), Carried Away. The Invention of Modern Shopping, New York.

Brandes, Dieter (1998), Konsequent einfach. Die ALDI-Erfolgsstory, Frankfurt/M.

Campbell, Colin (1987), The Romantic Ethic and the Spirit of Modern Consumerism, London/New York.

Campbell, Colin (1997), Shopping, Pleasure and the Sex War, in: Pasi Falk/Colin Campbell (Hg.), The Shopping Experience, London et al., S. 166-176.

Christensen, Clayton M./Richard S. Tedlow (2000), Patterns of Disruption in Retailing, in: Harvard Business Review, January-February, S. 42-45.

Cobb, Cathy J./Wayne D. Hoyer (1986), Planned Versus Impulse Purchase Behavior, in: Journal of Retailing, Vol. 62, No. 4, S. 384-409.

Commandeur, Claus/Hans Nokielski (1977), Konsum und Urbanität. Funktionale Differenzierung und soziale Bezüge urbanen Käuferverhaltens, in: Sociologica Internationalis 15, Heft ½, S. 247-258.

Commandeur, Claus/Hans Nokielski (1980), Animation im Einkaufszentrum. Verkaufsförderung oder soziokulturelle Aktivierung?, in: Animation. Freizeitpraxis und Freizeitwissenschaft 1, Heft 9, 286-288.

Corrigan, Peter (1997), The Sociology of Consumption. An Introduction, London.

Crossick, Geoffrey/Serge Jaumain (Hg.) (1999), Cathedrals of Consumption. The European Department Store, 1850-1939, Aldershot et al.
Douglas, Mary (1997), In Defence of Shopping, in: Pasi Falk/Colin Campbell (Hg.), The Shopping Experience, London et al., S. 15-30.
Elias, Norbert (1989), Die höfische Gesellschaft. Untersuchungen zur Soziologie des Königtums und der höfischen Aristokratie, Frankfurt/M.
Engel, James F./Roger D. Blackwell/Paul W. Miniard (1995), Consumer Behavior. Eighth Edition, Forth Worth et al.
Faber, Ronald J. (2000), The urge to buy. A uses and gratifications perspective on compulsive buying, in: S. Ratneswar et al. (Hg.), The why of consumption. Contemporary perspectives on consumer motives, goals and desires, London/New York, S. 177-196.
Falk, Pasi/Colin Campbell (1997), Introduction, in: Pasi Falk/Colin Campbell (Hg.), The Shopping Experience, London et al., S. 1-14.
Fiske, John (2000), Shopping for Pleasure: Malls, Power, and resistance, in: Juliet B. Schor/Douglas B. Holt (Hg.), The Consumer Society Reader, New York, S. 306-328.
Frederiksson, Cecilia (1997), The Making of a Swedish Department Store Culture, in: Pasi Falk/Colin Campbell (Hg.), The Shopping Experience, London et al., S. 111-135.
Friedberg, Anne (1993), Window Shopping, Cinema and the Postmodern, Berkeley.
Geertz, Clifford (1992), The Bazaar Economy: Information and Search in Peasant Marketing, in: Mark Granovetter/Richard Swedberg (Hg.), The Sociology of Economic Life, Boulder et al., S. 225-232.
Gelinsky, Katja (2004), Jeden Sonntag findet kein Gemeinschaftsausflug statt. Der Monsterstadtplaner und sein Geschöpf: Die „Shopping Mall“ begann als bürgerliche Utopie, in: Frankfurter Allgemeine Zeitung vom 15. November 2004, S. 40.
GfK Panel Services Consumer Research GmbH und GfK Nürnberg e.V. (2003), Handelsmarken – Wachstum ohne Grenzen? Markenführung gegen ALDIsierung, Nürnberg.
Gitomer, Jeffrey (2004), The deal lies in prospect's motive to buy (http://www.bizjournals.com/extraedge/consultants/sales_moves/2004/07/05/column405.htm vom 7. Juli 2004).
Göbel, Andreas (1999), Paradigmatische Erschöpfung. Wissenssoziologische Bemerkungen zum Fall Carl Schmitts, in: Andreas Göbel et al. (Hg.), Metamorphosen des Politischen. Grundfragen politischer Einheitsbildung seit den zwanziger Jahren, Berlin, S. 267-286.
Goffman, Erving (1967), Stigma. Über Techniken der Bewältigung beschädigter Identität, Frankfurt/M.
Goffman, Erving (1971), Interaktionsrituale. Über Verhalten in direkter Kommunikation, Frankfurt/M.
Goffman, Erving (2003), Wir alle spielen Theater. Die Selbstdarstellung im Alltag, München.
Graf, Helmut (1981), Manipulationstechniken für Verkäufer, Landsberg am Lech.
Gröppel, Andrea (1991), Erlebnisstrategien im Einzelhandel. Analyse der Zielgruppen, der Ladengestaltung und der Warenpräsentation zur Vermittlung von Einkaufserlebnissen, Heidelberg.
Haubl, Rolf (1996), „Welcome to the pleasure dome“. Einkaufen als Zeitvertreib, in: Hans A. Hartmann/Rolf Haubl (Hg.), Freizeit in der Erlebnisgesellschaft. Amüsement zwischen Selbstverwirklichung und Kommerz, Opladen, S. 199-224.

Haug, Wolfgang Fritz (1980), Kritik der Warenästhetik, Frankfurt/M.

Hellmann, Kai-Uwe (2003), Soziologie der Marke, Frankfurt/M.

Hellmann, Kai-Uwe (2004a), Werbung und Konsum: Was ist die Henne, was ist das Ei? Konzeptionelle Überlegungen zu einem zirkulären Verhältnis, in: Kai-Uwe Hellmann/Dominik Schrage (Hg.), Konsum der Werbung. Zur Produktion und Rezeption von Sinn in der kommerziellen Kultur, Opladen, S. 33-46.

Hellmann, Kai-Uwe (2004b), Alles Konsum, oder was? Der Kulturbegriff von Luhmann und seine Nützlichkeit für die Konsumsoziologie, in: Günter Burkart/Gunter Runkel (Hg.), Luhmann und die Kulturtheorie, Frankfurt/M., S. 136-168.

Hellmann, Kai-Uwe (2005), Der ideale Kunde: möglichst gebunden und immer treu. Vorläufiges zu einem aktuellen Thema, in: Heike Jacobsen/Stephan Voswinkel (Hg.), Der „Kunde" in der Dienstleistungsbeziehung, Wiedbaden (i.E.).

Hewer, Paul/Colin Campbell (1997), Research on Shopping – A Brief History and Selected Literature, in: Pasi Falk/Colin Campbell (Hg.), The Shopping Experience, London et al., S. 186-206.

Hollein, Max/Christoph Grunenberg (Hg.) (2002), Shopping. 100 Jahre Kunst und Konsum, Ostfildern-Ruit.

Howard, John A./Jagdish N. Sheth (1969), The Theory of Buyer Behavior, New York et al.

Jäckel, Michael/Christoph Kochhan, (2000), Notwendigkeit und Luxus. Ein Beitrag zur Geschichte des Konsums, in: Doris Rosenkranz/Norbert F. Schneider (Hg.), Konsum. Soziologische, ökonomische und psychologische Perspektiven, Opladen, S. 73-94.

Kaminsky, Annette (2001), Kleine Konsumgeschichte der DDR. Wohlstand, Schönheit, Glück, München.

Kroeber-Riel, Werner/Peter Weinberg (1996), Konsumentenverhalten, München.

Lamont, Michèle/Marcel Fournier (Hg.) (1992), Cultivating Differences. Symbolic Boundaries and the Making of Inequality, Chicago.

Lebensmittelzeitung (2004), Wo das Einkaufen in Zukunft Spaß macht, in: Lebensmittelzeitung vom 9. Januar 2004, S. 38.

Lehrmann, Gesa (2004), Die Freude des Kaufens ist wie eine innere Explosion. Pathologische Käufer sind hochverschuldet. Auf den Rausch folgt die Angst, in: Frankfurter Allgemeine Zeitung vom 21. Dezember 2004, S. 36.

Lethonen, Turo-Kimmo/Pasi Mäenpää (1997), Shopping in the East Centre Mall, in: Pasi Falk/Colin Campbell (Hg.), The Shopping Experience, London et al., S. 136-165.

Luhmann, Niklas (1992), Beobachtungen der Moderne, Opladen.

Makropoulos, Michael (2004), Aspekte massenkultureller Vergesellschaftung, in: Mittelweg 36, Heft 1, S. 65-86.

Malinowski, Bronislaw (1986), Materielle Kultur, in: ders., Schriften zur Anthropologie, Frankfurt/M., S. 72-83.

McKendrick, Neil/John Brewer/Jack H. Plumb (Hg.) (1982), The birth of a consumer society. The commercialization of eighteenth-century England, London.

Merkel, Ina (1999), Utopie und Bedürfnis. Die Geschichte der Konsumkultur in der DDR, Köln/Weimar/Wien.

Metters, Richard/Michael Ketzenberg/George Gillen (2000), Welcome Back, Mom and Pop. Big retailers are starting to think small again, in: Harvard Business Review, May-June, S. 24-26.

Miller, Daniel (1997), Could Shopping ever Really Matter?, in: Pasi Falk/Colin Campbell (Hg.), The Shopping Experience, London et al., S. 31-55.

Miller, Daniel (1998), A Theory of Shopping, Ithaca/New York.

Moon, Youngme/Frances X. Frei (2000), Exploding the Self-Service Myth, in: Harvard Business Review, May-June, S. 26-27.

Nava, Mica (1997), Women, the City and the Department Store, in: Pasi Falk/Colin Campbell (Hg.), The Shopping Experience, London et al., S. 56-91.

Ortega, Bob (1999), Wal-Mart. Der Gigant der Supermärkte. Die Erfolgsstory von Sam Walton und dem größten Handelskonzern der Welt, Wien.

Pasdermadjian, Grant (1954), Das Warenhaus. Entstehung, Entwicklung und wirtschaftliche Struktur, Köln/Opladen.

Pine, B. Joseph/James H. Gilmore (2000), Erlebniskauf. Konsum als Ereignis, Business als Bühne, Arbeit als Theater, München.

Rich, Stuart U./Subhash C. Jain (1970), Social class and life cycle as predictors of shopping behavior, in: Steuart Henderson Britt (Hg.), Consumer Behavior in Theory and in Action, New York et al., S. 226-233.

Satterthwaite, Ann (2001), Going Shopping. Consumer Choices and Community Consequences, New Haven/London.

Scharrenbroch, Christine (2004), „Nehmen Sie's selbst in die Hand". Im Real-Supermarkt in Ratingen scannen die Kunden ihre Einkäufe, in: Frankfurter Allgemeine Zeitung vom 18. März 2004, S. 66.

Schor, Juliet B. (2004), Born to Buy. The Commercialized Child and the New Consumer Culture, New York et al.

Schrage, Dominik (2003), Integration durch Attraktion. Konsumismus als massenkulturelles Weltverhältnis, in: Mittelweg 36, Heft 6, S. 57-86.

Schulze, Gerhard (1992), Die Erlebnisgesellschaft. Kultursoziologie der Gegenwart, Frankfurt/M.

Sexton, Donald E. (1972), Black Buyer Behavior, in: Journal of Marketing, 36, October, S. 36-39.

Sheth, Jagdish N. (1975), Buyer-Seller Interaction: A Conceptual Framework, in: Gerald Zaltman/Brian Sternthal (Hg.), Broadening the Concept of Consumer Behavior. The Association for Consumer Research, S. 131-140.

Shields, Rob (1992), The Individual, Consumption Cultures and the Fate of Community, in: Rob Shields (Hg.), Lifestyle Shopping. The Subject of Consumption, London/New York, S. 99-113.

Sombart, Werner (1996), Liebe, Luxus und Kapitalismus. Über die Entstehung der modernen Welt aus dem Geist der Verschwendung, Berlin.

Spiekermann, Uwe (1999), Basis der Konsumgesellschaft. Entstehung und Entwicklung des modernen Kleinhandels in Deutschland 1850-1914, Beck.

Stickel, Antje/Michael Tröscher (Hg.) (1998), Tante Emma – Megastore. 50 Jahre Lebensmittelhandel in Deutschland, Ingelheim a. Rh.

Stihler, Ariane (1998), Die Entstehung des modernen Konsums. Darstellung und Erklärungsansätze, Berlin.

Stone, Gregory P. (1956), City shoppers and urban identification: observations on the social psychology of city life, in: The American Journal of Sociology 60, S. 37-45.

Streissler, Erich/Monika Streissler (Hg.) (1966), Konsum und Nachfrage, Köln/Berlin.

Tauber, Edward M. (1972), Why Do People Shop?, in: Journal of Marketing 36, October, S. 46-49.

Underhill, Paco (1999), Why We Buy. The Science of Shopping, New York.

Underhill, Paco (2004), Call of the Mall, New York et al.

Veblen, Thorstein (2000), Theorie der feinen Leute. Eine ökonomische Untersuchung der Institutionen, Frankfurt/M.

Venkatesh, Alladi (2000), Why Do You Shop? (A Conversation with Judith Wilske Followed by a Photo Essay), in: Consumption Markets and Culture 3, No. 4, S. 283-315.

Vester, Heinz-Günter (2004), Shopping Malls – Orte des Erlebens?, in: Hans-Jürgen Kagelmann (Hg.), ErlebnisWelten. Zum Erlebnisboom in der Postmoderne, München, S. 211-219.

Vogt, Jacqueline (2004), Buchweizengrütze als Erfolgsgrundlage. Zielgruppe Aussiedler: Wie ein Franchise-Unternehmen einen Supermarkt nach dem anderen eröffnet – und wie es sich wandelt, in: Frankfurter Allgemeine Zeitung vom 4. September 2004, S. 61.

Wallendorf, Melanie/Gerald Zaltman (Hg.) (1979), Readings in Consumer Behavior: Individuals, Groups, and Organizations, New York et al.

Weber, Max (1984), Die protestantische Ethik I. Eine Aufsatzsammlung, Gütersloh.

Westbrook, Robert A./William C. Black (1985), A Motivation-Based Shopper Typology, in: Journal of Retailing 61, No. 1, Spring, S. 78-103.

Williams, Rosalind H. (1991), Dream Worlds. Mass Consumption in Late Nineteenth-Century France. Berkeley et al.

Woodward, Ian/Michael Emmison/Philip Smith (2000), Consumerism, disorientation and postmodern space: a modest test of an immodest theory, in: British Journal of Sociology, Vol. 51, No. 2, S. 39-354.

Zahn, Ernest (1960), Soziologie der Prosperität, Köln/Berlin.

Zukin, Sharon (2004), Point of Purchase. How Shopping changed American Culture, New York/London.

1 Kulturgeschichte(n) der Konsumbauten

Die Geschichte des Shopping, verstanden als eine Tätigkeit und Haltung, die nicht auf den bedarfsdeckenden Einkauf beschränkt ist, läßt sich an der Architekturgeschichte der Konsumbauten besonders deutlich in Augenschein nehmen. An ihr wird auch sichtbar, wie sich die Erwartungen von Konsumenten und die baulich realisierten Strategien der Anbieter wechselseitig beeinflussen. Im Kontrast zu dieser vor allem in Westeuropa und den USA recht einheitlichen Entwicklung steht die Geschichte der russischen bzw. sowjetischen Konsumbauten, die nicht nur auf die besonderen soziokulturellen Bedingungen der sowjetischen Moderne verweist, sondern zugleich auch über die im ‚Westen' scheinbar selbstverständlichen Voraussetzungen des Shopping aufklärt.

Heike Delitz zeigt in ihrem auf den deutschen Kontext bezogenen Aufsatz, welchen Beitrag die unterschiedlichen Architekturen des Konsums – Passage, Warenhaus, Shopping Mall – dabei leisten, Passanten in Konsumenten zu verwandeln. Die besondere Leistung der Passage des 19. Jahrhunderts ist es, den vormals aristokratischen Flair der Luxuswaren neuen, bürgerlichen Konsumentenschichten nahezubringen, indem die Aufmerksamkeit der Vorbeiflanierenden geschult wird. Das Warenhaus hingegen sucht das „genüßliche Flanieren" in ein „begehrliches Bummeln" zu verwandeln, eine Strategie, welche die Ästhetisierung der Konsumräume und Warenoberflächen gezielt zur Stimulierung von Kaufentscheidungen nutzt und sich dabei in besonderem Maße an die weibliche Kundschaft richtet. Anders als das wilhelminische Kaufhaus Wertheim (Berlin) steht Schocken (Stuttgart) für die Adaption des Konsumbaus an urbane Verkehrsströme sowie an die sich in den 1920er Jahren herausbildenden neuen, modernen Konsumhaltungen. Das für die Shopping Mall charakteristische Erlebnismoment wiederum verschränkt Aspekte der Passage und des Warenhauses und stellt damit eine neue Stufe im Prozeß der umfassenden Ästhetisierung der Konsumbauten dar.

Die Geschichte des russischen Kaufhauses, so konstatiert Elena Müller in ihrem Beitrag, stellt im Vergleich zu der Entwicklung in Westeuropa und den USA einen Sonderfall dar. Zwar gibt es durchaus eine eigenständige russische Bautradition der „Warenburg", an die sowohl vor als auch nach der Revolution von 1917 angeknüpft wurde; jedoch finden sich in der Kulturgeschichte, anders als im ‚Westen', kaum eingehendere Auseinandersetzungen mit dem Verführungsaspekt des Einkaufs. Ein wichtiger Faktor dafür ist die Ausrichtung der sowjetischen Gesellschaft auf die, zumeist prekär bleibende, Versorgung der Bevölkerung mit Konsumgütern. Ein weiterer Grund ist jedoch in der sowohl von „Slavophilen" als auch von westlich orientierten Intellektuellen geteilten Ablehnung der modernen, hedonistischen Massenkultur zu sehen; sie erschien ersteren als Inbegriff westlicher Dekadenz, den oftmals sozialistischen Modernen hingegen als eine zu überwindende Tendenz der Verbürgerlichung. Nach dem Ende der Sowjetunion sind verschiedene Versuche zu beobachten, an westliche Spielarten des Shopping anzuknüpfen, das für diese zentrale Moment der Demokratisierung der Konsummöglichkeiten jedoch steht im Kontrast zu den starken Desintegrationstendenzen im heutigen Rußland.

Der Blick auf die Kulturgeschichte der Konsumbauten in Deutschland und Rußland zeigt, daß sich das Verhältnis dieser „Bühnen" des Konsums und ihres „Publikums" einerseits – so im deutschen Fall – ungeachtet der vielfachen sozialhistorischen Brüche als ein zentrales Moment der modernen Kultur erweist. Andererseits aber können – so im russischen Fall – im Kulturvergleich der Konsumbauten und -haltungen wichtige Unterscheidungsmerkmale von ‚westlichen' und anderer Modernitätstypen sichtbar werden.

Gebaute Begehrlichkeit

Zur Architektursoziologie der Konsumgesellschaft in Deutschland

Heike Delitz

Daß erst Bauten Orte schaffen, hat Martin Heidegger für eine Brücke beschrieben. Für die moderne Konsumgesellschaft sind andere Bauten zentral: die Warenhäuser und Malls. Zu beobachten wird sein, wie Konsumarchitektur „Himmel und Erde, die Göttlichen und die Sterblichen" auf ganz eigene Weise versammelt (vgl. Heidegger 1954: 151). Zur Entfesselung der latenten und der Schaffung neuer Begehren in der „Konsumgesellschaft" sind eine Fülle von Veränderungen in Denkweisen, Einstellungen, Lebensstandard und Verkaufstechniken nötig. Konsumbauten sind hier nicht nur an der Schaffung spezifischer Räume beteiligt – des städtischen Raums als einzigartig gedrängter Versammlung sozialer, nationaler, geschlechtlicher und altersmäßiger Gruppen –, sondern sie evozieren auch spezifische Wahrnehmungs- und Bewegungsweisen. Die Architektur spielt in der Herausbildung der Konsumgesellschaft und der Entwicklung zur Gesellschaft des „Massenkonsums" eine kaum zu überschätzende Rolle. Sie ist Spiegel und Produzent, Ergebnis und Kultivierungsinstanz von Bedürfnissen. Mit ihrer Hilfe sollte und soll es gelingen, über die Bedarfsdeckung hinaus Passanten in Konsumenten zu verwandeln. Eine Reflexion auf die gegenwärtige Konsumkultur kann daher nicht unabhängig vom Blick auf deren architektonische Manifestationen geführt werden.

Die Moderne beginnt für Baudelaire mit dem Blick des Flaneurs in den Pariser Passagen des 19. Jahrhunderts (vgl. Benjamin 1991: 301-489, 524-569). Hier werden die neuen Verhaltensweisen zuerst eingeübt, darin beerbt von den Warenhäusern, den Königen der Großstadt. Auf der Suche nach den Implikationen der Architektur für die Entwicklung einer Konsumgesellschaft interessieren die Erlebnisse, die die Räume evozieren, das Wechselspiel von Architektur und Rezipient. Neben Fotos und Zeichnungen werden daher auch soziologische und literarische Quellen herangezogen, um zu beantworten, welche Rolle die Architektur in den Festschreibungen der Konsumwelt spielt und mit welchen architektonischen Mitteln sich die Konsumgesellschaft ausdrückt und formiert.

Der Konzeption dieses Bandes entsprechend, kann in der hier versuchten Architektursoziologie des Konsums die Bühnenmetapher Goffmans Anhaltspunkte bieten. In ihr steckt dreierlei. Die Bühne: die Architektur. Neben Innenausstattung, Licht- und Schaufensterdesign ist die Architektur Teil der objektiven Kultur und darüber hinaus der Rahmen für all ihre anderen Elemente. Die Schauspieler, Regisseure und Bühnenausstatter: die Warenhausbesitzer und -architekten sowie die Verkäufer. Die Zuschauer, die in das Spiel in der Manier des neuen Theaters einbezogen werden: die Konsumenten. Dargestellt wird nur eine Beziehung: Die Bühne und das sich darin kultivierende Publikum. In diesem Doppelblick wird ein zweifacher Versuch unternommen: Entworfen wird eine *Architektur*soziologie[1] und eine *Konsum*soziologie.

Die ‚gebaute Begehrlichkeit' wird in der Abfolge von Passage, Warenhaus und Shopping Mall anhand herausragender Phänomene der deutschen Konsumarchitektur betrachtet.[2] Zunächst gilt es jedoch, einen Blick nach Frankreich zu werfen. Hinsichtlich der Verkaufspraxis sind die Vorläufer des Warenhauses die Magasins de Nouveautés im Paris von 1830, und bautypologisch sind Passage, Bazar und Ausstellungshalle zu nennen. In bezug auf die neuen Konsumdispositionen aber sind die Pariser Passagen der Aufstiegsort der Konsumkultur. In ihnen werden die Wahrnehmungsweisen des modernen konsumistischen Erlebens vorgebildet. Den komplementären Part zu dieser auf die westliche Moderne konzentrierten Perspektive bietet der Aufsatz von *Müller* (in diesem Band). Im Blick steht ein berühmtes Beispiel: die *Passage des Panoramas* um 1850.

1 Die Passage

Die Bühne: Die Passage präsentiert sich als Folge von schmalen Häusern im Abstand von drei Metern, die ein regelloses Nebeneinander von einzelnen Luxusläden beherbergt (vgl. Geist 1979: 263ff.). Das Äußere zeigt nichts Typisches. Die Passage ist ein Innenraum. Die Fassade im Inneren ahmt den Aufriß gotischer Kathedralen nach und erzeugt zusammen mit dem Glasdach einen transitorischen und illusionistischen Raum, der Schutz vor Witterung und Verkehr bietet. Dank der Außenfassaden im Inneren, Glasdach und Beleuchtung versammelt die Passage Tag und Nacht das Leben der Stadt, ohne die Anonymität der Straße aufzugeben. Sie ist der Schlupfwinkel vor der lauten und chaotischen Großstadt und umspielt die Lebensform des Großstadtmenschen mit einem versöhnlichen Ton. Die Passage des Panoramas setzt sich fort in weitere Passagen, in denen sich ebenfalls Hotels, Cafés, Theater, Bordelle, Bäder und nicht

[1] Architektursoziologie ist etwas anderes als Stadtsoziologie und eine erst zu entwickelnde Disziplin. Eine erste Einführung hat Bernhard Schäfers (2003) unternommen. Vgl. auch die Besprechung Delitz 2004.

[2] Daneben wäre eine Architektursoziologie der „kleinen" Konsumbauten zu schreiben, prägen doch die Einzelgeschäfte genauso, und viel kontinuierlicher, die Konsumsphäre. Ausgeblendet bleiben auch die Bauten der Konsumgenossenschaften sowie Lebensmittelläden und Supermärkte.

zuletzt Wohnungen versammeln. Sie aber ist die glanzvollste und belebteste von allen. Ihre Attraktion sind die Panoramen, die Stätten des virtuellen Blicks, mit ihrer Zylinderform und den Kegeldächern, die die Front der zweistöckigen Passage überragen. Das Erdgeschoß ist in Schaufenster mit Sprossen aufgelöst, hinter denen kostbare, kuriose und exotische Waren locken. Pilaster tragen ein Gesims, an dem Schilder und plastische Zeichen befestigt sind. Sie verwandeln den Passagenraum in ein tropisches Wuchern. In bezug auf die Passage wird stets auf Benjamin verwiesen, der im Anschluß an Baudelaire das moderne Subjekt zur Architektur in Bezug setzt und das Augenmerk auf dessen Bewegung im urbanen Raum legt. Er betont hinsichtlich des Einflusses der Architektur vor allem die Gasleuchten und Galerien (Benjamin 1991: 1060f.). Daneben ist das Schaufensterglas zu nennen als das „Proszenium für die visuelle Vergiftung" (Friedberg 1993: 65), der Erweckung immer neuer Konsumwünsche.[3]

Abb. 1: Passage des Panoramas, Paris

Das Publikum: In der Passage herrscht permanent ein Gewimmel von Käufern, Flaneuren und Unterhaltungssuchenden. Sie ist geschäftlicher und damit auch gesellschaftlicher Mittelpunkt der bürgerlichen Welt. Dieses Publikum entführt sie in eine „Märchenwelt", in ein „Labyrinth von buntglitzernden Gängen" (E. v. Niendorf, zit.n. Schivelbusch 1983: 146f.). Die Passage legt dabei ein aristokratisches Flair auf die bürgerliche Welt. Ihr Publikum sucht die Artifizialität, das künstliche Licht, das einen Darstellungsraum bietet und die Gelegenheit, Luxuswaren zu bewundern. Die Frau ist in dieser Konsumsphäre noch nicht gleichberechtigt. Stets sind männliche Sichten auf die Passage impliziert, die nur zwei Frauenbilder bieten: die Frau der Straße und die verheiratete Frau. Für diesen männlichen Blick ist die Flaneuse den üppigen Auslagen ähnlich (vgl. Aragon 1926/1985: 41ff.). Der

[3] Zur voraussetzungsvollen Entwicklung der Endlosigkeit der Konsumwünsche vgl. Campbell 1987.

Blick des Flaneurs fällt auf sie genauso wie auf die „ausgefallensten Dinge", stets „auf der Suche nach dem Besonderen". Er wirft einen „flüchtigen Blick" hierhin und dorthin, läßt sich „für einen Augenblick" fesseln, um sogleich weiter zu schweifen (Montigny, zitiert nach Geist 1979: 266). Dieser surrealistisch-konstruktiven Wahrnehmung[4] korrespondiert die von begehrlichen Blicken unterbrochene Bewegung des Flaneurs, der sich am Tempo einer mitgeführten Schildkröte orientiert (vgl. Benjamin 1991: 532).

Eingeübt wird in der Verbindung von Luxuswaren und Flanerie, Verschwendung und Müßiggang ein neues Konsumverhalten. Unscharf wird hier die Konsumkultur sichtbar, wie sie sich im 18. und 19. Jahrhundert in der neuen Mittelschicht als Muster warenförmiger Werte und Beziehungsformen und entsprechender Konsumneigungen entwickelt.

Die Geschichte der modernen Stadt ist das Bemühen, angesichts der Unordnung der europäischen Stadt Ordnung durchzusetzen. Der Untergang des Passagenlabyrinths ist die Konsequenz. In Deutschland entsteht die Passage erst am Ende des 19. Jahrhunderts, in einer Zeit des wachsenden Verkehrs und der zunehmenden Stadtkritik. Siegfried Kracauer beschreibt mit der Berliner Lindenpassage diese Verfallsform der Passage: einen Ort des Zwielichts, der Dinge, die die bürgerliche Welt verbirgt, in dem der Luxus versinkt „ins kühle Marmormassengrab" (Kracauer 1963: 326). Diese Passage ist auch architektonisch Ausdruck des Verfalls, mit ihrer klotzigen Betonbauweise und dem Verschwinden des Glasdachs (Geist 1979: 107ff.). Aber mit dem illusionistischen Raumgedanken führt das Warenhaus auch die in ihm kultivierte Wahrnehmung und Bewegung fort.

2 Das Warenhaus

Die Warenhäuser sind *die* Keimzellen der Entwicklung des Konsums. Sie schaffen distinkte Welten, die urbane Schockerfahrungen von Obdachlosigkeit, Kriminalität und Andersartigkeit ausblenden. Mitte des 19. Jahrhunderts zunächst in Paris, London und Nordamerika entstanden, erheben sie sich bald auch in Deutschland. Sie sind die Vorreiter der Konsumgesellschaft in Organisation, Verkaufsstrategie, Geldangelegenheiten, Unterhaltung, Verkehrs-, Bau- und Lichttechnik. Im folgenden werden architektonisch herausragende Warenhäuser betrachtet, die den Wandel des Konsums in Deutschland demonstrieren und ihn zugleich herbeiführen. Zuvor muß das Paradigma des Warenhauses schlechthin

[4] Vgl. Benjamin 1991, S. 679: „Die Raumwahrnehmung (...) ist die Durchdringungs- und Überdeckungstransparenz". „Durchdringung" ist mit der Einbeziehung der vierten Dimension, der Zeit, die neue ästhetische Kategorie, die Futurismus, Neues Bauen und Surrealismus kennzeichnet.

erwähnt werden: das Pariser BonMarché, 1852 erbaut von Boileau und Eiffel. Es ist ein Palast und macht das Warenhaus zur Institution, die unverzichtbar zu einer Metropole gehört. Auch Berlin, die Hauptstadt der „verspäteten Nation" (Plessner 1974), will sich dazu zählen.

2.1 Wilhelminischer Teppichtempel: Wertheim Leipziger Straße, Berlin

Die Bühne: Der Wertheimbau, erbaut 1896 bis 1906 von Alfred Messel, wird alsbald zum Warenhaus der Kaiserzeit schlechthin. Danach „entsteht kein Warenhaus, das nicht das Wertheim zum Vorbild nähme".[5] Das Lebenselixier des Warenhauses ist der massenhafte Verkauf von Massenartikeln. Wertheim hat daher andere Dimensionen als die Passage.[6] Das Äußere zeigt sich mit Arkadengang, Balustraden und Türmchen in einer repräsentativen Palastarchitektur. Nach dem Umbau, bei dem die fragilen Fassaden durch geschlossene, wuchtige ersetzt werden, erreicht die Suggestion einen Höhepunkt. Dabei ist die Architektur gemäßigt modern: „bahnbrechend", insofern große Glasflächen in eine kühne Konstruktion aus Mauerpfeilern und Eisensäulen eingesetzt sind, aber in einer konservativen Formensprache. Der Vorbau zitiert Palazzi, das Obergeschoß gotische Kathedralen, die Längsfront ein klassizistisches Schloß. Die vertikale Gliederung erweckt den Eindruck, „als ob es sich um einräumige Kathedralen handle" (Poelzig 1970: 50). Der religiöse Charakter ist ein Topos dieser Konsumarchitektur, ironisch gebrochen noch bei Mendelsohn, der Wertheim als „Teppichtempel" tituliert.[7] Auch im Inneren entfalten sich Prunk und Sakralität. Der Lichthof ist von Arkaden mit intarsienbestückten Pfeilern umstellt. Eine frei schwingende Treppe führt in die Geschosse mit ihren Galerien. Zwischen grazilen Brücken hängen Leuchter und Lichterketten. Reliefs und Plastiken ergänzen diese Luxusatmosphäre. Von der Passage erbt Wertheim die Glasdächer und Höfe sowie die vertikale Orientierung. Dennoch sind es zwei verschiedene Typen: die Passage ein Transitraum, das Warenhaus ein Zentralraum. Vor allem aber gab es noch nie solche Warenmassen zu bestaunen. Das verlangt eine gesteigerte Höhenentwicklung. Man ist immer unterwegs, im Aufzug und im Paternoster. Das prächtige Ambiente, die Bibliotheken, Cafés und Gewächshäuser schaffen eine erlebnisorientierte Atmosphäre, die bei Wertheim zum ersten Mal in aller Opulenz zuta-

---

[5] Göhre 1907: 139f. Das Haus gehört seit Behne (1926) zum Kanon der modernen Architektur.

[6] Die wichtigsten Koordinaten lauten: 11.000 Quadratmeter Verkaufsfläche, 743 Quadratmeter großer, 24 Meter hoher Lichthof.

[7] Vgl. Mendelsohn 2000: 98. Dieser Übertragung des religiösen Topos auf Konsumarchitektur (neben Finanzgebäuden) entspricht die Bezeichnung der Mall als „Pantheon" (Baudrillard 1999: 30) und „Kathedrale der Nachkriegskultur" (Kowinski, zit. n. Friedberg 1993: 115).

ge tritt. Durch die Räume schreitend, in denen „Licht, Glanz, Schönheit einem entgegenflutet, die Menschen (...) einen umströmen, gleich bewegt wie wir: dann wird (…) das Kaufen selber jedem geradezu zu einem frohen Akt“ (Göhre 1907: 142). Konstruiert werden hier Phantasiewelten, die neue Begehrlichkeiten wekken. Wie in der Passage hat die Beleuchtung eine entscheidende Wirkung: Sie schafft einen Ort, an dem plötzlich „alles hell“ ist. Lichthöfe, aufgelöste Fassaden und Kronleuchter lassen die Ware transparent werden, parallel zur Klarheit der Preisgestaltung. Auch die direkte Berührung mit der Ware, architektonisch ermöglicht durch Verkaufstische anstelle der Theken der Passage, sorgt für Transparenz. Die Schaufenster hingegen sind bühnenartig geschlossen und erwecken die Ware zum Leben. Das Warenhaus ist angesichts dieses Schaucharakters mit Weltausstellungen vergleichbar, es verkörpert schillernd die weite Welt. In ihm ereignet sich das „Dauerfestival des Großstadtmenschen“ (Lipp 1994: 585).

Abb. 2: Wertheim Leipziger Straße, Berlin

Das Publikum: Erzeugt wird eine erlebnisorientierte Konsumhaltung.[8] „Niemand geht zu Hertzog“, wenn er nicht entschlossen zu einem Kauf ist. Anders im neuen Warenhaus. Wir „gehen zu Wertheim“ heißt nicht, daß man „irgend etwas besonders notwendig“ brauche. Man „spricht wie von einem Ausfluge, den man

[8] Zur Entwicklung des „Erlebnisses“ zu einer Konsumorientierung vgl. Schrage 2004a: 298ff.

etwa nach irgendeinem schönen Orte der Umgegend macht." (Stresemann, zit. n. Schramm 1995: 1) Deutlich wird in den Berichten der Zeitgenossen, wie sehr Bewegung und Wahrnehmungsweise durch die Architektur beeinflußt werden. Der Eklektizismus erzeugt wie die Warenmasse eine flüchtige Betrachtungsweise (vgl. Bartetzko 1985b: 105f.). Die Pracht der Architektur macht das Einkaufen zum Erlebnis und zum Statusgewinn, fällt doch ein Stück des großbürgerlichen Glanzes auch auf den Konsumenten. Aus dem genüßlichen Flanieren wird das begehrliche Bummeln, man bewundert „die Schaufenster, dann ergeht man sich in den Erdgeschoßräumen, sieht sich die verschiedensten Auslagen an, kauft vielleicht hier und da, läßt sich durch den Fahrstuhl nach dem ersten Stock befördern". Im Café stachelt man sich „zu neuen Ausgaben" an, betrachtet die „Rayons" genau so wie die „Toiletten" der Damen (Stresemann, zit. n. Schramm 1995: 1). Die Wahrnehmung ist flüchtig, zugleich aber auch verzaubert wie der Blick des Flaneurs. Dabei steht zunehmend die Ware im Zentrum: Das Warenhaus, dieses Symbol gesellschaftlichen Reichtums, gibt den Träumen ein „Warenprofil" (Strohmeyer 1980: 127). Konsumieren ist nicht geschlechtsneutral. Spätestens in der Blütezeit der Warenhäuser wird die Frau zur prägenden Figur der Konsumgesellschaft (vgl. Haupt 1997). Das Warenhaus bietet ihr ein öffentliches Refugium, einen Emanzipationsraum, ermuntert doch erst die Akzeptanz des Konsums als eine der bürgerlichen Frau gemäße Freizeitbeschäftigung, sich ohne Begleitung in der Stadt zu bewegen (vgl. Friedberg 1993: 35ff.). Zugleich wird sie auf eine Weise als Konsumentin angesprochen, die auf tief verwurzelten anthropologischen Zuschreibungen beruht. Allein ihr wird bescheinigt, durch das bloße „Sehen verleitet zu werden" (Wiener 1912: 22). Das Warenhaus ist das „Paradies der Damen" (Zola 1959). Von Beginn an ist es von Kritik begleitet, als Kommerzmaschine, die Impulskauf und „Kleptomanie" erzeuge. Ungeachtet solcher Kritik erfüllt das Warenhaus eine gesellschaftliche Funktion: Es ist wie die Passage ein Ort der Begegnung, der magnetische Punkt, an dem sich das Leben der Großstadt abspielt.

Vor allem Wertheim hat es verstanden, sich als Institution der aufstiegsorientierten bürgerlichen Gesellschaft zu präsentieren, in deren Zentrum die Familie steht. Die Frau und die von ihr ausgestattete Wohnung sind die Medien ihrer Selbstdarstellung. Verbanden sich in der Passage noch „demonstrativer Müßiggang" und „demonstrativer Konsum" als gleichwertige Mechanismen der sozialen Auszeichnung (Veblen 1899), so verliert im Warenhaus der Müßiggang seine Bedeutung. Die Praxis des (durch die Frau geleisteten stellvertretenden) „demonstrativen Konsums" diffundiert allmählich durch die Schichten. Wertheim leitet die so verstandene „Demokratisierung" des Konsums ein, indem es sich tendenziell für die Masse öffnet. Die Beamtenfrau gibt sich hier dem „Trubel ebenso willig hin, wie die Handwerker- oder Arbeiterfrau". Nicht zuletzt die

Architektur schafft diesen sozialen Angleichungsprozeß, indem sie die Schichten „in enge und manchmal nicht ganz flüchtige Berührung" bringt (Stresemann, zit. n. Schramm 1995: 1). Dabei bietet sie vor allem Räume für ein *bürgerliches* Publikum. Mit der Ware erwirbt man, sofern man sie bezahlen kann, einen bürgerlichen Status. Das Ambiente schafft zudem auch in den unteren Bevölkerungsschichten eine ästhetische Lebenshaltung. Insofern ist das Warenhaus eine „Akademie der modernen Lebenskultur" (Redslob 1928: 122).

Repräsentiert Wertheim *das* Kaufhaus des späten 19. Jahrhunderts, so zeigt sich Tietz, als Gegenbau wenig später errichtet, entschieden moderner. Es steigert das Schaufenster bei einer sachlicheren Formensprache. Ähnlich argumentieren Tietz am Alexanderplatz, für eine proletarische Kundschaft konzipiert, und das KaDeWe, das äußere Bescheidenheit mit einem hochmodernen Inneren wettmacht und sich im Luxussegment ansiedelt.

Nach Weltkrieg und Wirtschaftskrise scheint die Zeit des Konsumpalastes vorbei. Die tiefgreifenden Veränderungen in allen Lebensbereichen führen zum Niedergang der Arkaden. Die Herrschaft des Automobils vertreibt den Flaneur und sein weibliches Pendant. Der falsche Schein des Wilhelminismus ist in allen Kulturbereichen verpönt. Wertheims Inneres erscheint nun als Rücksichtslosigkeit der Ware gegenüber, der entsprechend sich „das Äußere Mühe gibt, sein wahres Wesen zu verbergen" (Mendelsohn 2000: 98). Mit Mentalität, Bewegung und Wahrnehmungsweise ändert sich auch die Ikonographie des Warenhauses. Schocken Nürnberg, erbaut 1925 von Erich Mendelsohn, atmet als erstes Warenhaus den Geist der Neuen Sachlichkeit. War dieses Gebäude noch aus einer Fabrik hervorgegangen, so entsteht ein Jahr später in Stuttgart das erste Warenhaus, in dem die Bewegung die Hauptrolle spielt. Es wird zum Inbegriff der Großstadtarchitektur.

2.2 Neusachlicher Kältekonsum: Kaufhaus Schocken, Stuttgart

Die Bühne: Das Haus kommt aus einer engen Straße und bildet die Stirn eines Platzes, an dem die halbrunde Treppe liegt. Sie dominiert den Baukörper, der selbst nichts als ein „Magazin" ist, das „Etage über Etage seine Ware geschichtet hat". Er entspricht allein „der Logik der inneren Vorgänge" (Mendelsohn 2000: 100). Dieses Warenhaus soll die neue, an der Weimarer Gesellschaftsordnung orientierte Geschäftsphilosophie zum Ausdruck bringen: die ‚wirkliche' Demokratisierung des Konsums, abseits von allem ‚falschen' Repräsentationszwang (vgl. Stommer/Mayer-Gürr 1990: 63ff.). Unverändert ist es Aufgabe der Architektur, Passanten zu Konsumenten zu machen. Die Schlußfolgerung aus dieser Prämisse aber hat sich gewandelt. Statt „Palastfassaden" und „Dekorationsgang" gilt es, sich dem Verkehr anzudienen. Sichtbar wird das bis in die Entwurfserläuterung: „Treppe, Eingang, Fensterbänder, hinein in den Rhythmus der sausenden Autos“ (Mendelsohn 2000: 107). Das Äußere ist nüchtern und folgt, „abgesehen von den Imponderabilien des Schnellverkehrs, der Unmöglichkeit nämlich, sich schöne Architekturdetails mit Muße anzusehen“, allein den „Bedürfnisse(n) des Geschäfts“. Dem Sinn, Umschlagplatz zu sein, darf kein „modisches Ornament“ widersprechen. Allein Treppenhaus und Eingang sind betont, er ist „das Negativ, die Vertiefung, das Loch, das Maul.“

Abb. 3: Kaufhaus Schocken, Stuttgart

Was zunächst „kahl erscheint, wird bewußt und lebendig“ – beim Vorbeifahren und unter der Wirkung der Lichtbänder. Der Baukörper ist geprägt von Asymmetrie, Flachdach und horizontalen Mauerstreifen. Diese Ausrichtung macht das Kaufhaus Schocken zum Prototyp der neuen, „waagerechte(n) Baumode“ (Hegemann 1930: 253). Fenster gibt es nur dort, „wo sie hingehören“, wo sie eine „tadellose Beleuchtung“ garantieren; als Schaufenster dienen nur noch die Fenster im Erdgeschoß. Das architektonische Prinzip heißt Funktionalität, Klarheit,

Einfachheit und Sachlichkeit. Wichtig werden die Schriftzüge, deren Topographie sich danach richtet, was vom Automobil aus zu entziffern ist. Abgelegt ist der „Passagefimmel", statt der „dumpfe(n) Abgeschlossenheit" der bühnenartigen „Puppenfenster" ist Durchsichtigkeit „auch für den Draußenstehenden" das Motto (Mendelsohn 2000: 101). All das präsentiert sich in einer Ästhetik des metallenen Schwungs der Maschine. Wurde schon für Wertheim die Dampfermetapher bemüht, so trifft sie erst hier konsequent zu: Schocken ist bis in die Chefetage der moderne Ozeandampfer, dessen Fluchtlinien sich dem Spiel der Verkehrswellen und den Ganglinien der Konsumenten anschmiegen.[9] Dem räumlichen Eindruck entspricht der geschlossene Grundriß, der in die chaotische Wirklichkeit eine einheitliche Figur zirkeln soll. Zusammenhängende Verkaufsräume, übersichtliche Anordnung und der unbehinderte Zu- und Abgang kennzeichnen das Verkaufskonzept. Diese Architektur ist „Ergebnis des Lebens selbst, unseres Lebens, unserer Zeit", sie zeigt den Ort des modernen Konsumenten: „mitten im Leben, mitten in Technik, Verkehr und Wirtschaft" (Mendelsohn 2000: 108).

Das Publikum: Auch in der Konsumsphäre gilt es, die „Herrschaft der Energie" anzuerkennen und den „Sinn eines jeden Geschäftshauses" auszudrükken: die Ware, genauer: „ihr möglichst rascher und nutzbringender Umsatz." Hier gilt der Verzicht auf jede Unterhaltung. Allein die Ware steht im Zentrum, Erlebnis ist Stocken des Verkehrs. Die großzügige Raumlösung garantiert eine entsprechende Bewegung des Publikums: „Zwangsläufig" wird er zu Kasse, Warenausgabe und Ausgang geführt. Das Haus hält seine „Verkehrsflächen" frei von Einschnitten, den Lichthöfen (Mendelsohn 2000: 99), während das Verführgeschäft nun andere Reize übernehmen: Die Lichtreklame wird Teil der Architektur.[10] Sie zaubert ein schwebendes Warenhaus. Die Konstruktion folgt diesem Röntgenblick, nichts versteckt sich hinter Gipsbalustraden. Diese kühle Dynamik evoziert nicht den surrealistischen, sondern einen rastlosen Blick. Geschwindigkeit ist das Lebenselixier der Stadt. Bis in den Lebensstil hinein wird das Verhalten am Verkehrsmodell gemessen (vgl. Lethen 1994: 44ff.). Auch die Konsumsphäre kann sich dem nicht entziehen. „Dem Fließverkehr muß ein Standverkehr entgegengestellt werden, der die Konsumkraft der den Platz kreuzenden Menschenmassen festhält" (Wagner 1977). Der dynamischen Architektur korrespondiert ein neues Körpergefühl, hervorgerufen durch das unendliche „Umströmen der Menschenmassen, die von den Türen des Warenhauses aufgesogen, durch die Gänge, Treppen und Fahrstühle zu unablässiger Bewegung gezwungen wurden,

[9] Göhre hatte Wertheim mit einem Dampfer verglichen; zudem berichtet er von den Plänen, Ozeandampfer zu Warenhäusern zu machen vgl. Göhre 1907: 146. Das Kreuzfahrtschiff realisiert dies mit dem Schwerpunkt auf dem Erlebnis, vgl. zur Dampfermetapher Kähler 1981.

[10] Zur Bedeutung des Lichts im Neuen Bauen vgl. Oechslin 1994.

um sich (...) in den geraden Strom der Straße zurückzuergießen." (Pinthus, zit. n. Frei 1997: 78) Hier sind der Flaneur und seine Schildkröte verloren. Dieses Warenhaus ist auch nicht mehr das „Paradies der Damen". Man rechnet mit einer Kundschaft, die mit der Institution vertraut ist. Die „Verkehrsfläche" soll zielgerichtete Bewegungen evozieren, ihre Stromlinienform ermöglicht, Widerstände durch schmiegsame Anpassung elegant zu überwinden. In dieser allgemeinen Hast gilt es auch für die Frau, Ordnung in ihre Gefühle zu bringen. Nüchtern ist selbst ihr Blick ins Schaufenster. Aus dem begehrlichen Blick wird die eilige Aufzählung der aus dem fahrenden Fahrzeug betrachteten Dinge: „zurückgelehnt und den Blick meines Auges zum Fenster raus – blaue Lichter, rote Lichter, viele Millionen Lichter – Schaufenster – Kleider – aber keine Modelle – andere Autos fahren manchmal schneller – Bettladen" (Isherwood, zit. n. Krechtelt 1999: 110).

Bediente das Warenhaus des fin de siècle im „demonstrativen" Konsum den Schein aus Statusgründen, so geht es jetzt um Selbstschutz, um den ‚Kältekonsum'. Die „Fröste der Freiheit" wehen der Frau um die Nase. Die kühle, selbstbewußte Frau tritt auf, die alle Idyllen vermeidet.[11] Schadts Sonja[12], Kracauers Tippmamsell und Sanders Radiosekretärin prägen das Bild der Großstadt. Sie sind aus der Mittelschicht, berufstätig, ehrgeizig, schlank und tragen Bubikopf. War die bürgerliche Frau ein Geschöpf des Interieurs, so läßt sich diese Frau nicht mehr in den Nähebereich verbannen. Sie träumt die versachlichten Träume der Angestellten und tilgt die Spuren ihrer weiblichen Natur, wo es strategisch günstig erscheint. Die neue Frau reklamiert Unabhängigkeit im Geschmack für sich und bestimmt selbst, wann sie verführt wird (vgl. Krechtelt 1990: 106f.; Fleißer 1931/1972: 26). Sie trägt einen „unmenschlich langen Herrenmantel", entwirft sich wahlweise aber auch als „vollsinnige Frau". Sie konsumiert strategisch, „am Anfang hat sie da Fehler gemacht und sich zu flott angezogen." (Fleißer 1972: 18, 58, 33) Auch die Kosmetik und die immer neuen Kleider verraten keinen Konsumrausch: Seidene Strümpfe sind eine „Waffe im Überlebenskampf", haben es doch „die Hübschen und Gepflegten leichter" im Kampf um Arbeit (Tergit 1994: 46). In diesem Kampf darf die Dame „keinen Augenblick ihre von Anstrengung unberührbare Eleganz verlieren." (Christiansen 1930: 40) Sie ist die Panzerperson, die Kracauer noch mitten in der Konsumsphäre sichtet (vgl. Kracauer 1981: 24). Die Wahrnehmung dieses Typs ist schneidend, sie weiß die Atmosphäre zu trennen von den Konturen der Ware.

---

[11] Zur sozialen Kategorie der Kälte in der Zwischenkriegszeit vgl. Lethen 1994.
[12] Vgl. Staatl. Kunsthalle Berlin 1980: Nr. 97.

Abb. 4: Karstadt Hermannplatz, Berlin

Nicht alle bestiegen den Zug der Avantgarde. Karstadt Hermannplatz, 1929 erbaut von Philipp Schäfer, wendet sich wie Schocken von der alten Zeit ab. Seine Attraktion reduziert sich jedoch auf die ‚große Allüre', es will überzeugen „durch die Wucht der Tatsachen". Dieses Warenhaus ist das größte Europas, die Kathedrale des Konsums schlechthin, mit 72.000 Quadratmetern Verkaufsfläche und einer Hochhausfassade, die die Silhouette der Stadt dominiert. Dieses „modernste Warenhaus der Welt" will das moderne Leben verkörpern, das durch „ernste Arbeit und zielbewußtes Streben zur verdienten Genußfreude" aufsteige (Stommer/Gürr 1990: 63). Tatsächlich erregt es aber vor allem durch den direkten U-Bahn-Zugang Aufsehen und spricht ansonsten eine traditionelle gotisierende Sprache. Ähnlich Wertheim bietet auch Karstadt Freizeiteinrichtungen, Speisesäle und einen Dachgarten, alle Bedingungen einer Erlebnisdisposition also. Aber die Lichthöfe sind nur noch Reminiszenzen, im Inneren herrscht der ökonomische Grundriß. Diese Orientierung am Umsatz wird noch gesteigert durch die Rolltreppen. „Waren die Menschen selbst, wenn sie von den Lauftreppen emporgezogen wurden, auch noch in ihrer reduzierten Beweglichkeit als Käufer zu erkennen", so machen die Dimensionen den Konsumenten „den Waren vollends ähnlich" (Roth 1984: 320f.). Das Haus erschien aber auch als Großstadtwunder, und manchen schien der Anblick gar wie „mit dem Flugzeug in die USA zu reisen" (zit. n. Walter 2001: o.S.). Diese Konsumarchitektur ist paradox auch in ihrem expliziten Anspruch: Sie will eine Zeit spiegeln, die auf „Zusammenfassung aller Energien zu einem großen Zweck" zielt, zugleich aber noch „dem Einzelnen seinen individuellen Anspruch auf tätige Lebensfreude" zugesteht (Ehl 1932: 152). In einem Arbeiterviertel erbaut, kann es in der Wirtschaftskrise nicht mehr auf Kaufkraft hoffen und bleibt zunächst halb leer. Früh ruft es Gegner auf den Plan. Hitler hatte schon in *Mein Kampf*, Berlin im Ruinenblick mit Rom vergleichend, beklagt, daß man einst „als gewaltigste Werke unserer Zeit die Warenhäuser einiger Juden und die Hotels" bewundern werde.[13] 1945 wird Karstadt von der SS gesprengt. Die Wirtschaftskrise hatte schon Ende der 20er Jahre ein neues Leitbild in Architektur und Städtebau hervorgerufen: den Übergang in den Stand, in die Übersichtlichkeit. Dieses Leitbild wird bis in die 1960er fortgeschrieben (vgl. Lampugnani 1986: 134ff.). Karstadt Hermannplatz evoziert gegenüber den Warenhäusern der 1960er Jahre jedoch keine neue Konsumdisposition. Es ist eine ins Groteske gesteigerte Kombination von traditioneller Architektur und fordistischer Ökonomie. Letztlich bleibt wohl die Überwältigungsstrategie Kennzeichen dieses Warenhauses, seine „Stimmungsarchitektur".[14] 1951 wurde an gleicher Stelle ein wesentlich kleinerer Neubau errichtet.

3 Die Zäsur: Agrarromantik des Konsums in der „Volksgemeinschaft"

Eingeführt wird zunächst jedoch – aufgrund von jenseits der Konsumsphäre liegenden, spätestens mit dem als Niederlage empfundenen Kriegsende von 1918 virulent werdenden Voraussetzungen – der Typus des *Volksgenossen*. Die Warenhäuser stehen mitten in der Frontlinie im Kampf um die Rettung des „deutschen Kaufmanns" gegenüber dem subjektlosen Gegenpol, dem jüdischen „raffenden Kapital" (vgl. Strohmeyer 1980: 155). Es entstehen Kampfbünde gegen das Warenhaus, mit entsprechender Rhetorik: „Da stehen in den Großstädten die Prunkpaläste des halbwegs seßhaft gewordenen Hausierergeistes, die ebenso wie der Wanderjude in seinem Trödelkasten einen bunten, mit Kaufreiz spekulieren-

[13] Hitler, zit. n. Durth 1998: 144. Hitlers Blick folgt hier dem „Ruinenwerttheorem": Die nationalsozialistische Architektur sollte nicht zuletzt deshalb monströs sein, weil sie noch als Ruine überwältigen sollte, wenn Berlin wie dereinst Rom untergegangen sein würde.

[14] Als „Stimmungsarchitektur" bezeichnet Bartetzko die atmosphärische Synthese von Baugeschichte und vordergründig Neuem, wie sie u.a. in Warenhäusern vorgebildet ist. Auf diese Einübung ins Atmosphärische kann sich die Architektur ab 1933 stützen (Bartetzko 1985a).

den Krimskrams enthalten".[15] Auch Frauen beteiligen sich am Kampf der Volksgemeinschaft gegen die zersetzende Wirkung des ‚bürgerlichen' Konsums: „Wenn ein Judenpalast, ein Warenhaus nach dem anderen gebaut werden kann, sind nur wir Frauen daran schuld. Nur die Frau, durch deren Hände der Verdienst des Mannes ins Wirtschaftsleben fließt, hat die Waffe gegen den Juden in der Hand."[16] Das nationalsozialistische Projekt ist vom Primat der Politik und einer strikten Reziprozität von Staat und Volksgenossen gekennzeichnet. Der Staat sorgt für die „Lebensmöglichkeit", der Volksgenosse hat die Pflicht, dafür zu arbeiten. „Bedarfsdeckung" im Zeichen von Autarkie ist das ökonomische Prinzip dieser „Volksgemeinschaft", verbunden mit dem Primat der heimischen Produktion und einer partiellen Re-Agrarisierung. Das Ideal der Autarkie macht den Konsum zu einem Faktor in der Konstruktion der nationalen Identität: Als Mitglied der „Volksgemeinschaft" *muß* man deutsch konsumieren. Diese Gesellschaft ist gleichwohl keine Konsumgesellschaft. Das zeigt sich auch darin, daß keine neue Konsumarchitektur entsteht.[17] In der Planung der „Stadt der 500.000" und dem schon vor 1945 entworfenen Wiederaufbau der Großstädte[18] beherrscht die „Stadtlandschaft" aus luftangriffssicheren und leicht zu kontrollierenden „Siedlungszellen" das Bild. In ihr sind alle „Versorgungseinrichtungen" gebündelt in einer „Landstraße", die durch „rückseitige Anfuhr zu einer ausgesprochenen Kaufstraße" wird (Pfahl-Weber 1985: 284). Ein Beispiel für nationalsozialistische Warenhausarchitektur läßt sich dennoch finden: Als in München 1941 die Altstadt als Pendant zur neuen „Hauptstadt der Bewegung" musealisiert wird, sieht das die Entfernung „unnötiger und unschöner" Reklame und kleinere Schaufenster vor (vgl. Bärnreuther 1993: 202ff.). Hitler verfolgt den Kampf gegen den Konsumtypus zudem nicht konsequent. Trotz Krisen steigt der Umsatz einiger Warenhäuser sogar bis 1939. Aber die Konsumdisposition paßt eindeutig nicht in das Projekt, wie auch die Repressionen zeigen, etwa das Ausschankverbot in den Warenhäusern.

[15] H. Buchner 1931 im Programm des „Reichsverbandes zur Bekämpfung der Warenhäuser", zit. n. Schramm 1995: 119.

[16] Fr. Zander, Führerin des Nationalsozialistischen Deutschen Frauenordens, 1929, zit. n. Schramm 1995: 119).

[17] Kult, Verwaltung, Wohnen, Industrie, Verkehr sind die alleinigen Bauthemen (Fehl 1985: 97f.).

[18] Vgl. Durth 1998: 150; Schneider 1979; Sommer 1993. Für die „Führerstadt" Hamburg gab es lediglich Planungen für eine monumentale Geschäftsarchitektur außerhalb der Innenstadt, vgl. Schubert 1985: 307ff.

4 Das Warenhaus des Massenkonsums

Nach 1945 erhebt sich die Geschichte der deutschen „Konsumgesellschaft“ in einer neuen Wendung: der Entwicklung zur Gesellschaft des *Massenkonsums*. Die ausgebrannten Reste von Wertheim weichen der Mauer. Allein das KaDeWe kann an seinen Glanz anknüpfen und wirkt als Schaufenster der schönen Welt gegenüber den Konsumverkaufsstellen des Ostens. Hier spaltet sich die Geschichte des deutschen Konsums. In der BRD öffnet schon 1950 der erste Neubau, das Kaufhaus Horten in Duisburg. Der erste Neubau der DDR entsteht 1968 in Cottbus, fast 20 Jahre später. In beiden Staaten aber war die Attitüde der Verführung disqualifiziert. ‚Funktionalität‘ wird zum architektonischen Leitthema. Und hatten in der bundesdeutschen Gesellschaft des wachsenden Massenkonsums zunächst noch Pilzkopfstützen und unterzugfreie Decken den wieder beschwingten Zeitgeist gespiegelt, so tritt zunehmend ‚Flexibilität‘ ins Zentrum der Konsumarchitektur. Es ist die Sturm-und-Drang-Phase des Warenhauses, in der sich ein nachhaltiger Strukturwandel des Einzelhandels mit der Ökonomisierung des Städtebaus trifft.[19] Mit dem Trend zum Großunternehmen und der Maximierung der Verkaufsflächen verbindet sich eine radikale Zurücknahme des architektonischen Anspruchs. Konsumarchitektur muß zweckmäßig sein, dem „Wesen eines Kaufhauses“ entsprechend, das „nichts anderes als eine öffentliche Lagerhalle“ darstellt. Grund- und Aufriß sind konsequent „sehr einfach“ (Gerber 1952: 90): Das Warenhaus hat die Form einer Schachtel, mit einer Fassade, bei der man „halb heraus- und hineinschauen kann“ (Eiermann, zit. n. Schramm 1995: 158). Diese Fassade hat eine Schlüsselfunktion bis in die 1970er Jahre. 1960 wird auch der Bau von Mendelsohn in Stuttgart durch solch ein Warenhaus ersetzt.

Die Bühne: An der Stelle, an der der Schockendampfer blitzte, präsentiert sich ein gesichtsloser Kubus, eine „durchrationalisierte Waren- und Verkaufsschachtel“ (Ullmann 1973). Die sich mit einer vorgehängten Betonfertigteilfassade verkleidende „Architektur im Netzhemd“ (Krewinkel, zit. n. Schramm 1995: 143) soll dem Konzern eine Identität schaffen. Dabei wird die Architektur zum Verpackungselement reduziert.[20] Egon Eiermann beansprucht für seine

---

[19] Seit Anfang der 1960er bis Anfang der 1980er Jahre wuchs der Einzelhandelsumsatz um das Fünffache. Dabei kam es zu einer gravierenden Bedeutungsverschiebung hin zu den großen Unternehmen, die einen zunehmenden Einfluß auf die Stadtgestaltung ausübten. 1970 ist von einer „Verkaufsflächenexplosion“ die Rede, und vor allem die Verkaufsfläche der Warenhäuser wuchs im Sinne der flächendekkenden Expansion, allein von 1968 bis 1974 um 54 Prozent. Schon Ende der 1970er Jahre kam der Bumerang zurück, die Expansion auch in die Kleinstädte verstärkte die „Warenhauskrise“, die zu einer Halbierung des Marktanteils der Warenhäuser auf heute unter fünf Prozent führte.

[20] Karstadt markiert den Höhepunkt dieser Architektur, als in Solingen das Warenhaus (1969) mit Profilblechen verkleidet wird.

Fassade eine kommunikative „Membranfunktion“. Aber sie ist weder physisch noch wie die Kathedralfassade Wertheims metaphysisch durchlässig. Die einförmigen Betonelemente erlauben nicht mehr, die Geschosse abzulesen. Einzig der Namenszug, doppelt auf allen vier Seiten, verrät die Funktion des Gebäudes. Diese extrem auf die Wahrnehmung im Auto abgestimmte Fassade folgt dem Imperativ der individuellen Mobilität, der auch zum Einbau eines Parkhauses in das Warenhaus nötigt. Wie die Fassade wird auch der Grundriß von „Rasteritis“ befallen.[21] Das Raster soll Flexibilität und eine größtmögliche Verkaufsfläche garantieren. Der Sieg des Betons ermöglicht große Stützenabstände, die mit den neuen Leuchtstofflampen bis in den Keller hinein Verkaufsflächen schaffen. An die Stelle der Lichthöfe treten wie bei Karstadt Hermannplatz Rolltreppen. Unter das Dogma von Identität und Mobilität fällt auch die Einfügung in die alte Stadt. Die Vorstellungen einer „modernen“ Architektur und die Konsumsphäre treffen sich im Leitbild der beschleunigten Zirkulation.

Abb. 5: Verpackungsarchitektur in der Massenkonsumgesellschaft: Merkur (Horten) Stuttgart

[21] Zur „Rasteritis“ als Verbindung von Schweizer Rasterbauweise in sichtbarem Betonskelett und Standardisierung vgl. Nerdinger 1987: 44ff.

Die 60er Jahre sind, erneut, „dynamische Zeiten“ (Schildt et al. 2000). Diese setzen sich bis ins Innere der Konsumsphäre fort. Die Verkaufsräume sind zurückhaltend gestaltet, mit sachlichen Linien im Ulmer „rechten Winkel“. Dem so definierten Nimbus der „Modernität“, der den Bruch zur NS-Zeit verdeutlichen und die internationale Entwicklung der Architektur nachholen soll, entspricht der Verzicht auf Ornamente. Im Kontrast dazu heißt das Schlagwort „Diversifikation“ der Ware. In Reaktion auf die Konkurrenz aus den suburbanen Einkaufszentren wird das Sortiment zunehmend vertieft; Dienstleistungen und das shop-in-the-shop-System etablieren sich. Vor allem die Boutiquen, inzwischen auch für Herren, führen ästhetische Innovationen ein. Revolutionär ist diese Architektur – noch vor der Einführung dieser neuen Ästhetik – aber in der Umstellung auf die Selbstbedienung, wie sie die Supermärkte vormachen.[22]

Das Publikum: Die sich bis in die 70er Jahre verstärkende Entwicklung zum egalisierten Massenkonsum läßt einen neuen Verhaltenstyp auftreten: den „Verbraucher“, der Zeitersparnis und Optionsvielfalt als Werte an sich begreift (vgl. Schelsky 1965: 346f.). Die Selbstbedienungsarchitektur schafft ein Konsumsubjekt, das der Ware in einer bisher unbekannten Masse und Auswahl so direkt wie nie zuvor gegenübersteht. Die funktionalistische Ästhetik soll in dieser Vielfalt zu einer neuen Klarheit der Wahrnehmung beitragen. Diese weitere, in der Konsumarchitektur sich spiegelnde Versachlichung der Lebenswelt wird konterkariert durch deren Ästhetisierung. Nicht zuletzt die SB-Architektur nötigt zu einer engagierten Warenästhetik. Das Produkt muß sich hier selbst anpreisen, um aus der Masse der Artikel hervorzustechen. Die Warenästhetik und damit das Symbolische werden verstärkt zum Auswahlprinzip. Der Trend geht zum Markenartikel und damit zur „schön präparierte(n) Oberfläche“, die zum „eigentliche(n) Gesicht der Ware“ wird (Haug 1971: 61). Wie die „moderne“ Architektur, so ist die Ware mit dem ‚modernen‘ Ausdruck gefragt, und das heißt: das „Neue“. Die immer erneute ästhetische Innovation ergreift den Alltag. Die „Wegwerfgesellschaft“ zeichnet sich in die Signatur des Konsums ein und ersetzt die Sparsamkeit der Nachkriegszeit. Der Nachkriegsblick zielt nicht mehr auf „Entbehrtes, sondern auf Begehrtes“ (Zahn 1960: 22). Die Lust am ständigen Besitzergreifen wird geweckt durch die SB-Präsentation in Griffhöhe. Wegwerfgesellschaft und Ästhetisierung verschmelzen gesellschaftskritisch in Bölls „Wegwerfer“, dem es um die Errechnung der beim Entpacken verbrauchten Nervenkraft geht und der lakonisch feststellt: „Sicher ist, daß die Verpakkung einen größeren Wert darstellt als deren Inhalt“ (Böll 1957: 133). Den Verbraucher kennzeichnet der pluralisierte Konsum, nachdem bisher geltende Identifikations- und Distinktionsprinzipien desavouiert sind. Aus der Vielzahl

[22] Siehe dazu den Beitrag von *Voswinkel* in diesem Band.

der Warenoptionen gilt es, einen eigenen Stil zu wählen. Die Homogenität der „Volksgemeinschaft" löst sich auf in plurale Konsumorientierungen in der „nivellierten Mittelstandsgesellschaft" (Schelsky 1965: 334). Hinter der Anonymität des Rasters sind alle gleich. Auch für den Arbeiterhaushalt wird das Warenhaus – mit Billigwarenhausketten und Selbstbedienung – selbstverständlich. Erst hier ist die mit Wertheim beginnende Demokratisierung des Konsums durchgesetzt.[23] Die Vorstellung eines Wohlstandslebens verschmilzt schichtenübergreifend mit der Warenaneignung im Zeichen immer neuer Begehren. Mit dem Anwachsen des Wohlstands nimmt die subjektive Bedeutung der Klassenzugehörigkeit ab; die Motive werden komplexer, ‚Distinktion' und ‚Status' verbinden sich mit anderen Motiven: mit dem Traum vom „guten Leben" und der Selbstverwirklichung. In der individuellen Stilisierung erfaßt die Warenästhetik auch das Selbstbild. Für beide Geschlechter gilt es, sich schön zu verpakken, im Kampf um Arbeit und einen attraktiven Partner. Der zunehmend jugendliche Konsument erscheint als „außen-geleitet" (other-directed), als sentimentaler, erlebnisorientierter Typ, der sich an seiner „peer group" und an den Massenmedien wie mit einer „Radar-Anlage" orientiert.[24] Das Auto verdichtet die Erlebnisfolge und macht wie die SB-Architektur „Geschwindigkeit" erneut zur Tugend, jetzt unter dem Signum von „Freizeit", die zum zweiten Lebenskern wird. Neue Haushaltsgeräte sollen diese Zeit vermehren, die von den Massenmedien und vor allem dem Fernsehen ausgefüllt wird. Die Familie erobert einen größeren Platz im Leben; der Verbraucher konsumiert in „Partnerschaft" (vgl. Frevert 2000: 656f.). Und während Wertheim auf die Begehrlichkeiten der bürgerlichen Frau zugeschnitten war, ist vor allem dem „modernen" Mann, für den es nun genauso Modetrends gibt, der ungestörte Entscheidungsprozeß im direkten Kontakt zur Ware wichtig, wie ihn das SB-Konzept ermöglicht (vgl. Andersen 1999: 60). Die Frau begreift sich nach ihrer Vereinnahmung für die Volksgemeinschaft immer weniger als Hausfrau. Sie ist die junge, „adrette", berufstätige Ehefrau mit Fönfrisur und „schlanker Linie", die Fertigprodukte kocht. Nicht zuletzt ihre „Mitarbeit" ermöglicht den enorm gestiegenen Konsum in der „Wohlfahrtsgesellschaft" (Schelsky 1965: 349).

Auch die ostdeutschen Warenhäuser sind mit Waben verkleidet. Daß das größte Warenhaus der DDR, das Konsument-Warenhaus in Leipzig, auf dem Umbau eines 1912 erbauten Kaufhauses beruht, bleibt hinter dieser Fassade

---

[23] Dies führt wesentlich mit zur politischen Demokratisierung der deutschen Gesellschaft. Die Anerkennung dessen ist in den späten 60er Jahren zunehmend begleitet von Kritik: Die Orientierung am „Mehr" und „Besser" erliege der Illusion der unbeschränkten Warenproduktion bis hin zur Übertragung der Verbraucherdisposition auf die politische Haltung (vgl. Schelsky 1965: 350).

[24] Riesman (1958) unterscheidet davon den Status erwerbenden und den sich vom Arbeitsalltag befreienden Verbraucher, vgl. S. 25, 37, 41.

unsichtbar. Die Bedingung, möglichst viele Regale aufstellen zu können, prägt auch hier das Äußere. Die Aluminiumfassade funkelt als architektonische Verheißung der Warenwelt, wie es die Westwarenhäuser nicht besser schaffen. Hier entsteht 1968, 20 Jahre verspätet, ein Warenhaus auf Weltniveau. Es ist ein paradoxes architektonisches Phänomen. Der Konsum war das symbolische Feld, auf dem der Westen seine Überlegenheit sichtbar machen konnte. Gleichwohl war die sozialistische Gesellschaft keine „Konsumgesellschaft". Es gilt, eine nuancierte Konsumgeschichte zu entwerfen, die darstellt, daß sich ein unabhängiger Konsum in der DDR nicht entwickeln konnte. Das zeigt die verspätete Konsumarchitektur. Zugleich ist zu betonen, daß es dieser Gesellschaft um Bedarfsdekkung, nicht um die Bedarfsweckung im Versprechen einer konsumistischen Identitätsfindung geht (Fischer 2004: 57). Auch die Unterschiede der Konsumpraktiken sind zu betonen: Das Warenhaus in Leipzig war vom funktionsbestimmten Einheitsdesign der Ware, Schlangestehen und „Besorgen", nicht vom ästhetischen Warenüberfluß gekennzeichnet. Die im ständigen Blick nach Westen gehegten Konsumwünsche hingegen dürften ganz ähnlich ausgesehen haben. Unterschiede gibt es übrigens auch hinsichtlich des Stadtbezuges: aufgrund des Privateigentums fehlt den westdeutschen Warenhäusern die Einbindung in die Stadt, während die Vergesellschaftung des Bodens in der DDR zumindest die Einbindung der Warenhäuser in große Ensembles erlaubt.

Abb. 6: Verpackungsarchitektur in der Versorgungsgesellschaft: Konsument Leipzig

Ab 1970 spricht man zunehmend von „Erlebnisbereichen" und „Einkaufserlebnissen". 1967 inszeniert das Kaufhaus Globus in Zürich die Waren erstmals thematisch, den Wunschträumen der Käufer nachspürend. Die Zeit ist noch nicht reif. Vorerst gilt, der Erlebniskauf müsse von der Ware, nicht der Bühne ausgehen (vgl. Haug 1971: 88). Der Trend zu Zerstreuung und Entspannung ist jedoch nicht aufzuhalten. Im Kampf der Generationen um eine neue Lockerheit zeichnet sich endgültig die Hinwendung zur konsumistischen Moderne ab. Im Gegensatz zur kampf- und gemeinschaftsbetonten Vergangenheit etabliert sich in deren Ausrichtung auf Vergnügung, Erholung und Konsum die Kultur der Selbstentfaltung als Freizeit- und Konsumorientierung (vgl. Maase 1997; Dahrendorf 1961). Im Gegenzug zur Umdeutung des Kaufaktes in ein Erlebnis wird das Warenhaus symbolisch aufgeladen und zum Objekt der radikalen Kritik an der Konsumgesellschaft. In ihm bündeln sich der Protest gegen den Vietnamkrieg, Kapitalismus und Konsum, sind sie doch in der Orientierung an den SB-Läden amerikanisch inspiriert. Die Konsumerfahrung, die sie kultivieren, wird als „faschistisch", zumindest aber im Sinne der Kulturindustriethese als manipulierend entlarvt.[25] Der Höhepunkt der Kritik ist erreicht, als 1967 in Brüssel ein Kaufhaus brennt und die Kommune I mit dem zynischen Flugblatt „Warum brennst du, Konsument?" reagiert (vgl. Freibeuter 36/1988: 101ff.). Auch die Mahnung an die „Grenzen des Wachstums" (Meadows et al. 1972) speist die Kritik. Der Optimismus weicht nicht zuletzt der Kritik an der Stadtgestaltung. 1971 durchbricht der erste Warenhausbau die ungegliederte Fassade. Erst Ende der 70er Jahre setzt das Umdenken auch hinsichtlich der Dimensionen ein. Auslöser ist neben der wachsenden städtebaulichen Sensibilität auch die „Warenhauskrise", die aus der Konkurrenz von der „grünen Wiese" resultiert. Das Kaufhaus soll nun klein und idyllisch sein und der neuen Architekturauffassung des Rückgriffs auf historische Formen genügen (vgl. Venturi et al. 1979).[26] Mit der entsprechenden Rückkehr zu den Passagen, Galerien und Arkaden wird das Warenhaus auch architektonisch zur Illusionsfabrik. Die Wabenfassade weicht dem historischen Schein wie beim Kaufhof Bonn (1979) oder dem um 23 Meter versetzten Düsseldorfer Carsch-Haus (1984), das in der Übernahme der Prinzipien der Mall atmosphärisch einen Meilenstein setzt.

An dieser Zeitstelle muß die Szenerie gewechselt werden. Die Entwicklung der Konsumgesellschaft spielt sich spätestens seit Ende der 1960er Jahre in den USA ab.[27] Vorreiter der Konsumgesellschaft sind nun *shopping center* und *mall*. Daß diese Institutionen die deutschen Städte erreichen, liegt nicht zuletzt an der skizzierten Entwicklung zur „Erlebnisgesellschaft" (Schulze 1992), wie sie sich

[25] Vgl. Horkheimer/Adorno 1947/1989. Die Bedeutung dieser These ist kaum zu überschätzen, fand doch in den 50er Jahren die Selbstverständigung der deutschen Gesellschaft in der Dichotomie von „Kultur" und „Konsum" statt, vgl. Schrage 2004b.

[26] Die These lautet: Je mehr die Architektur sich auf die ‚funktionalistische' Erscheinung beschränkte, desto mehr wuchern die Schilder. Ein Kaufhaus des 20. Jahrhunderts könne alles mögliche sein, würde es nicht draufstehen. In Las Vegas überlagern Zeichen von architektonischer Größe die Architektur.

[27] Die Entwicklung zum Massenkonsum hatte sich in den USA schon in den 30er und 40er Jahren vollzogen. Zum Zusammenhang mit der Entwicklung in Europa vgl. Kaelble 1997.

seit den 60ern abzeichnet. Und obwohl sich die architektonische Entwicklung auf amerikanischem Boden abspielt, ist es eine aus europäischem Geist: Das *shopping center* entwarf Victor Gruen, eigentlich Viktor Grünbaum, ein in die USA emigrierter Wiener Jude, aus Sehnsucht nach der europäischen Stadt. Die Gestalt der postmodernen Konsumarchitektur geht damit auf die Passage zurück: Ihre ideale Matrix besteht aus zwei Warenhäusern, verbunden durch eine Passage mit Geschäften inmitten eines Asphaltteichs (vgl. Gruen/Smith 1960).

5 Shopping Mall

Die ultimative Erweiterung der künstlichen Umwelten des 19. Jahrhunderts ist die Mall.[28] Sie kündigt die Postmoderne an, wie die Passage die Moderne ankündigte. Architektonisch vereinigt sie den Innenraum der Passage mit ihren Einzelgeschäften mit dem Warenvolumen, der szenischen Vielfalt und der SB-Architektur des Warenhauses, beides ins Riesige gesteigert. Die US-amerikanische Entwicklung, beginnend in den 20er Jahren, verläuft über das suburbane *shopping center* und dessen Verwandlung in die glasüberdachte, introvertierte *mall*, die Rückkehr in die Innenstadt bis zur gegenwärtigen Ausbreitung in die Vertikale als Kennzeichen der *urban* oder *vertical mall* (vgl. Göttlich/Winter 2004). Damit einher geht eine immer stärkere Verquickung von Konsum und Freizeiterlebnis in immer größeren Dimensionen und einer immer prägnanteren Autonomie gegenüber der gewachsenen Stadt. Hierzulande blähen sich Einkaufszentren nicht zu den amerikanischen Dimensionen auf. Dennoch gibt es, ausgelöst durch den Trend zur individualisierten Gesellschaft, seit den 1960ern eine Suburbanisierung, der die amerikanischen Lösungen der Konsumarchitektur entsprechen.[29]

Auch hier vollzog sich nach dem Bau auf der „grünen Wiese“[30] ab den 1980ern die Rückkehr zur europäischen Stadt, konterkariert vom Boom der suburbanen Einkaufszentren in den neuen Bundesländern. Der Trend zur forcierten Förderung des „Erlebnisses“ schließlich ist inzwischen eine prägende Realität auch in Deutschland, spätestens beim Potsdamer Platz (vgl. Fischer/ Makropoulos 2004). Betrachtet wird zum Abschluß der Prototyp der postmodernen Einkaufsstätte in Deutschland, das 1992-96 erbaute CentrO Oberhausen. Die Verkörperung ganzer Städte ist das spezifische Zeichen dieser Konsumarchitektur. Das CentrO ist Deutschlands erste Mega-Mall, ein gigantisches *shopping center*

[28] Siehe die Beiträge von *Rieper* und *Bareis* in diesem Band.
[29] Zu trennen ist die Entwicklung von Amerika schon wegen der wachsenden internationalen Finanzverflechtungen und Konkurrenzen nicht. CentrO etwa wurde von einem britischen Unternehmer gebaut.
[30] Als erstes Einkaufszentrum dieser Art gilt das Main-Taunus-Zentrum bei Frankfurt (1964).

und mit seinen Großkinos, dem Musical und den Sport-Events ein *urban entertainment center*. Es soll der Stadt eine „Neue Mitte" im Geist Camillo Sittes geben. Zur Verkaufsfläche von 70.000 Quadratmetern gesellen sich Hafen, Wohnungen, Park-, Gewerbe- und Bürohäuser. Was in diesem „Vulkanausbruch des privaten Städtebaus"[31] entsteht, ist die „Stadt ohne Eigenschaften", in der Einkaufen „die einzige Aktivität" ist (Koolhaas 1996). Die Analyse wird sich auf den Kern dieser Konsumarchitektur konzentrieren: auf die Shopping Mall.

Abb. 7: Illusionsfabrik in städtischen Dimensionen: Die „Neue Mitte" Oberhausen

Die Bühne: Architektonisch kann Konsum in diesen Dimensionen wohl nur mit introvertierten Baukörpern nach dem Vorbild von Las Vegas umgesetzt werden (vgl. Venturi et al. 1979). Das CentrO ist insofern eine Besonderheit, weil es den introvertierten Kasten mit Stahl und Klinker ortstypisch zu gestalten sucht. Von den Eingängen gelangt man in zwei glasüberdachte, klimatisierte Einkaufsstraßen, die jeden Bezug auf das eigentliche Stadtzentrum ignorieren. Es ist eine autistische Oase, eine saubere, geschützte Welt. In ihr findet sich dieselbe Inszenierung der europäischen Stadt wie in den amerikanischen Vorbildern: malerische Altstadtstraßen, Pflanzen, Springbrunnen, polierte Fußböden, Spiegelflächen und Lichteffekte. Der Kontrast von außen und innen ist ein bewußt kalkuliertes Gestaltungsprinzip: Er erzeugt eine Innenwelt, die sich von der Realität abgrenzt. In der lichtdurchfluteten, sauberen Atmosphäre entsteht ein euphorisiertes Bild des Lebens. Hatte bereits das Warenhaus des 19. Jahrhunderts die Berechnung der architektonischen Wirkung in Gang gesetzt, so spielt die Atmosphäre nun eine

[31] Vgl. Berliner Zeitung v. 10/11.1.1998.

potenzierte Rolle. Harmonisch sollen sich Ware und Architektur in ein gefühliges Gesamtbild fügen. Wie das Warenhaus blendet die Mall dabei Obdachlosigkeit und Kriminalität aus, sie ist „urbanes Paradies" und „control-space".[32] Die Ästhetisierung, die sich in den 1960er Jahren auf die Waren konzentriert, greift auf die Konsumräume über. Diese Verräumlichung der Warenästhetik steht im Dienst der Auffälligkeit, die in der Massenkonsumgesellschaft verstärkt zum Erfordernis wird. Diesem Auffälligkeitszwang entspricht ganz die *entertainment architecture* (vgl. Jencks 1992), in der Waren und Architektur zu einer permanenten Inszenierung zusammenrücken. So vage das Konzept der ‚Postmoderne' auch ist, in der Architektur des CentrO wird die Trennlinie zur Moderne sichtbar: Sie läßt sich in der Abkehr vom reduktionistischen Funktionalismus zugunsten einer willkürlichen Kombination historischer Zitate ziehen. Statt Rationalität und Funktionalität soll diese Architektur Fiktionen erzeugen und Emotionalität vermitteln (vgl. Klotz 1986). Gegenüber dem als gesichtslos empfundenen Internationalen Stil soll sie Individualität schaffen. Dabei bedient sie sich einer austauschbaren Rhetorik, in der noch die Abfolge der Geschäfte einer wiederkehrenden Matrix folgt.

Das Publikum: Statt des Verbrauchers begegnet man dem *Erlebniskonsumenten*. Er sammelt Erlebnisse, nicht Waren.[33] Ihm geht es im Gegenzug zu einem immer versteckteren Statuskonsum zunehmend um die ästhetische Erfahrung des imaginären Gebrauchs der Dinge (vgl. Campbell 1987: 91ff.; Baudrillard 1999). Die entsprechende Konsumpraxis des *Shopping* meint die Betrachtung der Waren aus keiner direkten Kaufabsicht heraus, sondern einen verstärkt symbolischen, auf das „Erlebnis" angelegten Konsum, wie er im Warenhaus des 19. Jahrhunderts angelegt ist. In der postmodernen Konsumorientierung wird die ursprünglich enge Bindung an materielle Objekte gelöst zugunsten der zunehmenden Autonomie des Signifikats, der Trennung der Bedeutung von so etwas wie dem „Gebrauchswert". Immer stärker geht es im Konsumieren um die *Produktion* von Bedeutung und darin um die Entbindung von der Realität. Das konsumistische Erleben ist wesentlich *fiktives* Erleben. An die Stelle der Wirklichkeit tritt eine auf „Überbietung des Gegenwärtigen" zielende Erwartungshaltung (vgl. Schrage 2004a: 300). Damit korreliert die gestiegene Bedeutung der Warenrepräsentation und die Fiktionen erzeugende *entertainment architecture*. Der neue Flaneur ist der Erlebniskäufer in der individualisierten („einsamen") Masse,

[32] Vgl. Bittner 2001; Koolhaas 2000. Die Kontrolle ist der Aspekt, unter dem Malls stets in den Blick kommen. Erweitert man diesen Blick, dann wird sichtbar, daß die Tendenz zu Kontrolle einerseits, zu Emotionalität und Nähe andererseits in die Rekonstitution von ‚Gemeinschaft' einzuordnen ist, die die postmoderne Architektur generell herbeizuführen sucht, vgl. Raulet 1987.

[33] Vgl. Friedberg 1993: 114. Nicht genug betont werden kann dabei die lange Vorgeschichte. Auch das *window shopping* als Praxis des postmodernen Konsums ist kein neues Phänomen, sondern entsteht spätestens mit den Warenhäusern.

der durch eine bewußt kreierte Traumwelt bummelt. Die Mall legt eine spielerische Bewegung nahe, erlaubt sie doch keine systematische Begegnung mit der Ware, sondern präsentiert diese thematisch. Klimatisierung und Rollstrecken schaffen einen Raum, der wie in Passage und Warenhaus ein wetterunabhängiges und sicheres Kaufvergnügen bietet. Der Erlebniskäufer gleitet in dieser warmen und phantasievollen Welt in ein narzißtisches Wunschdenken (vgl. Lasch 1995). Aus dem zielstrebigen wird wieder der spontane Konsument, der an den Geschäften vorbei treibt, die „reibungslose Beschleunigung" der 1960er Jahre verabschiedend. Dieser *window shopper* sucht „sinnliche Freuden, Tagträume, ästhetisches Vergnügen und emotionalen Widerhall" (Holbrook/Hirschman, zit. n. Stihler 1997: 112). Das Konzept geht davon aus, daß sich noch die Konstruktion von Identität in der Auswahl der Waren ereignet. Das Ziel ist ein „glückliches Selbst", daß sich im Konsum findet. Im Sinne des Umsatzes werden die thematischen Inszenierungen ständig neu variiert; die Vielfalt steigt und mit ihr die der Wünsche, bis die eigene Persönlichkeit verschwimmt (vgl. Crawford 1992: 76). Gegenüber den früheren Stufen der Konsumkultur[34] erstreckt sich diese Konsumpraxis auf alle Schichten und wird zunehmend zum Freizeitinhalt. Der weibliche Konsument überwiegt auch in diesen neuen Konsumwelten, und er wird immer jünger: Die Mall ist das Paradies der „Tweens".[35] Wie „Kleptomanie" scheint „compulsive shopping" ein Frauenproblem. Auch die ‚fließende' Identität wird als weibliches Problem angesprochen.[36] Solche Vorstellungen mögen – wie die Schwundtheorie der Realität (Baudrillard) oder aber der Versuch, die Mall als Keimzelle einer neuen Öffentlichkeit zu begreifen, in der der „gemeinschaftliche Aspekt des Lebens" bewahrt und „menschliche Erfahrung(en)" vermittelt werden (Jerde 1992) – überspannt klingen. Sie beruhen jedoch auf der Plausibilität einer spezifisch emotionalen Attitüde, in der Gefühle an Güter angelagert und von ihnen produziert werden, wie sie sich in der gegenwärtigen Konsumgesellschaft etabliert hat. Daß dies eine auch architektonisch voraussetzungsvolle und keineswegs geradlinige Entwicklung war, sollte hier dargestellt werden.

Architektur erzeugt, konfiguriert und prägt die Orte des sozialen Lebens und damit Gesellschaft, wie sie selbst voraussetzungsvolles Kulturphänomen ist. Im Rückblick stellt sich die Entwicklung der *Konsumarchitektur* in Deutschland als

---

[34] Für diese Stufe der Konsumgesellschaft gilt der Begriff „Konsumkultur" buchstäblich. Die Trennung von (oberflächlichem und nivellierenden) *Konsum* und (anstrengender, emanzipativer) *Kultur* in der Kritischen Theorie verliert in der Postmoderne ihren Sinn.

[35] Vgl. Cook/Kaiser 2004. *Tween* bezeichnet die Kategorie des „female consuming subject" der 90er, wie es sich in der Orientierung der Marketingstrategien auf Kinder und Heranwachsende herausbildete.

[36] Friedberg setzt sie etwa zur Hysterie in Bezug. In amerikanischen Studien waren 85 Prozent der Mallbesucher Frauen, vgl. Friedberg 1993: 118f.; Stihler 1997: 112.

in mehreren Dimensionen gesteigerte Verbindung von Passage und Warenhaus in der Mall dar. In der Passage entzünden sich die Begehrlichkeiten des modernen Konsumsubjekts, in ihr hat sich die Ästhetisierung des Alltags von Beginn an eingezeichnet. Shopping als Disposition der modernen Konsumgesellschaft instrumentalisiert die hier ausgebildete Bewegung und ihren Blick. Das Warenhaus ist bis in die Nachkriegsmoderne hinein das prägende Phänomen der Konsumgesellschaft. Mit der Übernahme des Selbstbedienungsprinzips verstärkt es die Ästhetisierung, der sich die Mall in ihrer Hinwendung zum ‚Erlebnis' umso mehr bedient. Sie vollzieht die potenzierte Rückkehr der Passage in die Konsumsphäre. Diese Sphäre ist spätestens seit der Blütezeit der Warenhäuser von weiblichem Publikum geprägt. Die deutsche Konsumgesellschaft, wie sie sich in der Konsumarchitektur kultiviert, verzeichnet den Typus der bürgerlichen Statuskäuferin, die Frau im neusachlichen Modepanzer, die konsumverneinende ‚Volksgenossin', die ‚Verbraucherin' der Massengesellschaft, die sozialistische ‚Besorgerin' und die shoppende Erlebniskonsumentin. Die konsumistische Grundeinstellung, wie sie Passage und Warenhaus etablieren, erfährt im Trend zum erlebnisorientierten Massenkonsum eine weitreichende Verstärkung und Ausbreitung. Währenddessen setzt sich die Entwicklung fort: Der Sinnenüberflutung der Mall setzen die *flagship shops* der 90er eine minimalistische „zero degree architecture" (Zevi 1999) entgegen. Deren aufs Äußerste reduzierte Ästhetik führt zu einer erneuten Entdemokratisierung des Konsums.

Literatur

Andersen, Arne (1999), Der Traum vom guten Leben, Frankfurt/M.

Aragon, Louis (1926/1985), Pariser Landleben, Berlin (DDR).

Bärnreuther, Andrea (1993), Revision der Moderne unterm Hakenkreuz. Planungen für ein „neues München", München.

Bartetzko, Dieter (1985a), Zwischen Zucht und Ekstase. Zur Theatralik von NS-Architektur, Berlin.

Bartetzko, Dieter (1985b) Illusionen in Stein. Stimmungsarchitektur im deutschen Faschismus: Ihre Vorgeschichte in Theater- und Filmbauten, Reinbek.

Baudrillard, Jean (1999), The Consumer Society. Myths and Structures, London.

Behne, Adolf (1926), Der moderne Zweckbau, München.

Benjamin, Walter (1991), Das Passagen-Werk, GS Bd. V, Frankfurt/M.

Bittner, Regina (2001) (Hg.), Urbane Paradiese. Zur Kulturgeschichte modernen Vergnügens, Frankfurt/New York.

Böll, Heinrich (1957), Nicht nur zur Weihnachtszeit, München 1966.

Campbell, Colin (1987), The Romantic Ethic and the Spirit of Modern Consumerism, London.

Christiansen, Broder (1930) Das Gesicht unserer Zeit, Buchenbach.

Cook, Daniel/Susan Kaiser (2004), Betwixt and Be Tween, in: Journal of Consumer Culture Vol. 4, No. 2, S. 203-227.
Crawford, Margaret (1992), Warenwelten, in: arch+ 114/115, S. 73-80.
Dahrendorf, Ralf (1961), Gesellschaft und Freiheit. Zur soziologischen Analyse der Gegenwart, München.
Delitz, Heike (2004) Besprechung von Bernhard Schäfers, Architektursoziologie. Grundlagen – Epochen – Themen, Opladen 2003, in: Kölner Zeitschrift für Soziologie und Sozialpsychologie, Heft 3/2004, S. 591f.
Durth, Werner (1998), Utopie der Gemeinschaft. Überlegungen zur Neugestaltung deutscher Städte 1900-1950, in: Romana Schneider/Wilfried Wang (Hg.), Moderne Architektur in Deutschland 1900-2000. Macht und Monument, Stuttgart, S. 135-162.
Ehl, Heinrich (1932), Warenhaus – Baukunst als kulturelle und künstlerische Aufgabe, in: Karstadt und seine Entwicklung. Die illustrierte Zeitschrift der deutschen Wirtschaft, Bd. 36, Berlin, S. 152.
Fehl, Gerhard (1985), Die Moderne unterm Hakenkreuz, in: Hartmut Frank (Hg.), Faschistische Architekturen, Planen und Bauen in Europa 1930 bis 1945, Hamburg, S. 88-122.
Fischer, Joachim (2004): Warenwerbung und Warentest oder Poetismus und Rationalismus. Komplementäre Sozialmechanismen in der bürgerlichen Massenkultur, in: Kai-Uwe Hellmann/Dominik Schrage (Hg.), Konsum der Werbung. Zur Produktion und Rezeption von Sinn in der kommerziellen Kultur, Wiesbaden, S. 49-62.
Fischer, Joachim/Michael Makropoulos (Hg.) (2004), Potsdamer Platz. Soziologische Theorien zu einem Ort der Moderne, München.
Fleißer, Marieluise (1931/1972), Eine Zierde für den Verein. Roman vom Rauchen, Sporteln, Lieben und Verkaufen, GW Bd. II, Frankfurt/M., S. 9-204.
Frei, Helmut (1997), Tempel der Kauflust. Eine Geschichte der Warenhauskultur, Leipzig.
Friedberg, Anne (1993), Window Shopping, Cinema and the Postmodern, Berkeley.
Frevert, Ute (2000), Umbruch der Geschlechterverhältnisse?, in: Axel Schildt/Detlev Siegfried/Karl C. Lammers (2000), Dynamische Zeiten: die 60er Jahre in den beiden deutschen Gesellschaften, Hamburg, S. 642-660.
Geist, Johann F. (1979), Passagen. Ein Bautyp des 19. Jahrhunderts, München.
Göhre, Paul (1907), Das Warenhaus, Frankfurt/M.
Göttlich, Udo/Rainer Winter (2004), Postfordistische Artikulationen von Stadtarchitektur, Konsum und Medien, in: Fischer, Joachim/Michael Makropoulos (Hg.), Potsdamer Platz. Soziologische Theorien zu einem Ort der Moderne, München, 81-106.
Gruen, Victor/Larry Smith (1960), Shopping Towns USA. The Planning of Shopping Centers, New York.
Haug, Wolfgang F. (1971), Kritik der Warenästhetik, Frankfurt/M.
Haupt, Heinz-Gerhardt (1997), Konsum und Geschlechterverhältnisse, in: Hannes Siegrist/Hartmut Kaelble/Jürgen Kocka (Hg.), Europäische Konsumgeschichte, Frankfurt/New York, S. 395-410.
Heidegger, Martin (1954), Bauen Wohnen Denken, in: Aufsätze und Vorträge, GA Bd. 7, Pfullingen, S. 140-164.
Horkheimer, Max/Theodor W. Adorno (1947/1989), Dialektik der Aufklärung, Leipzig.
Jencks, Charles (1992), Unterhaltungsarchitektur, in: arch+ 114/115, S. 111-113.
Jerde, Jon (1992), Instant City, in: arch+ 114/115, S. 69.

Kähler, Gert (1981), Architektur als Symbolverfall, Braunschweig/Wiesbaden.
Koolhaas, Rem (1996), Die Stadt ohne Eigenschaften, in: arch+ 132, S. 18-27.
Koolhaas, Rem (2000), Junk-Space, in: arch+ 149/150, S. 57-61.
Klotz, Heinrich (Hg.) (1986), Vision der Moderne. Das Prinzip Konstruktion, München.
Kracauer, Siegfried (1963), Ornament der Masse, Frankfurt/M.
Kracauer, Siegfried (1981), Die Angestellten, Leipzig/Weimar.
Krechtel, Ursula (1990), Linksseitig kunstseidig. Dame, Girl und Frau, in: Ernest Wichner/Herbert Wiesner (Hg.), Industriegebiet Intelligenz, Berlin, S. 98-117.
Lampugnani, Vittorio M. (1986), Architektur als Kultur: Die Ideen und die Formen, Köln.
Lasch, Christopher (1995), Das Zeitalter des Narzißmus, Hamburg.
Lethen, Helmuth (1994), Verhaltenslehren der Kälte, Frankfurt/M.
Lipp, Wolfgang (1994), Warenhäuser. Zentren moderner Stadtkultur, in: ders., Drama Kultur, Berlin, S. 572-588.
Meadows, Dennis/Donella Meadows/Erich Zahn/Peter Milling (1972), Die Grenzen des Wachstums, Stuttgart.
Mendelsohn, Erich (2000), Erich Mendelsohn – Gedankenwelten, hg. v. Ita Heinze-Greeneberg, Ostfildern-Ruit.
Nerdinger, Winfried (1987), Materialästhetik und Rasterbauweise, in: Werner Durth/Niels Gutschow (Hg.), Architektur und Städtebau der fünfziger Jahre, Bonn, S. 39-49.
Oechslin, Werner (1994), Lichtarchitektur, in: Vittorio M. Lampugnani/Romana Schneider (Hg.), Moderne Architektur in Deutschland 1900-1950. Expressionismus und Neue Sachlichkeit, Stuttgart, S. 117-132.
Plessner, Helmuth (1974), Die verspätete Nation, Frankfurt/M.
Poelzig, Hans (1970), Gesammelte Schriften und Werke, Berlin.
Raulet, Gérard (1987), Natur und Ornament. Darmstadt/Neuwied.
Redslob, Edwin (1928), Künstlerische Fragen im Arbeitsbereich des Warenhauses, in: Verband Deutscher Waren- und Kaufhäuser, Probleme des Warenhauses. Beiträge zur Geschichte und Erkenntnis der Entwicklung des Warenhauses in Deutschland, Berlin, S. 119-122.
Riesman, David (1958), Die einsame Masse, Reinbek.
Schäfers, Bernhard (2003), Architektursoziologie. Grundlagen – Epochen – Themen, Opladen.
Schelsky, Helmut (1965), Auf der Suche nach der Wirklichkeit, Düsseldorf/Köln.
Schildt, Axel/Detlev Siegfried/Karl C. Lammers (2000), Dynamische Zeiten: die 60er Jahre in den beiden deutschen Gesellschaften, Hamburg.
Schneider, Christian (1979), Stadtgründung im Dritten Reich, München.
Schrage, Dominik (2003), Integration durch Attraktion. Konsumismus als massenkulturelles Weltverhältnis, in: Mittelweg 36, Heft 6, S. 57-86.
Schrage, Dominik (2004a), Optimierung und Überbietung. „Leben“ in produktivistischer und in konsumistischer Perspektive, in: Ulrich Bröckling/Axel T. Paul/Stefan Kaufmann (Hg.): Vernunft – Entwicklung – Leben. Schlüsselbegriffe der Moderne, München, S. 291-304.
Schrage, Dominik (2004b), Auf der Schwelle zur Konsumsoziologie, in: Kai-Uwe Hellmann/ders. (Hg.), Konsum der Werbung. Zur Produktion und Rezeption von Sinn in der kommerziellen Kultur, Wiesbaden, S. 13-32.
Schramm, Christian (1995), Deutsche Warenhausbauten, Aachen.

Schubert, Dirk (1985), ...Ein neues Hamburg entsteht..., in: Hartmut Frank (Hg.), Faschistische Architekturen, Planen und Bauen in Europa 1930 bis 1945, Hamburg, S. 299-325.
Schulze, Gerhard (1992), Die Erlebnisgesellschaft, Frankfurt/New York.
Sommer, Ingo (1993), Die Stadt der 500.000, Braunschweig/Wiesbaden.
Staatliche Kunsthalle Berlin (1980), Christian Schad, Katalog.
Stommer, Rainer/Dieter Mayer-Gürr (1990), Hochhaus. Der Beginn in Deutschland, Marburg.
Stihler, Ariane (1997), Die Entstehung des modernen Konsums, Berlin.
Strohmeyer, Klaus (1980), Warenhäuser – Geschichte, Blüte und Untergang im Warenmeer, Berlin.
Uhlig, Heinrich (1956), Die Warenhäuser im Dritten Reich, Köln/Opladen.
Ullmann, Gerhard (1973) Kaufhäuser. Orte des Kaufens, in: Deutsche Bauzeitung 1, S. 45-54.
Veblen, Thorstein (1958), Theorie der feinen Leute, Berlin.
Venturi, Robert/Denise Scott Brown/Steven Izenour (1979), Lernen von Las Vegas, Braunschweig/Wiesbaden.
Wagner, Martin (1977), Das Formproblem eines Weltstadtplatzes, in: Stephan Waetzold, (Hg.), Tendenzen der zwanziger Jahre, Berlin, S. 37.
Walter, Frank (2001), Die goldenen zwanziger Jahre – Kaufhäuser der frühen Moderne, in: Axel Oestreich, Gebäudekunde SS 01: Konsum/Architektur (Skript), Cottbus.
Wiener, Alfred (1912), Das Warenhaus – Kauf-, Geschäfts-, Büro-Haus, Berlin.
Zahn, Ernest (1960), Soziologie der Prosperität, München.
Zevi, Bruno (1999), Landscape and the Zero Degree of Architectural Language, Venedig.
Zola, Emile (1959), Das Paradies der Damen, München.

Der Kampf um das Einkaufsparadies

Kaufhäuser in Rußland vor, während und nach der Sowjetzeit[1]

Elena Müller

1 Einleitung

In diesem Aufsatz soll die Rolle des Shopping bei der Entstehung und Weiterentwicklung der modernen, bürgerlich geprägten und konsumorientierten Gesellschaft reflektiert und nach dem „Sonderfall" Rußland gefragt werden. Das Ziel ist herauszuarbeiten, inwieweit die Bedingungen des „real existierenden Sozialismus" die gesellschaftliche Entwicklung in diesem Bereich beeinflußt haben. Daraus können auch Rückschlüsse gezogen werden auf die Geschichte des Shopping in der westlichen Welt, denn der Fall Rußland zeichnet sich insbesondere durch das Fehlen einer für die westlichen Länder charakteristischen Kontinuität aus.

Zunächst stellt sich die Frage, wie ähnlich sich russische und westliche Gesellschaften sind und ob man für Rußland überhaupt von einer vergleichbaren Gesellschaft sprechen kann. Der Literatur- und Kunstwissenschaftler Boris Groys (2000: 113) postulierte in seinem Aufsatz *Sozialistischer Realismus zwischen Moderne und Postmoderne*, daß Rußland und der Westen[2] für einander jeweils das „Andere" darstellen. Weiter heißt es bei Groys, die russischen Künstler hätten sich insbesondere seit dem 19. Jahrhundert bemüht, fiktive Kontexte herzustellen, damit ein Vergleich zwischen den jeweiligen „Hochkulturen" möglich werde. Dieser Vergleich lief manchmal auf die Bejahung der Ähnlichkeit und der daraus resultierenden Zugehörigkeit Rußlands zu Europa und manchmal auf die Betonung der Unterschiede hinaus. Diese Auseinandersetzung zwischen den sogenannten „Slavophilen" auf der einen und den „Westlern" auf der anderen Seite prägte die russische Kultur seit dem 19. Jahrhundert und bis in die

---

[1] Seit der Konzeption des Beitrags im April 2003 haben sich in Rußland viele Veränderungen auch im Bereich des Shopping ereignet. Gegenwärtig scheint sich in Rußland, v.a. in den Zentren und Großstädten, die Shoppingcenter-Kultur nach internationalem Vorbild durchzusetzen, wobei die am Ende des Beitrags erwähnte tiefe Spaltung der Gesellschaft in bezug auf Konsummöglichkeiten vorerst bestehen bleibt.

[2] In diesem Aufsatz wird undifferenziert über den „Westen" gesprochen, auch wenn mir bewußt ist, daß die Entwicklung in unterschiedlichen nationalen Kulturen in Westeuropa und Nordamerika in vielen Aspekten voneinander abweicht. Jedoch scheinen im Vergleich mit Rußland alle diese internen Unterschiede zwischen den bürgerlichen kapitalistischen Gesellschaften von nachrangiger Bedeutung zu sein.

Gegenwart. Dieser Vergleich soll im Beitrag auf der Ebene der Alltagskultur, zu der auch das Phänomen „Shopping" gehört, erfolgen.

Der Rolle des Konsums bei der Formierung der modernen westlichen Gesellschaft wird seit geraumer Zeit erhebliche Beachtung geschenkt. Zu erwähnen sind hier die inzwischen als „klassisch" geltenden Arbeiten von Thorstein Veblen (1986, zuerst 1899), Pierre Bourdieu (1987), Roland Barthes (1964), Jean Baudrillard (1999), Mike Featherstone (1991) oder Colin Campbell (1987), die unterschiedliche Aspekte dieses Phänomens beleuchten und zusammen zum besseren Verständnis der westlichen Gesellschaft beitragen. Der interkulturell angelegte Sammelband *The Shopping Experience* von Pasi Falk und Colin Campbell (1997) und das Werk *A Theory of Shopping* von Daniel Miller (1998), die die Ergebnisse der Konsumforschung speziell auf das Phänomen „Shopping" beziehen, sind die wesentlichen theoretischen Bezugspunkte dieses Aufsatzes.

Im folgenden wird die Geschichte des Shopping in Rußland von der Zeit vor der Oktoberrevolution über die Stalin- und Nachstalinzeit bis in die kapitalistische Gegenwart beleuchtet, wobei das besondere Augenmerk auf die großen Kaufhäuser in den beiden größten Städten des Landes, Moskau und Sankt Petersburg/Leningrad, gerichtet wird. Es werden für jeden Zeitabschnitt jeweils zwei Aspekte des Shopping beleuchtet: erstens dessen materielle Manifestierung, insbesondere die Architektur der Einkaufsorte, und zweitens die Auseinandersetzung mit dem Thema im gesellschaftlichen Diskurs, vor allem in den narrativen Künsten, wie der Literatur, und später dem Film.

Die Verwendung von literarischen Texten als Quellen für historische Betrachtungen ist in der Wissenschaft sicher nicht unumstritten. Jedoch ist kein Text vollständig erfunden, fiktiv, sondern er bleibt immer ein Teil seiner kulturell-historischen Wirklichkeit und beinhaltet das, was in der konkreten Gesellschaft als „denkbar" oder „erfahrbar" erscheint. In diesem Aufsatz werden fiktive Texte als überindividuelle, kulturelle Kommunikationsformen im Sinne Jurij Lotmans (1992) verstanden, wobei die lotmansche Definition der literarischen Texte auch auf die Werke der narrativen visuellen Kunst (Film) erweitert wird. Aus diesem Textverständnis resultiert auch, daß in diesem Beitrag auf populäre Texte zurückgegriffen wird, denn ihre breite Akzeptanz und Beliebtheit innerhalb einer Kultur bezeugt ein besonders erfolgreiches Kommunikationsmodell, diese Textgattung ist daher als für die betreffende Kultur „typische" Denk- und Erfahrungsmuster zu verstehen. Das Wort „populär" verliert in diesem Kontext seine pejorative Konnotation und wird in dem von den Cultural Studies gebrauchten Sinn verwendet. Die künstlerisch bearbeiteten Konzepte dieses „Denk- und Erfahrbaren", in diesem Fall des Shopping, können für die Kulturgeschichte einer konkreten Gesellschaft nicht weniger aufschlußreich sein als bloße „harte Fakten" wie beispielsweise Statistiken.

2 Vorrevolutionäres Rußland

2.1 Die neuen Einkaufsorte

Spätestens in der zweiten Hälfte des 19. Jahrhunderts, seit den Reformen der 1860er Jahre, zu denen u.a. die endgültige Abschaffung der Leibeigenschaft gehörte, war Rußland in der Moderne angekommen (Stökl 1990: 236ff.). Das Land befand sich am Vorabend der Oktoberrevolution in der sogenannten Take-off-Phase der wirtschaftlichen Entwicklung. Als deutliche Zeichen der beginnenden Moderne entstanden hier, wie auch in Westeuropa, die neuen Kaufhäuser in den Zentren der Großstädte (GUM in Moskau 1815, Neueröffnung 1891 nach einer langen Umbauphase; Passaž 1846-48 in Petersburg).[3] Interessant ist, daß es neben diesen neuen, nach westlichem Vorbild entstandenen Passagen in den russischen Großstädten auch alte Einkaufsorte gab, die sich leicht zu modernen Kaufhäusern entwickeln konnten. Das sind die so genannten „Höfe", „Reihen" oder „Märkte", traditionell überdachte Ansammlungen mehrerer Geschäfte an einem Ort. Im Unterschied zu Westeuropa, wo ein offener und öffentlicher Marktplatz zum mittelalterlichen Stadtzentrum gehörte, waren diese städtischen Märkte in Rußland seit dem Mittelalter überdacht. Es handelte sich dabei meistens um karreeförmige, sich in ihrer Architektur an eine Wehrburg anlehnenden Gebäude. Heute kennt man sie meist in ihrer im Absolutismus umgebauten Form, wobei gerade das Wehrhafte, das Burgähnliche verschwunden ist (vgl. Brokgauz/Efron 1901; Bocagov 1891: 59ff.). Der sogenannte *Gostinyj dvor* (Gästehof, fertiggestellt erst 1734 nach einer längeren Bauphase) in der Petersburger Hauptstraße Nevskij prospekt wurde beispielsweise nicht nach dem westlichen, sondern nach diesem einheimischen „Warenburg"-Modell erbaut (vgl. Bogdanov 2001: 33ff.).

Die Überlegung, daß der Unterschied zwischen dem klimatisch bedingt geschlossenen und überdachten Markt in Rußland und dem offenen Markt im Westen auch die jeweiligen Kulturen unterschiedlich beeinflußt hat, ist jedoch zu spekulativ. Für *Gostnyj dvor* allerdings ist bekannt, daß bereits im 18. Jahrhundert die Adligen die Freuden des hedonistischen und ziellosen Shopping an einem attraktiven Ort für sich entdeckt hatten. Es wurde z.B. beklagt, daß das „feine Publikum" sich stundenlang in *Gostinyj dvor* aufhielte, sich Waren einfach zeigen lasse und dann doch nichts kaufe, während der Kaufmann sich nicht traue, etwas gegen sie zu unternehmen. Das einfache Volk dagegen, das etwas Konkretes kaufen wolle, wage es gar nicht, das Geschäft zu betreten, während

[3] Hier wird die im deutschsprachigen Raum übliche wissenschaftliche Transliteration der russischen Eigenamen und Bezeichnungen verwendet, die oft von der in Medien verbreiteten Schreibweise abweicht: „Puškin" statt „Puschkin", „Vysockij" statt „Wysocki" usw.

sich dort ein Adliger aufhielt, müsse deshalb mehrmals am Tag zu *Gostinyj dvor* laufen und werde so von der Arbeit abgehalten. So wurde das, was für die einen ein netter Zeitvertreib war, zum ruinösen Zeitverlust für die anderen (Bogdanov 2001: 126). Man sieht also, daß das „Shopping around" im 18. Jahrhundert zu den Privilegien für die bessere Gesellschaft gehörte.[4]

Jedenfalls konnten diese russischen überdachten Märkte, die Ansammlungen vieler Geschäfte an einem Ort, problemlos an das neue Konzept des Warenhauses adaptiert und die erwähnten „Reihen", „Höfe" usw. gemäß den neuen Anforderungen umgebaut werden.

2.2 Shopping in der Literatur vor 1917

Bemerkenswert ist, daß diese Entwicklung in der russischen Kultur beinahe komplett unreflektiert blieb. Es gab keinen russischen Baudelaire oder Zola in der Literatur und später auch keinen russischen Walter Benjamin in der Philosophie, der diese Entwicklung in der Kultur angesprochen hätte. Bei kaum einem Autor aus der Zeitspanne von Aleksandr Puškin (1799-1836) bis Aleksandr Blok (1880-1921), die sich durchaus mit der vielfältigen Thematik der modernen Großstadt befaßten, findet man etwas zum Thema „Shopping". Lediglich im N.G. Cernyševskijs (1828-1889) Roman *Was tun?* aus dem Jahr 1863, dem Lieblingswerk Lenins, der den Untertitel „Aus den Erzählungen über die neuen Menschen" trägt, brechen diese „neue Menschen", ganz zum Schluß, nachdem sie alle Widrigkeiten überwunden und sich in der Gesellschaft etabliert haben, in die „Passage" auf (Cernyševskij 1975: 686). Auch die Erzählung *Krokodil* aus dem Jahr 1865 von F.M. Dostoevskij (1821-1881) hat den Untertitel „Die Passage in der Passage", was auf die doppelte Bedeutung des Wortes „Passage" anspielt (Dostoevskij 1982 Bd. 11: 505ff.).

Bei der hier erwähnten „Passage" handelt es sich um ein in den Jahren 1846-48 auf dem St. Petersburger Nevskij prospekt gegenüber von *Gostinyj dvor* gebautes Warenhaus nach westeuropäischem Vorbild, das von Anfang an mehr als nur ein Einkaufsort war. In der Erzählung Dostoevskijs fungiert es jedoch kaum als ein Einkaufsort, sondern vielmehr als ein Ort, an dem sich das fortschrittliche Publikum trifft und wo ihm etwas geboten wird, sei es das exotische Krokodil oder die angesagtesten Denker dieser Zeit, die dort öffentliche Vorträge

[4] Der Unterschied zwischen dem erholsamen, unterhaltenden, eigentlich ziellosen „Shopping around" und dem konkreten und oft anstrengenden „Shopping for something", dem Besorgen von konkreten benötigten Waren wird dabei von Pasi Falk und Colin Campbell (1997: 1-14) in der Einleitung zu ihrem Sammelband *The Shopping Experience* ausformuliert.

halten. Am Anfang des 20. Jahrhunderts spielten dort beispielsweise die damals beliebtesten Theatertruppen (Piotrovskij 1992: 470f.).

In der Skizzensammlung von Vladimir Giljarovskij (1853-1935) *Moskau und die Moskauer*, wo das Leben der Unterschicht in Moskau im ausgehenden 19. Jahrhundert geschildert wird, ist dem Thema „Geschäfte" lediglich eine kurze Skizze über den zentralen Markt *Ochotnyj rjad* (Jägerreihe) mit dem an Zolas *Le ventre de Paris* erinnernden Titel „der Bauch Moskaus" gewidmet (Giljarovskij 2003: 190ff.).

Erst im Werk einer Frau aus dem 20. Jahrhundert wird das Thema „Shopping" ausführlicher behandelt. Die Kurzgeschichte *Das Leben und der Kragen* von Teffi (eigentlich: Nadžeda Bucinskaja 1876-1952), bekannt für ihre humoristischen Erzählungen, zeigt, daß das Shopping auch in Rußland eine ähnliche Wirkung speziell auf die Frauen haben konnte wie im Westen (Teffi 1991: 35-39). Mica Nava (1997) beschreibt in ihrem Aufsatz *Women, the City and the Department Store*, daß der Weg der Frauen in die Emanzipation oft im Kaufhaus begann. Flanieren in der Stadt wurde auch für Frauen um die vorletzte Jahrhundertwende zunehmend möglich, selbst wenn die weibliche „Flaneuse" lange dem Blick der Betrachter (ob Baudelaire oder Walter Benjamin) verborgen blieb und in der Literatur ebenfalls wenig thematisiert wurde. Das beim Flanieren geweckte Begehren führten dann zum Kampf um eigene Rechte, um finanzielle Unabhängigkeit und schließlich zur eigenen Berufstätigkeit und „Freiheit" im weitesten Sinne.

Olen'ka, der Protagonistin in Teffis Geschichte, ergeht es ähnlich: Nachdem sie im hier bereits erwähnten *Gostinyj dvor* einen besonderen Kragen kauft, krempelt sie ihr ganzes Leben um, entwickelt einen neuen, zum Kragen passenden, Kleidungs- und Lebensstil. Das Shopping hat in diesem literarischen Werk die gleiche initiale Wirkung für den Emanzipationsprozeß wie in der wissenschaftlichen Untersuchung von Mica Nava.

Viel stärker als das Warenhaus wurde in der russischen Kultur das Wirtshaus, das Restaurant (in einem geringeren Umfang auch das Theater, das bis ins 20. Jahrhundert ein Vergnügungsort der Adligen blieb) zum öffentlichen Ort der Moderne, einem Ort also, wo viele unbekannte Menschen, die Menschenmassen, aufeinander trafen und wo bestimmte Verhaltensregeln und Umgangsformen der neuen Gesellschaft entwickelt werden mußten. Beispiele für Gaststätten in dieser Funktion finden sich problemlos in zahlreichen Werken, von dem bereits erwähnten Puškin über Nekrasov und Dostoevskij bis hin zu Blok und Giljarovskij.

Dabei herrschte jedoch in der russischen Kultur insgesamt Konsens zwischen „rechts" und „links", zwischen den Nachfolgern der Slavophilen und Westler, wonach das Shopping als ein Teil der neu entstehenden Massenkultur verpönt war. Beispielhaft ist hierfür die Haltung des „linken" Publizisten A.I. Gercen (1948: 307ff.), der den „gebildeten Grobian" als die im Westen dominierende Spezies beschreibt, oder des „rechten" Religionsphilosophen Valdimir Solov'ev (1990), der in seinen Werken gegen die drohende „Plutokratie" wetterte und im Krieg eine Kur gegen die „Verfettung der Welt" sah. Insbesondere die „Rechten", die Konservativen, lehnten diese neue – aus ihrer Sicht – Anti-Kultur radikal ab und sahen im „verbürgerlichten" Westen auch eine Bedrohung für Rußland. Die eher „links" orientierten Nachfolger von „Westlern", unter denen sich viele „Sozialisten" befanden, standen der Alltagskultur zwar etwas offener gegenüber, die sektiererische Haltung der Berufsrevolutionäre und ihr betont anti-bürgerlicher Habitus entfernte jedoch auch sie weit von der entstehenden Massenkultur. So wird Lenin den Aufbruch in die Passage am Ende seines Lieblingsbuches wohl kaum zu Kenntnis genommen haben.

Der russische Historiker A.V. Zacharov (2003) beschreibt in seinem Aufsatz *Massengesellschaft und Kultur in Rußland* die „normale" Entwicklung Rußlands zu einer Massengesellschaft und die diese begleitenden Massenkultur am Vorabend der Oktoberrevolution. Dabei hebt er hervor, daß die damaligen Eliten diese Entwicklung falsch eingeschätzt haben. Sie erkannten nämlich nicht das neue, sich formierende Massenpublikum, sondern glaubten, daß das romantisierte, viel gepriesene „Volk" sich nun endlich der Kunst widme. Die schöpferischen Eliten hatten sich daher auch in bezug auf den Massengeschmack verkalkuliert, und es bedurfte erst der autoritären Etablierung des so genannten „sozialistischen Realismus", um diesen zu treffen und zu befriedigen (Dobrenko 1997).[5]

Die Ablehnung alles (Klein-)Bürgerlichen war unter der Intelligencija so stark ausgeprägt, daß sie eher dazu bereit war, den eigenen Untergang in den kommenden revolutionären Wirren zu akzeptieren, als die „Verbürgerlichung" Rußlands zuzulassen (die längst im Gange war). Diese ideologische Verblendung machte es unmöglich, in den kulturellen und gesellschaftlichen Veränderungen auch etwas Positives zu sehen, eine Chance für die Massen auf Befriedigung ihrer Bedürfnisse und auf Teilhabe an der Kultur, und sich speziell dem Thema „Shopping" zu öffnen. In den Schilderungen von Wirtshäusern, Theatern u.ä. dominiert in den russischen Texten dieser vorrevolutionären Zeit eine negative, kritische und mißtrauische Haltung dem Geschilderten gegenüber. Selbst die hier bereits erwähnte Skizze *Der Bauch Moskaus*, in der das Shopping im

[5] In seiner auf breite empirische Daten über das Leseverhalten der Sowjetmenschen in den 1930er Jahren fußenden Studie kommt Evgenij Dobrenko zu einer anderen Bewertung der stalinistischen Literatur und Kultur als der in Deutschland bekanntere Boris Groys (1988) in seinem *Gesamtkunstwerk Stalin*. Während Groys v.a. die gewaltsame Durchsetzung der verordneten Kultur hervorhebt, belegt Dobrenko mit Hilfe zahlreicher empirischer Daten, daß die Kultur der Stalinzeit auf einer breiten Akzeptanz der Massen basierte und die aus der Sicht der Massen notwendige Korrektur der Avantgarde-Experimente darstellte.

Mittelpunkt steht, schildert den Betrug am Kunden und erregt beim Lesen der Passagen über die verdorbenen, unsauberen Lebensmittel Ekel (vgl. Giljarovskij 2003: 190ff.). Die Faszination der neuen bunten Warenwelt, die z.B. die Texte von Zola oder Benjamin auszeichnet, suchen wir in den russischen Quellen vergeblich.

3 Shopping und die politische Propaganda der Stalinzeit

3.1 Die sozialistischen Einkaufspaläste und ihre Kundschaft

Die Zeit der Oktoberrevolution und des darauf folgenden Bürgerkrieges (1918-1922) ist durch den kompletten Zusammenbruch der Wirtschaft, darunter auch des Handels, gekennzeichnet. Erst mit der Einführung der sogenannten Neuen Ökonomischen Politik (NEP) im Jahr 1923, die de facto eine teilweise Re-Kapitalisierung des Landes bedeutete, stabilisierte sich die Lage in Rußland einigermaßen. Die Kaufhäuser in den Großstädten, die „Einkaufspaläste" der untergegangenen Epoche, öffneten nun wieder ihre Türen. Nach der Abschaffung der NEP unter Stalin 1929 wurden sie zu den Zeichen des sowjetischen Überflusses und repräsentierten den Anspruch, daß auch im sozialistischen System das konsumistische Glück für alle möglich sei. Insbesondere die Anfangsphase der Sowjetgeschichte ist durch den Versuch gekennzeichnet, das „schöne Leben", wozu auch Konsumgüter gehörten, für alle, besonders für die bis dahin unterdrückte Unterschicht zu ermöglichen. Es ist die Zeit, als beispielsweise der prominente Avantgarde-Dichter Vladimir Majakovskij (1888-1934), der für seine unversöhnliche Haltung allem Bürgerlichen gegenüber bekannt ist, für die sowjetische Werbung als Graphiker und Texter tätig war (vgl. Naumov 1955: 38ff.).

Besonders die Kaufhäuser in den Großstädten mußten als Orte des sozialistischen Überflusses fungieren. In Leningrad/Petersburg wurden beispielsweise in dieser Phase viele neue Kauf- oder Warenhäuser für die Bevölkerung erbaut, so daß jeder Stadtbezirk sein eigenes sozialistisches Einkaufsparadies bekam.[6] Im Vergleich dazu wurde in der Breżnev-Zeit gerade ein einziges neues Kaufhaus in einem neuen Stadtbezirk Leningrads erbaut (Jubilejnyj, eröffnet 1988).

In Wirklichkeit jedoch nahmen die städtischen Kaufhäuser, wie auch die Mehrheit ihrer Kundschaft, lediglich eine mittlere Stellung im sowjetischen gesellschaftlichen Gefüge ein: Die sowjetische Oberschicht, zu der die Nomenklatura und einige besonders verdiente und leistungsstarke Subjekte wie Bestarbei-

[6] Narvskij im gleichnamigen Bezirk im Jahr 1932, Frunzenskij 1929, Kirovskij 1931, DLT als ein weiteres Warenhaus im Stadtzentrum 1927, vgl. Piotrovskij 1992: 191ff.

ter, aber auch und vor allem Künstler, Sportler oder Wissenschaftler zählten, wurde aus den sogenannten „geschlossenen Verteilern" versorgt. Diese „geschlossenen Verteiler" waren Läden, zu denen der Rest der Bevölkerung keinen Zugang hatte und wo es vor allem westliche Güter im Überfluß gegen eher symbolisches Entgelt gab. Über dieses System wurden auch Wohnungen, Landhäuser, Autos u.ä. „verteilt".[7] Die breite Masse der Bevölkerung, die in der Provinz lebte, litt dagegen vom Anfang bis in die Gegenwart unter eklatanten Versorgungsengpässen. Da die Lage so schwierig war, wurden die notwendigen Güter den Menschen manchmal ebenfalls zu symbolischen Preisen zugeteilt, denn die Marktmechanismen versagten in dieser Situation komplett. Die Lage von Einwohnern der sowjetischen Großstädte war deutlich besser als die der Provinzler, jedoch waren auch sie stark unterprivilegiert im Vergleich zu der staatsnahen Elite.

Diese sowjetische Mittelschicht war nun Hauptklientel der Kaufhäuser mit ihrer begrenzten Vielfalt und Freiheit. Für die Provinzler allerdings bildeten diese noch lange Zeit das Ziel ihrer Träume. Im Verlauf der Sowjetgeschichte aber, als der stetige Mangel auch die Großstädte erfaßte, wurden die Einheimischen und die sich auf dem Shopping-Trip befindenden Provinzler zunehmend zu erbitterten Konkurrenten um die wenigen noch erwerbbaren Waren. Besonders in Moskau, das noch fast bis zum Ende der Sowjetunion am besten mit Waren versorgt wurde, führte dies zu wachsender Fremdenfeindlichkeit unter der Bevölkerung, die jedoch offiziell nie thematisiert wurde. Erst nach Perestrojka wurde sie salonfähig und richtet sich aktuell massiv gegen die sogenannten „Kaukasier".

Es ist verständlich, daß unter diesen Umständen die Kaufhäuser nicht die zivilisierende Funktion erfüllen konnten, wie sie beispielsweise Cecilia Fredriksson für Schweden (1997) oder Turo-Kimo Lehtonen und Pasi Mäenpää für Finnland (1997) beschreiben, Länder, in denen der Massenkonsum erst nach dem Zweiten Weltkrieg möglich wurde und wo die „Erziehung zum zivilisierten Konsumenten" erst eine Generation zurückliegt.

---

[7] In diesem Zusammenhang scheint die Frage berechtigt zu sein, ob wenigstens auf den „seligen Inseln des Kommunismus", wie der Schriftsteller V.F. Tendrjakov (1923-1984) sich nach Stalins Tod ironisch äußerte (Tendrjakov 1989), eine Individualisierung der Konsumenten möglich war, oder ob nicht dort vielmehr die distinktive Funktion der Güter im Mittelpunkt stand (jedem nach seinem Verdienst der Partei gegenüber)? Mangels Empirie wird die Frage vermutlich unbeantwortet bleiben. Für diese Vermutung spricht die Tatsache, daß der Zusammenbruch der UdSSR auch von den jungen Repräsentanten der Elite aktiv mitgetragen wurde, was man in diesem Kontext so interpretieren könnte: Die Kinder und Enkelkinder der Parteibonzen wollten endlich nach Lust und Laune (also individualisiert) und nicht gemäß den Verdiensten des Großvaters konsumieren und so den Anschluß an die im Westen bereits etablierte Individualisierung des Konsums bekommen, wie sie Mike Featherstone (1991) beschreibt.

3.2 *Shopping in der stalinistischen Kultur*

In der offiziellen Kultur wurde Shopping selbst in der Zeit, als man die Bevölkerung mit neuen Läden „beglücken" wollte, kaum thematisiert. In den stark auf den Produktionsprozeß fixierten Büchern des „sozialistischen Realismus" gab es keinen Platz für den vergnügten Shopping-Bummel nach dem Feierabend. Das Einkaufen wurde vermutlich als etwas auf der einen Seite völlig Banales und auf der anderen Seite doch als etwas Bürgerliches bzw. Kleinbürgerliches empfunden. Im Kommunismus sollte es ja keine Geschäfte mehr im herkömmlichen Sinne geben, sondern jeder sollte die Waren nach seinen Bedürfnissen erhalten können. Eine Art „Sonderverteiler für alle" wurde also angestrebt.

Das Modell der musterhaften Konsumparadiese für Arbeiter und Bauern, die besonders den großstädtischen Kaufhäusern in der Stalinzeit zufiel, war in der Wirklichkeit nur schwer umzusetzen. Insbesondere Moskau war zum mythischen Zentrum der Sowjetkultur geworden. Der Moskau-Text der Literatur des „Hochstalinismus" bestätigt den Sonderstatus der Hauptstadt in der Kultur. Als Wohnsitz des vergöttlichten Stalin war die Stadt selbst eigentlich nicht mehr von dieser Welt. Die Analyse der Texte, in denen beispielsweise die Fahrten der Bestarbeiter und anderer neuer „sowjetischer Helden" nach Moskau zu Stalin beschrieben werden, bestätigt diese Annahme: Moskau und vor allem der Kreml liegen außerhalb des profanen Raum-Zeit-Kontinuums, sie markieren den Übergang zum „Himmel", zum Paradies, in dem nur die Geläuterten ihren Platz haben (vgl. Günther 1993: 155ff.). Die Artikulierung sowohl profaner körperlicher Bedürfnisse als auch darüber hinausgehender Begierden scheint an einem solchen Ort fehl am Platz zu sein, deshalb konnte der Topos von Moskau als einem Verbraucherparadies nicht erfolgreich entfaltet werden, im Unterschied zu einer westlichen Großstadt, allen voran Paris in Zolas Romanen. Die unter Stalin betriebene starke Re-Mythisierung der Kultur stand dem Thema „Shopping-Paradies" in der Praxis im Wege.

Eine weitere Schwierigkeit bereitete in der Stalinzeit der für das Shopping notwendige Hauch von Exotik, von Fremdheit, die die Begierden erst weckt, die für das Warenhaus, für ein Geschäft überhaupt, anscheinend notwendig sind. Daniel Miller (1997) thematisiert dies in einem Aufsatz *Could Shopping Ever Really Matter?* in einem Vergleich zwischen den Shoppingmeilen in Großbritannien und in Trinidad und Venezuela. Zu einem ähnlichen Ergebnis, nämlich daß das Shopping-Zentrum eine Mischung aus „Vertrautem" und „Fremdem", „Exotischem" sei, kommen auch Turo-Kimmo Lehtonen und Pasi Mäenpää (1997: 160ff.) in ihrem Aufsatz *Shopping in the East Centre Mall*. Diese Notwendigkeit einer Verfremdung wurde den sowjetischen Warenhäusern jedoch zum Verhängnis: Denn das Grundparadigma der Kultur der Stalinzeit, das alles andere dominierte, war die strikt bipolare Weltaufteilung in „Freund“ und „Feind“, in das „Eigene“ und das „Fremde“, wobei das Fremde immer als feindlich markiert war und vernichtet werden mußte (vgl. Dobrenko 1993: 138ff.). „Wenn der Feind sich nicht ergibt, dann wird er vernichtet“ lautete der beliebte Slogan der Stalinzeit, der dem Begründer des sozialistischen Realismus, dem Schriftsteller A.M. Gor'kij zugeschrieben wird. Allerdings konnte zum Feind in der Sowjetunion jeder erklärt werden. Und im Laufe der Zeit nahm die Zahl der Feinde stetig zu.

Dieser unversöhnliche Umgang mit der „Fremdheit“ unterschied sich grundlegend von dem im Westen üblichen. Dort war der Umgang mit dem „Fremden“ von der Politik des Kolonialismus geprägt, die vor allem auf das Nutzbarmachen des Fremden zielte, diesen also keineswegs primär vernichten wollte. In den ethnographischen Museen des 19. Jahrhunderts wurde das Fremde exotisiert und gleichzeitig domestiziert. Im Kolonialwarengeschäft ging die Domestizierung weiter, das Fremde erschien nun als prinzipiell integrierbar, konsumierbar. Und eine Kolonialwarenabteilung gehörte im 19. Jahrhundert zu fast jedem Kaufhaus (vgl. Bowlby 1997).

In der Kultur der Stalinzeit dagegen hatte das Fremde keine existentielle Berechtigung. In dieser strikt bipolaren Kultur, in der alles Fremde zum Feindlichen werden mußte, haftete den Kaufhäusern, die die Fremdheit zulassen mußten, notgedrungen ebenfalls etwas Verruchtes, Gefährliches, nicht ganz Sowjetisches an. In der Kultur wurde die Dominanz des Inhaltes über die Form propagiert, was zur Vernachlässigung der Form insgesamt führte. Die Kultur sollte „der Form nach national und dem Inhalt nach sozialistisch“ sein, die nationale, „exotische“ Form war jedoch im Grunde entbehrlich und stand der angestrebten sozialistischen Einheit nur im Wege. In die Welt der Waren übersetzt bedeutet das, daß es im Kommunismus nur einen Käse, eine Wurst, einen Wein als Inhalte geben konnte, denn die störende Vielfalt in den Sorten galt es zu überwinden. Im Rückblick jedoch zeichnete sich gerade die Stalinzeit durch eine später nie erreichte Vielfalt aus. Das *Buch über die schmackhafte und gesunde Ernährung* (Molcanova 1952), das Kochbuch der Stalinzeit, das in den späteren „mageren“ Konsumzeiten zum Kultbuch avancierte, fixierte gerade diese große Vielfalt im Lebensmittelbereich für die nachfolgenden Generationen. In der repräsentativen Kultur konnte dies jedoch nicht thematisiert werden, denn die allumfassende Einheit war das höchste Ziel.

4 Shopping im Zeichen der Krise und der Dissidentenkultur

4.1 Die Krise der sowjetischen Wirtschaft und Gesellschaft nach Stalins Tod

Die Zeit nach dem Tode Stalins im Jahr 1953 bis zum Zusammenbruch der Sowjetunion im Jahr 1991 ist durch die sich immer weiter verschärfende Krise der sowjetischen Wirtschaft und des sowjetischen Staates insgesamt gekennzeichnet. Diese Krise bewirkte u.a. den wachsenden Mangel an allen Konsumgütern, sogar der gewöhnlichen Waren des täglichen Bedarfs wie Bügeleisen, Klopapier, Seife, Zucker oder Käse in den 1970er und 80er Jahren. Die Besorgung dieser Waren, das gezielte „Shopping for something“ wurde in dieser Zeit auch in den Großstädten zunehmend zu einer Qual. Wenn man also diesen täglichen Besorgungen, dem Feierabendshopping, eine rituelle Bedeutung bei dem Übergang von der öffentlichen in die private Sphäre zumißt, wie Lehtonen und Mäenpää (1997: 157), so könnte man behaupten, daß für die Sowjetmenschen, insbesondere für die Frauen, auf deren Schultern die Hauptlast der Haushaltsführung lag, ein regelmäßiger Gang durch die „Hölle“ in dieser Zeit zum Alltag gehörte.

In der Forschung über die sowjetische Gesellschaft wird die These vertreten, daß in der Spätphase der Sowjetunion ein Rückzug der Bevölkerung ins Private und die Aufwertung der Privatsphäre gegenüber der staatlich kontrollierten Öffentlichkeit stattgefunden habe (vgl. Köbberling 1997: 137ff.). Es ist jedoch wichtig zu berücksichtigen, wie diese private Sphäre der Sowjetmenschen genau aussah: Steter Mangel an allen notwendigen Gütern und die aus westlicher Sicht unerträglich beengten Wohnverhältnisse kennzeichneten nämlich auch die Lebenslage der sogenannten sowjetischen Mittelschicht. Außerdem trifft die für den bürgerlichen Westen kennzeichnende strikte Trennung von Öffentlichem und Privatem auf die russisch-sowjetischen Verhältnisse nicht zu. Vielmehr ist eine enge Verquickung der beiden Bereiche für diese Gesellschaft typisch: Die Öffentlichkeit, besonders der autoritäre und totalitäre Staat, versuchte stets auch auf die Privatsphäre seiner Untertanen Zugriff zu erhalten. Im Gegenzug spielten private Belange, wie beispielsweise die geschmacklichen Präferenzen bestimmter Führungspersönlichkeiten im kulturellen Bereich, in der Öffentlichkeit eine wesentliche Rolle.

Verständlich nun, daß in dieser Zeit kaum neue Einkaufsorte gebaut wurden, für immer weniger Waren war die alte Substanz, die man im übrigen in der Sowjetunion nie so verkommen ließ wie in der DDR, noch völlig ausreichend. Erst die 1980er Jahre brachten eine gewisse Belebung der Bautätigkeit. In Leningrad entstanden beispielsweise zwei Warenhäuser in den Neubaugebieten, das Kaufhaus *Jubilejnyj* (1988) und das so genannte „Zentrum für den Markenhandel“ (1987). Beiden ist eine Orientierung auf den hier bereits erwähnten „Sonderverteiler für alle" anzumerken, denn im *Jubilejnyj* durften nur diejenigen einkaufen, die ein „Jubiläum", eine Hochzeit oder Ähnliches zu feiern hatten, und das „Zentrum" war als ein exklusiver Ort für den Absatz von einigen gefragten einheimischen und ausländischen Markenwaren geplant, wie beispielsweise Schuhe von „Lenwest", einem Joint-venture-Betrieb mit der westdeutschen Firma Salamander. Außerdem begann man in dieser Zeit, in den entstehenden Neubaugebieten Selbstbedienungssupermärkte nach westlichem Vorbild zu bauen. Diese Tendenz „rächte" sich ein paar Jahre später, als sich während der Perestrojka die Versorgungskrise weiter zuspitzte. Die großen leeren Räume verbreiteten nämlich noch mehr Unbehagen bei den ohnehin frustrierten Kunden als ein gewöhnlicher Laden mit einer mißgelaunten Verkäuferin hinter der Ladentheke.

4.2 Shopping im Dissidentendiskurs

Das bipolare „Freund-Feind"-Deutungsmuster wurde in der Zeit nach Stalins Tod nur langsam abgebaut. Deshalb haftete der Shopping-Thematik weiter etwas Verruchtes, nicht ganz Sowjetisches an. Beispielsweise waren die meisten Verbrecher in den Jahren nach Stalins Tod als Genre wieder zugelassenen sowjetischen Krimis im Handel tätig (vgl. Franz 1989). In die offizielle Kultur konnte Shopping also weiterhin nicht problemlos integriert werden. Erst die literarischen Dissidenten, die Autoren der Untergrundkultur, die sich erst in dieser Zeit ausbilden konnte, entdeckten das Shopping-Thema für sich. Der Grundton ihrer Auseinandersetzung war damit die Anklage an die offizielle Seite, den stets verkündeten Anspruch, dem Sowjetvolk ein „gutes, würdiges" Leben zu ermöglichen, nicht eingelöst zu haben. Die Mißstände der Mangelwirtschaft boten dazu genügend Gelegenheiten.

Bereits in der Stalinzeit findet man bei manchen Autoren eine kritische Auseinandersetzung mit dem sowjetischen Konsum. Diese kritischen Werke blieben jedoch vorerst in den Schubladen der Autoren und wurden erst in der Nachstalinzeit zu kommunikativen Tatsachen, deshalb ist es gerechtfertigt, sich erst in diesem Abschnitt mit ihnen zu befassen. Die Kritik des modernen Mystikers Daniil Andreev (1906-1959) ist beispielsweise stark der hier bereits erwähnten anti-bürgerlichen, anti-massenkulturellen vorrevolutionären Tradition der russischen Intelligencija verpflichtet. Vor der Moderne stalinistischer Prägung floh er in die „Meere seiner Seele", in die Erfahrungen des Übernatürlichen, die er mystisch deutete (Andreev 1993: 86). Diese gelebte Selbst-Verfremdung ermöglichte ihm eine sonst in dieser Zeit seltene kritische Distanz zu der ihn umgebenden Kultur, die auch in seinen Werken ihren Niederschlag fand. Es war gerade die rein diesseitige, materielle Orientierung der stalinistischen Kultur, die

Andreev so sehr störte. In seinen in den 1930er Jahren entstandenen Gedichten beschrieb er die geradezu kultische Anbetung der alltäglichen Konsumgüter in der Sowjetunion, in der inzwischen jeglicher avantgardistische Anspruch aufgegeben wurde. Statt Ikonen oder Reliquien werden riesige Würste oder Käseleiber aus Pappe bei den quasireligiösen Massenprozessionen getragen, etwas, was übrigens in dem angeblich dem Konsumismus verfallenen Westen höchstens zu Werbezwecken in einem bestimmten Kontext möglich wäre. Jedoch ist das sowjetische Konsumparadies in Andreevs Schilderungen von Anfang an mangelhaft: Ewiges Schlangestehen und auch das Sich-um-die-Waren-Prügeln gehören unbedingt dazu (vgl. Andreev 1993: 7ff., 1996: 577ff.).

Außer als Zeichen für die Verlogenheit des sowjetischen Paradieses konnten Geschäfte im Diskurs zu einem möglichen Ort des Übergangs in eine andere Wirklichkeit außerhalb der sowjetischen werden. Oft jedoch mißlingt der Übergang für den Protagonisten, wie beispielsweise für den Protagonisten des Liedes *Die Fahrt in die Stadt* des Barden und „wahren Volkskünstlers" der 1970er Jahre Vladimir Vysockij (1938-1980) (vgl. Vysockij 2001). Dieser wird von der gesamten Dorfgemeinschaft als der „am wenigsten Trinkende" zum jährlichen Shopping-Trip nach Moskau delegiert. Bewaffnet mit einer „Einkaufsliste auf 16 Seiten" findet er nach einer langen Suche endlich brauchbare Ware. Erst an der Kasse jedoch stellt er fest, daß die begehrten Objekte nur gegen Valuta, die Währung des kapitalistischen Feindes, zu haben sind, und versteht nun die Welt nicht mehr. Man muß dazu anmerken, daß eine solche Situation sich in Wirklichkeit kaum ereignen konnte, denn an den Eingängen zu Valutaläden waren Milizionäre postiert, u.a. um gerade solche Zwischenfälle zu vermeiden.

Abschließend soll hier noch ein letztes Beispiel für Geschäfte als Übergangsorte in eine andere, fremde und gefährliche Realität erwähnt werden: die außerordentliche populäre sowjetische Filmkomödie *Brilliantovaja ruka* (Der Diamantenarm) aus dem Jahr 1969, die sogar noch 1995 bei einer Befragung von den damals Zwölf- bis 14-jährigen zu ihrem Lieblingsfilm gewählt wurde (vgl. Zelensky 1999). Die Handlung des Films ist kurz zusammengefaßt folgende: Ein einfacher Sowjetmensch, Semjon Semjonovic Gorbunkov, nutzt die Möglichkeiten der Chruščev-Liberalisierung und geht auf eine Kreuzfahrt, die auch ins kapitalistische Ausland (Istanbul) führt. Hier gerät er völlig unverschuldet in das Visier einer kriminellen Bande, die in seinem Gipsarm (daher der Titel des Films) Juwelen in die UdSSR zu schmuggeln versucht. Gorbunkov erklärt sich natürlich bereit, mit der Miliz (d.h. mit der Kriminalpolizei) zusammenzuarbeiten, um die Bande dingfest zu machen, und soll nun als Lockvogel für die Banditen dienen. Damit die Kriminellen mit ihm in Kontakt treten, soll er auf Anraten des Kommissars einfach „sichtbar" sein. Man empfiehlt ihm, in der Stadt flanieren zu gehen, Geschäfte, Märkte und Second-Hand-Läden zu besuchen, all die

Orte, wo sich in der UdSSR verdächtige Elemente aufhalten. Der Zuschauer sieht nun, wie sich der ehrliche und anständige Gorbunkov mit dem ziellosen Flanieren, dem zentralen Element des individualisierten westlichen Shopping nach Miller, Campbell oder Lehtonen und Mäenpää, abmüht. Statt auf Staatskosten genüßlich durch die Läden zu ziehen, stellt der Sowjetmensch sich selbst fiktive Aufgaben, was er nun erwerben (im sowjetischen Jargon „finden“) wolle und sucht gezielt nach diesen besonderen, jedoch für ihn völlig unnötigen Waren. Die Freiheit des Flaneurs ist also für einen rechtschaffenen Sowjetmenschen, mit dem sich nach wie vor in gewisser Weise Millionen identifizieren, unerträglich und muß künstlich reduziert werden.

5 Neubeginn und Normalisierung des Shopping im neuen Rußland?

5.1 Die neue Shoppingkultur

Die gravierende wirtschaftliche Krise, der komplette Zusammenbruch beinahe aller gesellschaftlichen Strukturen ist für das Rußland der frühen 1990er Jahre kennzeichnend. Das „Shopping around“, das freudige, vergnügte und freie Flanieren wurde in dieser Zeit obsolet, denn die leeren Regale verbreiteten lediglich Angst und Unsicherheit. Aus dieser Zeit stammen die Witze wie „Heute wird im ersten Fernsehprogramm von 19 bis 20 Uhr ein Stück Käse gezeigt“, die den berühmten russischen Galgenhumor zum Ausdruck bringen (Doncova 2003: 202). Damals wurden die Großstädte einer zwar relativ kurzen, aber äußerst schmerzhaften ökonomischen Schocktherapie (mit deutlicher Betonung auf „Schock“) unterzogen. Erst diese traumatische Erfahrung einer umfassenden Krise machten die gesellschaftlichen Veränderungen, das Ende des sozialistischen Experiments, unumkehrbar. Denn jeglicher Zweifel an der „Rekapitalisierung“ des Landes wurde mit dem Hinweis erstickt, man wolle doch nicht zu Lebensmittelkarten und Bezugsscheinen für alles Notwendige zurückkehren.

Erst eine spürbare wirtschaftliche Stabilisierung am Ende des Jahrtausends veränderte auch das Shopping-Verhalten im neuen Rußland. Dabei lassen sich gegenwärtig zwei Tendenzen beobachten:

1) Eine starke Ausdifferenzierung der Konsumenten und ihrer Einkaufsorte. Gerade die altehrwürdigen Warenhäuser in den Zentren der Großstädte erleben dabei eine Renaissance und werden zu Malls für die wenigen Neureichen umgestaltet. Teuerste Designermarkenläden prägen heute die Zentren von Moskau und Petersburg. Die breitere Bevölkerung besucht diese Läden gar nicht mehr, obwohl sie (meistens) davon nicht explizit ausgeschlossen wird. Aber sinnlose Accessoires zum Preis eines jährlichen Gehalts zu bestaunen, bereitet kaum

jemandem Vergnügen. Der Rest wird an die Peripherie verdrängt, in die billigen und schäbigen Märkte an den Rändern der Städte. Die Kette der Supermärkte fürs Volk nennt sich *Kopeke*, ein sogenannter „Neuer Russe“ kann es sich kaum leisten, in einem solchen Geschäft gesehen zu werden. Denn ihm ist der im bürgerlichen Ethos wurzelnde Kult des Sparens, der gegenwärtig in Deutschland im Motto „Geiz ist geil“ gipfelt, weitgehend fremd. Für die Neureichen gibt es dafür eine Supermarktkette *Kalinka-Stockman*, die Lebensmittel aus Finnland importiert, wobei die Waren dadurch noch teuerer werden, als sie es in Finnland im internationalen Vergleich ohnehin schon sind.

Bemerkenswert ist auch, daß gerade dem „besseren“ Publikum mehr Freiheit im Umgang mit den Waren zugestanden wird, etwas, was ebenfalls erst erlernt werden muß (vgl. Frederiksson 1997). In den teuren Geschäften kann man sich in der Regel frei inmitten der Waren bewegen, diese anfassen und ausprobieren. In den billigeren Läden dagegen sind die Waren traditionell durch die Verkäuferin von den Kunden getrennt und geschützt, was auch das Problem des Ladendiebstahls löst. Sicherlich gibt es in den Läden für die Neureichen genügend Personal, dieses hält sich jedoch oft vornehm zurück.

2) Es gibt auch eine Gegentendenz, die die Zivilisierung durch Massenkonsum anstrebt, die interessanterweise besonders vom Konzern IKEA vertreten wird. Konkret organisiert IKEA in Moskau und Petersburg kostenlose Busfahrten für die autolose Bevölkerung in die außerhalb der Zentren liegenden Geschäfte, damit die Menschen sich wenigstens einige Stunden inmitten des schönen, jedoch einfachen und nicht barock-protzigen Interieurs aufhalten können und für ihren Alltag inspiriert werden. Am Ende eines solchen Tages kaufen sie vielleicht gerade mal einen Löffel oder einen Topflappen.

5.2 Shopping und Identitätssuche in der Gegenwart

Im neuen Rußland, wo Kommerz und Werbung zwar die Massenkultur dominieren, die breiten Bevölkerungsmassen vom Konsum jedoch nach wie vor ausgeschlossen bleiben, hat das Thema „Shopping“ es weiterhin nicht leicht in der Kultur. Hier sollen zwei Beispiele aus der so genannten „Popkultur“ beleuchtet werden, die sich direkt mit dem Thema befassen und die Veränderungen im kulturellen Feld signifikant markieren. Die letzte Folge der populären russischen (auch in der DDR bekannten) Trickfilmreihe *Nu pogodi!* (Hase und Wolf) aus dem Jahr 1995 spielt nämlich in einem neuen Einkaufszentrum. Die Zeit der frühen 1990er Jahre war durch die dominierende, unkritisch-prowestliche, prokapitalistische Haltung der Öffentlichkeit gekennzeichnet, was sich sicher in der Wahl des Handlungsortes für das Ende dieser russischen Legende niederschlug.

Interessant ist dabei der Soundtrack, von dem die ewige Jagd des Wolfes nach dem Hasen begleitet wird. Vier Epochen in der russischen Geschichte werden durch bekannte und erkennbare Melodien repräsentiert:

1. Ein Volkslied aus dem 19. Jahrhundert, die *Korobejniki* (fliegende Händler), dessen Text von dem anerkannten Hochkulturdichter N.A. Nekrasov (1821-1877/78) stammt und dessen Zitate bis heute im Shopping-Diskurs gern verwendet werden;[8]
2. ein *Jungsportlermarsch* aus der Stalinzeit;
3. *Taganka*, ein bekanntes „Knastlied" aus der Kriminellenfolklore, einem wesentlichen Bestandteil des Dissidentendiskurses der Nachstalinzeit und
4. eine in den 1970ern Jahren (!) populäre westliche Tanzmelodie, was den Konservatismus der russischen Kultur erneut verdeutlicht.

Die Musikstücke lösen einander einfach ab, es gibt in der durch sie vergegenwärtigten Geschichte Rußlands keinen Bruch, keine erkennbaren Dramatik mehr. Der erwähnte Trickfilm könnte als ein charakteristisches Beispiel für den von der Intelligencija oft beklagten „postsowjetischen Kitsch" dienen. Der anerkannte russische Literaturwissenschaftler Boris Jampolskij beschreibt beispielsweise diesen Kitsch als ein Verfahren, das die Geschichte enthistorisiert, Zusammenhänge auseinander reißt, Dramatik und Tragik negiert, das Unpassende zusammenzubringen versucht.[9]

Im Unterschied zur Intelligencija, die darin (wieder einmal) den Untergang der russischen Kultur sieht, könnte man in diesem Kitsch auch den gut gemeinten Versuch sehen, eine Integration der stark desintegrierten Gesellschaft zu ermöglichen, in der, wie in einem guten Supermarkt, „für jeden etwas" dabei sein könnte. Inzwischen wurde die unkritische prokapitalistische Haltung in der russischen Gesellschaft deutlich revidiert. Die russische Intelligencija tendiert heute deutlich nach „links" in ihren politischen Ansichten, was als „Normalisierung" ihrer Lage und als einen Anschluß an die internationale Entwicklung gedeutet wird.[10]

Dreizehn Jahre nach der staatlichen Neugründung dauert die Krise der russischen Gesellschaft noch an. Alle identitätsstiftenden Konstrukte wie Nation, Volk und Arbeiterklasse sind zusammengebrochen, und neue haben sich immer

---

[8] Insbesondere die Zeile: „Wenn du nicht betrügst, verkaufst du auch nichts" wird in den Beschreibungen russischer Märkte von Vladimir Giljarovskij bis zu Dar'ja Doncova gern zitiert.

[9] So Jampolskij in seinem Vortrag *Beyond Historicity* auf dem von Boris Groys organisierten Kongreß „Post-Communist Condition. Kunst und Kultur nach dem Ende des Ost-Blocks", der im Juni 2004 in Berlin stattfand. Ein charakteristisches Beispiel dieser Haltung ist die Zeremonie zur Amtseinführung Vladimir Putins nach seiner ersten gewonnenen Präsidentenwahl im Jahr 2000, bei der zaristische, orthodoxe und kommunistisch-sowjetische Symbolik nebeneinander verwendet wurden.

[10] Besonders die Beiträge von Andrej Fomenko *Zwischen Alltag und Avantgarde* und Boris Kagarlitckij *Renewal of the Russian Left?* auf dem erwähnten Kongreß haben diese Situation thematisiert.

noch nicht etablieren können. Diese Krise ist auch dadurch zu erklären, daß man seine jüngste Vergangenheit, das 20. Jahrhundert, das weitgehend im Zeichen des sozialistischen Experiments stand, nicht einordnen kann. Es ist nach wie vor unklar, was mit dem Land eigentlich geschah: War diese Zeit alles in allem eine heroische Modernisierung eines rückständigen Landes, das ohne den Sozialismus heute auf dem Niveau der Drittweltstaaten vegetiern würde, oder war der Sozialismus ein einziger Irrweg, der das Land von einer allgemeinen ökonomisch-gesellschaftlichen Entwicklung fernhielt und zudem noch von grausamen Verbrechen begleitet wurde? Deshalb ist es auch unklar, welche im Sozialismus – der Zeit, in der die gesamte wirtschaftlich aktive Bevölkerung sozialisiert wurde – erworbenen Erfahrungen noch gültig und brauchbar sind.

Es ist verständlich, daß gerade in der Krisenzeit die Menschen ihrem Tun, ihrem Leben Sinn verleihen wollen, und aus diesem Grund sind die aktuellen Versuche, die sozialistische Geschichte irgendwie doch positiv zu deuten, durchaus verständlich.[11] Objektiv betrachtet jedoch wird wohl kaum etwas, außer einigen Erzeugnissen der viel gerühmten „russischen Kultur“ (darunter speziell Literatur, Malerei und Musik), in der Zukunft weiter Bestand haben. Das 20. Jahrhundert scheint für Rußland und die Russen ein verlorenes Jahrhundert gewesen zu sein, insbesondere deshalb, weil es einen Menschentypus hervorgebracht hat, der in der globalisierten Welt kaum seinen Platz finden kann.

Das Beispiel Shopping kann dieses gesellschaftliche Scheitern dabei verdeutlichen: Im ausgehenden 19. Jahrhundert war Rußland durchaus in der Lage, sich an die internationale Entwicklung anzupassen. Die nationalspezifischen „Warenburgen“, „Reihen“ und „Höfe“ wurden problemlos in Warenhäuser umgebaut und als solche von der Bevölkerung weitgehend akzeptiert. Die Rolle dieser neuen Warenhäuser war in der Gesellschaft mit der im Westen weitgehend identisch. Die moderne Massengesellschaft war im Entstehen, auch wenn die größten Teile der damaligen Eliten diese Entwicklung nicht richtig deuten und deshalb gar nicht leiten konnten.

Unter den sozialistischen Bedingungen jedoch konnte der Konsum im allgemeinen und Shopping im besonderen nicht mehr die gesellschaftlichen Aufgaben wie im Westen wahrnehmen, was indirekt eine enge Verknüpfung von Konsum und Shopping auf der einen und der bürgerlichen Gesellschaft auf der anderen Seite bestätigen würde. Denn die sowjetische Gesellschaft war während ihrer gesamten Geschichte eine betont anti-bürgerliche. Selbst zu Beginn der Stalinzeit, als Konsum politisch gewollt und gefördert wurde, konnte dieses Thema nicht in die von anderen, stärkeren Imperativen geleitete Kultur positiv aufgenommen werden. Außerdem scheiterte der Versuch, auch ein Konsumparadies

[11] Der erwähnte Kongreß wurde mit dem Ziel abgehalten, das Positive am Kommunismus zu finden.

zu sein, an der ökonomischen Wirklichkeit. Weder die Hilfestellung auf dem Weg der für die moderne Gesellschaft notwendigen Individualisierung, wie sie Mike Featherstone (1991) beschreibt, noch eine „weiche“ Integration dieser Individuen durch Attraktion, wie sie Dominik Schrage (2003) ausformuliert, noch die elementare Zivilisierung und Disziplinierung der Verbraucher, wie sie beispielsweise nach dem Zweiten Weltkrieg in Nordeuropa stattfand (vgl. Frederiksson 1997; Lehtonen/Mäenpää 1997), konnte der sowjetische Konsum leisten. Statt dessen wurde der Konsum- und Shoppingdiskurs insbesondere in der Nachstalinzeit in einem viel stärkeren Maße als im angeblich im Konsumismus versunkenen Westen emotionalisiert und politisiert.

6 Fazit

Gegenwärtig versucht man in Rußland, den Massenkonsum wieder neu zu erlernen. Dabei scheint die russischen Gesellschaft die das 20. Jahrhundert prägende „demokratische“ Phase des für alle offenen und billigen Supermarktes übersprungen zu haben und wechselt nun von dem palasthaften Warenhaus des 19. in die tempelhafte Mall des 21. Jahrhunderts. Die Öffnung der Gesellschaft im Supermarkt, die Zivilisierung der Verbraucher, fand nicht statt, und unter den gegenwärtigen Bedingungen wird sie kaum nachgeholt (vgl. Bowlby 1997). Bemerkenswert ist z.B., daß die bekannte Bekleidungskette Hennes & Mauritz mit ihren fürs breite Publikum erschwinglichen modischen Waren in verhältnismäßig hoher Qualität in Rußland bis jetzt nicht Fuß fassen konnte. Dies liegt mit hoher Wahrscheinlichkeit nicht am mangelnden Interesse der russischen Kunden, sondern an der politischen, konkret kommunalen Führung, die Gucci und Prada H&M vorzieht. Bezahlbare, modische Kleidung „für alle“ ist in Rußland zur Zeit politisch nicht erwünscht.

Die aktuelle Entwicklung bezeugt vielmehr, daß Konsum und Shopping in der russischen Gesellschaft weiterhin eher desintegrierend wirken: Es gibt eine deutliche Ausdifferenzierung in den Einkaufsorten und -sortimenten für die unterschiedlichen Schichten der Bevölkerung und kaum einen Versuch, den Bruch in der Gesellschaft wenigstens symbolisch zu überwinden.[12] Die überteuerten Designerläden, die neuerdings das Zentrum von Moskau dominieren, verschärfen den Bruch vielmehr. Und die Intelligencija wendet sich enttäuscht von dieser „schönen neuen Welt“ ab. Erst eine nachhaltige wirtschaftliche Stabilisierung, die die Lage der Massen spürbar verbessern könnte, würde auch den Konsum- und Shoppingdiskurs und das Konsumverhalten in Rußland „normalisieren“.

---

[12] Lediglich ausländische Firmen wie IKEA oder die ebenfalls auf einen möglichst großen Konsumentenkreis zielende Schnellrestaurantkette McDonald’s vertreten in Rußland eine andere Strategie.

Literatur

Cernyševskij, Nikolaj. G. (1975), Cto delat'? Iz rasskazov o novych ljudjach (Was tun? Aus den Erzählungen von den neuen Menschen), Moskva.

Andreev, D.A. (1993), Železnaja misterija (Das eiserne Mysterium), in: ders., Sobranie socinenij (Gesammelte Werke), Bd. 1, Moskva, S. 7-313.

Andreev, D.A. (1996), Afrodita vsenarodnaja (Aphrodite Pandemos) in: ders., Sobranie socinenij (Gesammelte Werke), Bd. 3, Moskva, S. 577-587.

Piotrovskij, B.B. (1992), Sankt-Peterburg, Petrograd, Leningrad. Enciklopediceskij spravocnik (Sankt Petersburg, Petrograd, Leningrad. Ein Nachschlagewerk), Sankt-Peterburg.

Molcanova, O.P. (1952), Kinga o vkusnoj i zdorovoj pišce (Das Buch über die schmackhafte und gesunde Ernährung), Moskva.

Jutkevic, S.I. (Hg.) (1986), Kino. Enciklopediceskij slovar' (Das Kino. Enzyklopädisches Wörterbuch), Moskva.

Barthes, Roland (1964), Mythen des Alltags, Frankfurt/M.

Baudrillard, Jean (1999), The Consumer Society. Myths and Structures, London.

Bocagov, A.D. (1891), Naša torgovlja i promušlennost' v starinu i nyne (Unser Handel und unsere Industrie in alten Zeiten und jetzt), Sankt-Peterburg.

Bogdanov, I.A. (2001), Bol'šoj gostinyj dvor v Peterburge (Der große Gostinyj dvor in Petersburg), Sankt-Peterburg.

Bourdieu, Pierre (1987), Die feinen Unterschiede. Kritik der gesellschaftlichen Urteilskraft, Frankfurt/M.

Bowlby, Rachel (1997), Supermarket Futures, in: Pasi Falk/Colin Campbell (Hg.), The Shopping Experience, London u.a., S. 92-110.

Brokgauz, F.A./I. Efron (1901), Torgovlja (Der Handel), in: dies., Enciklopediceskij slovar' (Enzyklopädisches Wörterbuch von Brockhaus und Efron, russische Ausgabe), Sankt-Peterburg, Bd. 66, S. 561ff.

Campbell, Colin (1987), The Romantic Ethic and the Spirit of Modern Consumerism, London.

Dobrenko, E.A. (1993), Metafora vlasti. Literatur stalinskoj epochi v istoriceskom osvešcenii (Das Metapher der Macht. Die Literatur der Stalinzeit im historischen Überblick), München.

Dobrenko, E.A. (1997), The Making of the State Reader, Stanford.

Doncova, D.A. (2003), Kulinarnaja kniga lentjajki (Das Kochbuch eines Faulpelzes), Moskva.

Dostoevskij, F.M. (1982), Krokodil. Neobyknovennoe sobytie ili passaž v passaže (Das Krokodil. Ein außergewöhnliches Ereignis oder die Passage in der Passage), in: ders., Sobranie socinenij v 12-ti tomach (Werksammlung in zwölf Bänden), Moskva, Bd. 11, S. 505-540.

Falk, Pasi/Colin Campbell (1997), Introduction, in: dies. (Hg.), The Shopping Experience, London u.a., S. 1-14.

Featherstone, Mike (1991), Consumer Culture and Postmodernism, London u.a.

Franz, Norbert (1989), Moskauer Mordgeschichten. Der russisch-sowjetische Krimi 1953-1983, Mainz.
Fredriksson, Cecilia (1997), The Making of the Swedish Department Store Culture, in: Pasi Falk/Colin Campbell (Hg.), The Shopping Experience, London u.a., S. 111-135.
Gercen, A.I. (1948), Izbrannye filosofskie proizvedenija (Ausgewählte philosophische Werke), Bd. 2, Moskva.
Giljarovskij, V.A. (2003), Moskva i moskvici (Moskau und die Moskauer), Moskva.
Groys, B.E. (1988), Gesamtkunstwerk Stalin, München/Wien.
Groys, B.E. (2000), Socrealizm meždu modernizmom i postmodernizmom (Sozialrealismus zwischen der Moderne und der Postmoderne), in: Hans Günther/E.A. Dobrenko, (Hg.) Socrealisticeskij kanon (Sozrealistisches Kanon), Sankt-Peterburg, S. 109-119.
Günther, Hans (1993), Der Sowjetische Übermensch, Stuttgart/Weimar.
Köbberling, Anna (1997), Das Klischee der Sowjetfrau, Frankfurt/New York.
Lehtonen, Turo-Kimo/Pasi Mäenpää (1997), Shopping in the East Centre Mall, in: Pasi Falk/Colin Campbell (Hg.), The Shopping Experience, London u.a., S. 136-165.
Lotman, Ju.M. (1992), Tekst kak semioticeskaja problema (Text als ein semiotisches Problem), in: ders., Izbrannye stat'i (Ausgewählte Aufsätze), Tallinn, S. 129-247.
Miller, Daniel (1997), Could Shopping Ever Really Matter?, in: Pasi Falk/Colin Campbell (Hg.), The Shopping Experience, London u.a., S. 31-55.
Miller, Daniel (1998), A Theory of Shopping, New York.
Naumov, E.I. (1955), Majakovskij v pervye gody sovetskoj vlasti (Majakovskij in den ersten Jahren der Sowjetmacht), Moskva.
Nava, Mica (1997), Women, the City and the Department Store, in: Pasi Falk/Colin Campbell (Hg.), The Shopping Experience, London u.a., S. 56-91.
Nekrasov, N.A. (1954), Socinenija (Werke), Moskva.
Schrage, Dominik (2003), Integration durch Attraktion. Konsumismus als massenkulturelles Weltverhältnis, in: Mittelweg 36, Nr. 6, S. 57-86.
Solov'ev, V.S. (1990), Ideja sverchceloveka (Die Idee des Übermenschen) in: ders., Izbrannoe (Ausgewählte Werke), Moskva.
Stökl, Günter (1990), Russische Geschichte von den Anfängen bis zur Gegenwart, Stuttgart.
Teffi (1991), Nostal'gija (Nostalgie), Leningrad.
Tendrjakov, V.F. (1989), Sobranie socineni (Gesammelte Werke), Moskva.
Veblen, Thorstein (1899/1986), Theorie der feinen Leute. Eine ökonomische Untersuchung der Institutionen, Frankfurt/M.
Vysockij, V.S. (2001), Poezdka v gorod (Die Fahrt in die Stadt), in: ders., Socinenija (Werke), Bd. 1, Moskva, S. 194.
Zacharov, A.V. (2003), Massovoe obšcestvo i kul'tura v Rossii (Massengesellschaft und Kultur in Rußland) in: Voprosy filosofii, Nr. 9, S. 3-16.
Zelensky, Elizabeth Kristofovich (1999), Popular Children's Culture in Post-Perestrojka Russia, in: Adele Barker (Hg.), Consuming Russia: Popular Culture, Sex and Society Since Gorbachev, London, S. 138-160.

2 Logik und Praxis der Selbstbedienung

Wenn heutzutage von Shopping die Rede ist, dann geht es meistens um Selbstbedienung. In Deutschland erst nach dem 2. Weltkrieg flächendeckend eingeführt, dominiert diese Form des Einkaufens fast den gesamten Einzelhandelsbereich. Die Bedienung und Beratung von Kunden in Fachgeschäften, ob Food oder Non Food, geraten demgegenüber immer mehr ins Hintertreffen, weil zu teuer. Dieses unaufhaltsame Vordringen der Selbstbedienung bedeutet ohne Zweifel eine Revolution des Shopping. Denn Selbstbedienung verlangt den Kunden unerwartet viel Selbstorganisation ab: Nahezu alles, was Shopping im Modus der Selbstbedienung umfaßt, muß von den Kunden selbst entschieden und verantwortet werden. Nichts mehr wird ihnen einfach abgenommen. Was sich daher – aus Sicht der Kunden – zunächst wie ein Gewinn an Autonomie, an Entscheidungs- und Handlungsfreiheit darstellt, erweist sich am Ende – aus Sicht der Händler – als eine Form der Arbeitsentlastung, des kostensparenden *Outsourcing* von Dienstleistungsaufwand an die Kunden.

Stephan Voswinkel wendet sich in seinem Beitrag genau dieser Logik der Selbstbedienung zu, indem er aufzeigt, wie die Kunden im Laufe der Jahre und Tag für Tag durch eine Vielzahl von Einzelmaßnahmen dazu erzogen wurden und weiter werden, sich mit der Unausweichlichkeit der Selbstbedienung zu arrangieren. Voswinkel nennt dies *Steuerung zur Selbststeuerung*, weil den Kunden aufgrund extern, von Industrie und Handel gesetzter „constraints" nichts anderes übrig bleibt, als die Situation der Selbstbedienung für sich als unabänderlich anzunehmen. In diesem Sinne entlarvt er den Begriff der Kundensouveränität als eine Schimäre: Freiheit nicht bloß als Zugewinn, sondern auch als Zwang, weil es kaum mehr anders geht, als sich selbst bedienen *zu müssen*.

Wie sich diese Situation der Selbstbedienung als Zwang zur Freiheit aus Sicht der Kunden darstellt, untersucht Gerhard Keim in seinem Beitrag. Hierzu versetzt er sich als Phänomenologe und Marktforscher in die Position der Kunden und beschreibt aus deren Perspektive, wie die Praxis der Selbstbedienung abläuft. So gibt es mehrere Rollenkomplexe, wie den Passanten, den Besucher, den Interessierten und Käufer. Es gibt die Herausforderung, mit den Verkehrsströmen in den Einkaufsstätten zurecht zu kommen, wie den Einkaufswagen abholen oder zurückbringen, das möglichst kollisionsfreie Durch-die-Gänge-Schieben oder das Beladen und Wiederfinden desselben etc., die ebenso gemanagt werden müssen wie die Bewältigung des kaum mehr überblickbaren Warenangebots, das eine strikte Methode der Reduktion von Komplexität verlangt, d.h. Ausbildung von Routinen jenseits jeder reflektierten Rationalität. Und es gibt die unzähligen Gelegenheiten, das Moment an Unbestimmtheit, das eine so offene Situation wie die Selbstbedienung zwangsläufig erzeugt, beim Auswählen und Bezahlen, beim Abtransport wie dem Verbrauch, möglichst befriedigend für sich aufzulösen, um am Ende dieses Vorgangs nicht spüren zu müssen, welche Last mit der Selbstbedienung eben auch verbunden ist.

Selbstbedienung: Die gesteuerte Kundensouveränität

Stephan Voswinkel

In einer Marktwirtschaft gilt der Kunde als die Autorität, an der sich das Wirtschaftsgeschehen auszurichten hat. Er ist die personifizierte Nachfrage – oder begrifflich genauer: Der Kunde ist die für eine Organisation relevant werdende personifizierte Nachfrage. Nach seinen Präferenzen sollen sich, so das Ideal marktorientierten Handelns, die Anbieter von Gütern und Dienstleistungen richten, denn nur so erstellen sie Leistungen, die sich verkaufen lassen.

Der Kunde ist nun aber ein Abstraktum. Ein Anbieter orientiert sich nicht an einzelnen individuellen Kunden, sondern an der Kund*schaft*, an einer abstrakten Gesamtheit. In den meisten Feldern ist der einzelne Kunde insofern eine zu vernachlässigende Größe, als seine Grenznachfrage für den Anbieter verzichtbar ist. Deshalb wird er die Wünsche *einzelner* Kunden rationalerweise nur begrenzt erfüllen. Der einzelne Kunde ist gewissermaßen Teil eines Kollektivguts – der Attraktion und Bindung der Kundschaft. Daher scheint dem einzelnen Kunden sein individueller Beitrag zur ökonomischen Performance des Unternehmens vernachlässigbar zu sein, weshalb er oft eher ein Gefühl der Machtlosigkeit gegenüber großen Anbietern empfindet. Auch wenn wir einmal annehmen, daß *der* Kunde bzw. die Kundschaft *tatsächlich* in der Marktwirtschaft als Souverän fungieren, so kann man diese allgemeine kategoriale Souveränität doch keineswegs auf das Verhältnis zwischen einzelnem Kunden und Anbieter herunterbrechen.

Gleichwohl sprechen wir von dem König, der der Kunde sei. Jeden Kunden als König zu behandeln, gilt als Maxime der Kundenorientierung, die Unternehmen von ihren Mitarbeitern erwarten. Kundensouveränität ist also nicht nur ein Begriff für eine abstrakte ökonomische Kategorie – der Kunde als personifizierte Nachfrage –, sondern sie bezeichnet eine normative Verpflichtung der Produzenten und Dienstleister und einen normativen Anspruch der einzelnen Kunden. Der Kunde soll und will als Souverän handeln und behandelt werden (vgl. Voswinkel 2004). Das hat zwei verschiedene Bedeutungen, wie Marek Korczynski (2002: 167) betont hat: eine vormoderne und eine moderne.

In der *ersten*, der vormodernen Bedeutung ist der Kunde der *dominante* Teil in der Beziehung zum Anbieter. Kundensouveränität bezeichnet eine asymmetrische Beziehung, in der der Kunde als König den Produzenten bzw. den Dienstleister regiert und sich von ihm *bedienen* läßt (vgl. Abercrombie 1994). Die *zweite*, die moderne Bedeutung von Kundensouveränität meint die individuelle

Autonomie des Kunden. Sie läßt sich mit einem Foto veranschaulichen: Hier meint Kundensouveränität nicht nur, daß dem Kunden etwas geboten wird, sondern auch, daß er autonom, eigenständig handeln kann (vgl. Abb. 1).

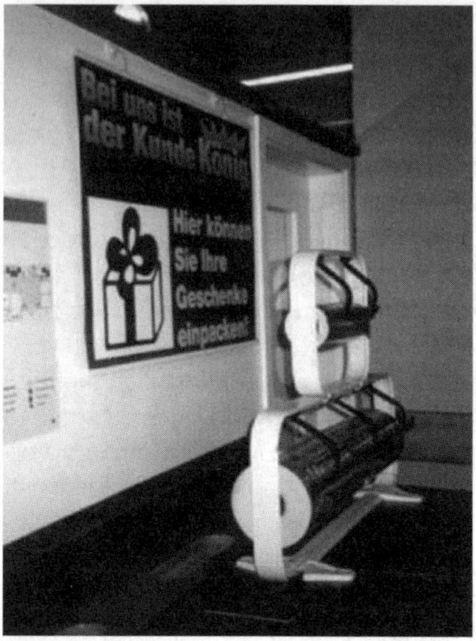

Abb. 1: Autonomie des Kunden

In diesem Falle bekommt er nicht nur vom Verbrauchermarkt das Geschenkpapier gestellt, sondern er kann und darf seine Geschenke *selber* einpacken. Die Autonomie des Kunden ist ein wesentlicher Modus, in dem er souverän ist. So wird er hier bedient: Man stellt ihm das hin, bei dem er sich selbst bedienen kann. Kundensouveränität hat also einen Doppelcharakter. Sie bezeichnet das konflikthafte Verhältnis von Autonomie und Dominanz: Wer autonom ist, braucht keine Hilfe, erhält indes auch keine. Der Herr hingegen herrscht, bleibt aber auch von seinem Knecht abhängig. Ich möchte im folgenden Beitrag die These begründen, daß der in vielen Feldern zu beobachtende Siegeszug der Selbstbedienung keine *Gegentendenz* zu dem ist, was als Kundenorientierung bezeichnet wird. Selbstbedienung ist *nicht nur* ein Rationalisierungsinstrument zur Einsparung von Personal und Kosten, sie beruht *nicht nur* auf einem Tausch zwischen Kunden und Anbietern, bei dem der Kunde Arbeit als Gegenleistung für einen niedrigeren Preis auf sich nimmt. Selbstbedienung ist auch *nicht allein* eine Methode zur Heilung der „Kostenkrankheit“ des Dienstleistungssektors, von der William Baumol (1967) gesprochen hat. Durch sie werden *nicht nur* teure persönliche Dienstleistungen durch Sachgüter substituiert, wie dies Jonathan Gershuny (1981) für die von ihm so genannte „Selbstbedienungsgesellschaft“ prognostiziert hat. Selbstbedienung ist vielmehr ein moderner Modus, in dem der Kunde als autonomes Subjekt positioniert ist. Sie steht für die eine Seite von Kundensouveränität, die Kunden*autonomie*. Zugleich erzeugt das Autonomieideal stets die Erfahrung seiner Grenzen und reproduziert damit das Bedürfnis der Kunden, als König bedient zu werden. Das „hybride Kaufverhalten“ (Schmalen/Schachtner 1999) des *smart-shopper*, der morgens bei McDonald’s und abends im Exklusivrestaurant speisen geht, kennzeichnet einen Kunden, der diese widersprüchlichen Erwartungen situationsspezifisch ausdifferenziert. Es

gibt jedoch auch den *paradoxen* Kunden, der in der einen Sekunde ärgerlich wird, wenn er im Kaufhaus vom Personal angesprochen wird, aber in der nächsten Sekunde über die fehlende Bedienung schimpft, wenn er nicht findet, was er sucht (vgl. Voswinkel 2005). Weil die Kundensouveränität dem *einzelnen* Kunden verspricht, was allenfalls der *allgemeinen Kategorie des Kunden* zukommt, nämlich die bestimmende Rolle auf dem Markt zu spielen, kann man sie mit Korczynski (2002) als verzaubernden Mythos bestimmen.
Ich möchte die These in folgenden Schritten entfalten:

1 Die Selbstbedienung integriert den Kunden in die Dienstleistung, indem sie die Grenzen zwischen Angebot und Kunde verändert, den Dienstleistungs- zum quasi-öffentlichen Raum macht.
2 Sie erfordert die Erziehung und Routinisierung des Kunden.
3 Selbstbedienung bedeutet Selbststeuerung des Kunden. Zu diesem Zweck muß er den Vorgaben des Selbstbedienungssystems folgen und es verstehen. So wird er gesteuert.
4 Die sinnliche Verfügbarkeit des Angebots erfordert Selbstkontrolle des Kunden. Diese macht Verführung zumutbar.
5 Zwischen den Vorgaben des Anbieters und der Nutzung des Kunden entwickeln sich Spiele. Der Dienstleistungsraum wird als Lebenswelt angeeignet.
6 Mit der Selbstbedienung ist eine Versachlichung des Vertrauensmodus und der Kundenbindung verbunden.
7 Der Autonomieanspruch des Kunden wird regelmäßig enttäuscht. Das produziert Verärgerung und entzaubert die Kundensouveränität.

1 Verbreitung der Selbstbedienung

Zunächst aber möchte ich einen kurzen Eindruck von der Omnipräsenz der Selbstbedienung vermitteln. Beginnen wir mit dem Lebensmitteleinzelhandel, in dem die Selbstbedienung sehr früh dominant geworden ist (vgl. Tabelle 1).

Die explosionsartige Verbreitung der Selbstbedienung hat im Lebensmitteleinzelhandel vor allem in den sechziger Jahren des letzten Jahrhunderts stattgefunden. Danach wurde sie im gesamten Einzelhandel immer mehr üblich (vgl. Müller-Hagedorn/Preißner 1999). Sie hatte technische Voraussetzungen, etwa die Entwicklung der Konservierungstechnik, der Tiefkühlkost und der entsprechenden Kühlketten zwischen Hersteller und Verkaufsgeschäft sowie letztlich dem Kühlschrank im Verbraucherhaushalt.

Tab. 1: Anteil der SB-Läden an Zahl, Verkaufsfläche und Umsatz aller Geschäfte im Lebensmitteleinzelhandel in Prozent

Stichtag 1.Januar	Zahl	Verkaufsfläche	Umsatz
1956			4,4
1961	14,0	30,2	45,5
1966	40,7	70,3	72,4
1971	73,5	89,5	89,9
1981	88,2	97,7	98,0
1991	80.4	97,5	98,6
1998	85,8	98,0	98,9

Ab 1991 incl. Neue Bundesländer: SB-Läden sind: SB-Warenhäuser/Verbrauchermärkte, Discounter, Supermärkte, Quelle: EuroHandelsinstitut (EHI): Handel aktuell '99, S. 60-65; ab 2000 werden die „Bedienungsläden" nicht mehr einzeln ausgewiesen, so daß die Datenreihe in dieser Weise nicht mehr aktualisiert werden kann.

Kulturpessimistische Kritik begleitete die Durchsetzung der Selbstbedienung, in der sie als Zeichen von Amerikanisierung gedeutet wurde. Die Erosion des Bedienens und die Versachlichung des Verkaufs galten seinerzeit als charakteristische Merkmale des *amerikanischen* Service-Verständnisses,[1] was heute vor dem Hintergrund der positiven Bezugnahme auf die amerikanische Servicekultur kurios anmuten mag. In der Tat war dort bereits im Jahre 1916 mit dem Piggly-Wiggly-Store von Clarence Saunders der erste Selbstbedienungs-Store eröffnet worden, im Jahre 1935 gab es in den USA etwa 300, 1940 bereits 6175 Supermärkte (vgl. Briesen 2001: 51f.; Humphery 1998: 69).

Die Selbstbedienung ist aber keineswegs nur ein Phänomen des Handels. Ihr Siegeszug zeigt sich – um einige Beispiele zu nennen (vgl. auch Grün/Brunner 2002) – etwa in folgenden Bereichen:

- In der Gastronomie gewinnt sie ständig an Bedeutung: vom Frühstücksbuffet im einfachen und im luxuriösen Hotel über Free-flow-Restaurants mit Buffetgestaltung bis zur Fast-Food-Industrie mit McDonald's als Symbol der „McDonaldisierung" (vgl. Ritzer 1997; Voswinkel 2000).
- In den Banken zeigt sie sich in der Durchsetzung des Geldautomaten und Kontoauszugsdruckers (vgl. Biervert u.a. 1994) und im Bedeutungsgewinn des Online-Banking.

[1] Diese Sicht ist nicht spezifisch deutsch: „The supermarket (...) figures above all as an American invention which is then exported to Europe. So, as with other features of twentieth-century consumer culture – mass-marketing and advertising techniques, brand-name products – which are themselves inseparable from the development of supermarket selling, the supermarket is seen unequivocally as American." (Bowlby 1997: 97)

- Im öffentlichen Nahverkehr und bei der Deutschen Bahn sind der Kartenautomat und die automatisierte Verbindungsinformation an die Stelle der Information und des Kartenverkaufs durch Personen getreten.
- Automatisierte Informationssysteme greifen generell immer weiter um sich. Man denke etwa an die Kinoprogramminformation und die automatisierte telefonische Platzreservierung.
- Möbelhäuser wie IKEA geben ihren Kunden schon seit längerem die Möglichkeit, die Endmontage ihrer Möbel selber vorzunehmen; der Computerhandel überläßt den Kunden verbreitet die selbständige Einrichtung von Software.
- Seit einigen Jahren erleben wir überdies die sich immer mehr beschleunigende Ausbreitung der „digitalen Selbstbedienung" im Internet. Das betrifft sowohl Online-Käufe als auch Online-Informationsvermittlung (vgl. Michel 1997).

2 Kundenintegration durch Grenzöffnung

Damit komme ich zu meiner ersten These. An der Grenze der Organisation treten sich Grenzstelleninhaber und Kunden gegenüber, und der Grenzstelleninhaber vermittelt die Leistungen der Organisation an den Kunden. Auf dieser Vorderbühne, auf der Verkäufer und Käufer füreinander sichtbar und sich aufeinander beziehend agieren, bleiben die Organisation und ihre Leistungen für den Kunden im Prinzip unsichtbar; sie spielen sich auf der Hinterbühne ab, die durch informationstechnische Systeme der Warenwirtschaft und der Regalplatzoptimierung, durch Customer Relationship Management und Efficient Consumer Response sowie durch Logistik und Konservierungstechnik immer mehr organisatorisch und technologisch rationalisiert und effektiviert wird.[2] Auf dieser Vorderbühne läßt sich nun zwischen der klassischen Verkaufs- und der Selbstbedienungsorganisation unterscheiden. Das traditionelle Verkaufsgeschäft ähnelt der Fabrik insofern, als es die Waren – wie die Fabrikmauer die Produktion – dem Einblick des Kunden vorenthält. Seine Uneinsehbarkeit machte den traditionellen Verkaufsraum zum abgeschirmten, eher privaten Bereich. Der Zutritt war ein folgenschwerer Schritt. Einmal eingetreten, war der Rückzug begründungs- bzw. entschuldigungspflichtig. Schlimmer noch: Auch wenn der Kunde eingetreten war, hatte er noch keineswegs das Recht, nach Belieben herumzugehen und das Warenangebot zu begutachten. Vielmehr mußte er Wünsche präzise äußern und der Verkäuferin die genaue Auswahl überlassen. Diese sperrte den Kunden durch eine zweite Barriere vom Reich der Waren aus: durch die Ladentheke, *hinter* der sich das Angebot verbarg, oft versteckt in Schubladen und Schränken (vgl. Abb. 2).

---

[2] Vgl. Grün/Brunner 2002: 159ff.; Lasogga 2000; Seifert 2001. Zur Metapher der Vorder- und Hinterbühne vgl. Goffman 1969: 99ff.; Voswinkel 2001: 145f.

Abb. 2: Traditionelles Verkaufsgeschäft

Abstrakt formuliert: Die Grenze der Mitgliedschaft, die Grenze der Leistungserstellung, also der Arbeitsorganisation, und die räumliche (und zeitliche) Grenze der Organisation gegenüber dem externen Kunden fallen hier weitgehend aufeinander. Die Waren befinden sich großteils nicht auf der Vorder-, sondern auf der Hinterbühne.

Dies ändert sich bei der Selbstbedienung. Das Verkaufsgeschäft öffnet sich dem Kunden. Das Personal zieht sich in SB-Systemen hinter die Ware und die Kasse zurück und überläßt den Raum dem Kunden. Dieser durchmißt nach eigenem Gutdünken und in eigenem Rhythmus den Laden, verweilt hier, geht nochmals zurück. Der Eingang ist meist durch breite Glastüren gestaltet, die optische Grenze nach draußen soll unscheinbar sein. Der Verkaufsraum wird zum halböffentlichen Raum (Abb. 3).

Abb. 3: SB-Geschäft

Der Kunde wird in die Arbeitsorganisation einbezogen, indem er Arbeiten selber übernimmt: den Transport der Waren, das Abwiegen des Obstes, neuerdings vereinzelt auch das Einscannen der Preise,[3] das Zusammenstellen des Menus, das Abräumen des Geschirrs. Dadurch kann er ungestört auswählen und seine Auswahl revidieren,

[3] Vorreiter sind hier der Real-Supermarkt in Ratingen (Frankfurter Allgemeine Zeitung 18.3.2004) und der experimentelle Extra Future Store in Rheinberg, vgl. Frankfurter Allgemeine Sonntagszeitung 14.12.2003.

bevor er zum Abschluß des Auswählens an den Kassen zum Bezahlen ansteht. Ja, er kann den Laden sogar ohne Peinlichkeit wieder verlassen, ohne etwas erworben zu haben. Die Mitgliedschaftsgrenze der Organisation entkoppelt sich von ihrer räumlichen Grenze und von der Grenze der Arbeitsorganisation.[4] Die Kunden werden in die Arbeitsorganisation einbezogen, ohne Mitglieder der Organisation zu sein.[5] Sie sind die aktiven Schauspieler auf der Vorderbühne, die Beschäftigten übernehmen mehr die Rollen der Souffleure, Bühnenausstatter – und der Regie.

Beim Geldautomaten der Banken und ähnlichen Formen der Selbstbedienung werden die Kunden zwar eher aus den *Räumen* der Organisation *verbannt*, aber dafür entkoppeln sich ihre *räumlichen* Grenzen – der Standort der Bank – von den Nutzungsorten und ihre *zeitlichen* Grenzen – die Öffnungszeiten – von den Nutzungszeiten. Hier zeigt sich im Übrigen, daß spätestens mit einer Selbstbedienung, die durch Automatisierung von Dienstleistungen ermöglicht wird, das „uno-actu-Prinzip" nicht mehr kennzeichnend ist für die Dienstleistungsarbeit (falls es dies je war.). Hieraus folgt der vielleicht überraschend anmutende Schluß, daß gerade dann, wenn der Kunde durch Selbstbedienung Teil der Dienstleistungserstellung, also zum „Prosumer" wird, das Uno-actu-Prinzip an Bedeutung verliert.

Wenn der Kunde sich im Internet online selbst bedient, kommuniziert er nurmehr mit einer Computersoftware, die auf seine Eingaben (Kommunikationsangebote) reagiert (vgl. Hanekop/Wittke 2005). Ob die Kommunikation angenommen[6] wurde, beurteilt der Kunde, der aus der Reaktion des Systems erschließt, ob er den nächsten Schritt sinnvoll ausführen kann. Die Kommunikation gleicht hier einem Tischtennisspiel gegen die Wand – kommt der Ball wegen Biegungen oder Löchern in der Wand nicht richtig zurück, muß das Personal (z.B. über die Hotline) gerufen werden. Gleichwohl kann die Online-Selbstbedienung dem Kunden das Gefühl vermitteln, am Monitor mitzuspielen. Links führen ihn vielleicht zu weiteren Bühnen, die er bisweilen als Hinterbühnen ansehen mag. Sie konstruieren ein Netz, das dem Kunden bestimmte Navigationsschritte zwar nahe legt und dennoch den kurzfristigen Wechsel der Bühne und plötzliche Besuche in anderen Organisationen ermöglicht. Exit droht jederzeit.

---

[4] Umgekehrt entkoppeln sich die Grenzen etwa beim Außendienstler, der in den Privaträumen des Kunden als Mitglied seiner Organisation tätig ist oder auch beim Online-Service, der ortsungebunden die Grenzen der Organisation in der Welt herumträgt. Das macht darauf aufmerksam, daß die traditionelle Fabrikorganisation wohl eher einen Spezialfall kennzeichnet.

[5] Bateson (1985: 52) spricht daher vom „servuction system" als einem offenen System, ein Terminus, der die Termini „Production" und „service" zusammen führt, um die Simultaneität beider Prozesse deutlich zu machen und zu unterstreichen, daß der Kunde an der Produktion des Service mitwirkt, vgl. Schneider et al. 1980.

[6] Von „Verstehen" kann hier sinnvollerweise nicht gesprochen werden.

3 Erziehung und Routinisierung des Kunden

Wenn der Kunde nun als „prosumer“ sich selbst bedienen, also Teile der Dienstleistung selbst erstellen soll, muß er die dafür notwendigen Kompetenzen erwerben. Er muß erzogen bzw. angelernt werden. Auch dies geschieht weitgehend durch *Selbst*lernen. Er muß sich z.B. darum bemühen, die Raster und die Zeitstruktur von Automaten zu erfassen – jeder, der in einer fremden Stadt schon einmal einen Fahrschein für den öffentlichen Nahverkehr oder an den Fahrkartenautomaten der Bahn einen Hin- und Rückfahrschein mit BahnCard 25 zum Sparpreis 50 für bestimmte Tageszeiten hat ziehen wollen, weiß um die Notwendigkeit einer angemessenen Einarbeitungszeit. Der kompetente Selbstbediener muß die Bühnenarchitektur der Raum- und Warenanordnung in einem Supermarkt oder einem Warenhaus erfassen können – und das setzt die Aneignung der Logik von Warengruppen, durchkreuzt von der Logik der Kaufanreize, voraus. Den Kunden, der sich hier inkompetent zeigt, treffen mitleidige Freundlichkeit, Verachtung oder Ärger des Personals. So erzählt in unserer empirischen Untersuchung über die Arbeit im Kundenkontakt[7] die Mitarbeiterin in einem Handelsrestaurant von einer daraus resultierenden Auseinandersetzung:

> Letztens habe ich an der Kuchentheke gestanden. (...) Und da sagt eine zu mir: „Was kostet die Erdbeertorte mit Kaffee?“, da habe ich gesagt: „4,10 Euro.“ (biestig:) „Ist da auch Sahne dabei?“, „Ja“, habe ich gesagt, „*so wie es da oben steht.*“ „Ja, und was kostet 3,10?“, da habe ich gesagt: „*Alles, was da oben steht.*“ (biestig:) „Das ist so was von unübersichtlich. Und was ist das?“, da habe ich gesagt: „Das sind Blechkuchen, die sind für (Preis unverständlich).“ Da habe ich weitergemacht und da hat die irgendwas gesagt, ich habe es nicht verstanden. Und da hat die zu mir gesagt: „Sie alte Schrulle, ich rede mit Ihnen“, da habe ich gesagt: „Hängen Sie sich jetzt schon auf, daß Sie nie eine alte Schrulle werden.“ Das ist doch unverschämt oder? Ich habe ihr alles erklärt.

Die Kassiererinnen an den Supermarktkassen wiederum müssen den noch inkompetenten Kunden beibringen, alle Waren aus dem Einkaufswagen auf das Förderband zu legen und schnellstmöglich wieder in diesen zurückzuschaffen. Eine gute Lernhilfe ist die entsprechende Gestaltung von Raum und Anlage. So ist es z.B. Aldi an der Kasse gelungen, durch die Abschaffung der Ablagefläche hinter dem Scannerbereich den Kunden in einen Wettstreit mit der Kassiererin zu

[7] Es handelt sich um eine empirische Untersuchung der Dienstleistungsarbeit im Kundenkontakt im Einzelhandel und Gastgewerbe, die zwischen 2002 und 2004 am Institut für Sozialforschung Frankfurt, gefördert von der Hans-Böckler-Stiftung, durchgeführt wurde, vgl. Voswinkel 2005. Die Ergebnisse beruhen auf acht qualitativen Fallstudien in unterschiedlichen Arbeitsstätten des Einzelhandels und des Gastgewerbes, in denen 69 qualitative leitfadengestützte, aber offene Interviews mit Führungskräften und Beschäftigten im Kundenkontakt durchgeführt sowie Trainingsmaßnahmen und Dienst-leistungssettings in den Arbeitsstätten beobachtet wurden.

bringen, bei dem es darum geht, annähernd so schnell die Waren in den Einkaufswagen zurück zu legen, wie es der Kassiererin gelingt, die Waren über den Scanner zu ziehen.

Man kann diesen Erziehungsprozeß mit Robin Leidner (1993) auch als „Routinisierung" des Kunden bezeichnen. Denn Ziel ist es, daß der Kunde routinisiert-intuitiv das „Script" (Cohen/Taylor 1977; Voswinkel 2001: 151f.) erfaßt, um den Vorgaben des Selbstbedienungssystems ohne Reflexionserfordernis nachkommen zu können. Klare quasi-technisch strukturierte Ablaufvorgaben lassen ihm keine Wahl, will er die Waren und Dienstleistungen erhalten, die er wünscht, und will er nicht u.U. den Zeit- und Suchaufwand abschreiben, den er bereits in die Füllung seines Einkaufswagens investiert hat. Eindeutige technisch-infrastrukturelle Vorgaben wie klar bezeichnete Wegweiser, die Vorgabe einzig möglicher Sequenzen des Tastendrucks bei Automaten oder der Zifferneingabe bei automatisierten Informationssystemen am Telefon entlasten den Kunden von eigenen Entscheidungsanforderungen. Denn Gesetze, die in Sachen eingeschrieben sind, sind kaum ignorierbar, weil fehlerhaftes Verhalten sofort durch mangelhaftes Funktionieren und Nichterreichen des Handlungsziels bestraft wird (vgl. Schulz-Schaeffer 2000: 296f.; Linde 1982: 22f.).

Damit verbindet sich wiederum ein Eigeninteresse zweiten Grades, das Bestreben der Kunden nämlich, ihre Funktionsfähigkeit zu zeigen und keine peinlichen Situationen in der öffentlichen Situation einer Einkaufsstätte entstehen zu lassen, wenn sie zu erkennen gäben, die Regeln nicht erfaßt zu haben oder sich nicht kompetent an ihnen orientieren zu können. Dieses Interesse verbindet sich mit protomoralischen Regeln der Interaktion, wie sie von Goffman (1982, 1994) beschrieben worden sind. Man ist höflich, wenn man der Erwartung folgt, seinen „Dreck" – das Geschirr – im SB-Restaurant wegzuräumen. Man führt keine langen Gespräche an der Kasse und desorganisiert nicht die Reihenfolge der Warteschlange. Schließlich funktioniert der Kunde sogar dann, wenn ihn auch kein Eigeninteresse zweiten Grades mehr treibt: Die meisten Gäste eines SB-Restaurants räumen nämlich ihr Geschirr ab, obwohl ihnen das keinerlei Nutzen bringt und ihnen keine Mißbilligung durch andere Gäste oder das Personal droht, wenn sie es stehen lassen. Ihr Verhalten ist nun aus den Fesseln einer engen Rational-Choice-Kalkulation befreit.

4 Steuerung durch Selbststeuerung des Kunden

Selbst*bedienung* bedeutet Selbst*steuerung*. Wer in einem Supermarkt seine Waren selbst zusammenträgt, der bestimmt selbst über die Wege, die er geht, der prüft selbst, ob das Verfallsdatum noch hinreichend fernliegt, der überprüft u.U. die Verfallsdaten mehrerer Butterpäckchen, um das haltbarste auszuwählen. Es ist vor allem die eigene Überprüfung der Waren, das In-die-Hand- und In-Augenschein-Nehmen, wodurch ein Gefühl von Selbst*bestimmung* vermittelt wird.[8]

Hier hat in den achtziger Jahren des vergangenen Jahrhunderts in Deutschland eine kaum bemerkte kulturelle Revolution stattgefunden, die eindrucksvoll gezeigt hat, daß das Bedürfnis nach Selbstbestimmung sogar über traditionell verankerte Ekelgewohnheiten siegen kann: Galt bis dahin das Anfassen und Herumgrapschen in den Obstauslagen von Händlern als eines der markanten Merkmale des mangelnden Hygieneverhaltens von Ausländern, so wurde dies binnen kürzester Zeit zum Standardverhalten der deutschen Konsumenten.[9]

Auch wer am Buffet sein Menu selbst zusammenstellt, der kann das, was er erhält, vorher – zwar nicht probieren, aber doch – in Augenschein nehmen. Im SB-Restaurant wählt man selbst den Sitzplatz, im Supermarkt kann man solange auswählen, Preise und Qualitäten vergleichen, wie man möchte, ohne von den drängenden Blicken der Verkäufer angetrieben zu werden. Vielmehr ist dem Kunden der *autonome Blick* aufs und übers präsentierte Angebot möglich.

Selbststeuerung meint aber auch: Selbst*verantwortlichkeit*. Wer trotz Sichtbarkeit ein wenig schmackhaftes Menu wählt, der ist selber Schuld. Wer übersieht, daß die Ware, die er wählte, an anderer Stelle im Supermarkt als Angebot weniger kostet, muß sich dies als Mangel an Aufmerksamkeit und Cleverness zurechnen. Schließlich: Wer zu Hause feststellt, daß er Dinge erworben hat, die er nicht braucht oder die ihren Zweck nicht erfüllen, der muß auch dies auf seine falsche Entscheidung zurückführen – mit Einschränkungen, auf die ich zum Schluß zurückkommen werde.

Der Kunde muß also die Vorgaben des Selbstbedienungssystems verstehen und ihnen folgen, will er selber steuern. Hier kann man nun deutlich machen, wie er in Selbstbedienungssystemen gesteuert wird: durch die Steuerung seiner Selbststeuerung. Dies setzt nicht nur voraus, daß der Kunde seine Selbststeuerung an den Vorgaben des Systems orientiert. Zugleich muß sich die Steuerung des anbietenden Unternehmens am Verhalten der Kunden orientieren. Hierzu muß das Unternehmen die Struktur und Anlage des Selbstbedienungssystems nachvollziehbar

---

[8] Bateson (1985) betont die Bedeutung der Kontrolle der Situation für die positive Bewertung von Selbstbedienung.

[9] Parallel dazu hat sich etwa in Italien der Plastikhandschuh durchgesetzt, ohne den die Auswahl von Obst dort kaum mehr möglich ist. Diesen Hinweis verdanke ich Veronika Tacke.

aufbauen (vgl. Esch/Thelen 1997; Swoboda 1997). Folgt die Warenanordnung eines Supermarkts nicht üblichen Zuordnungsmustern, vermittelt ein Fahrkartenautomat eine unverständliche Tarifübersicht und eröffnet die Menuführung einer Homepage allzu viele Sackgassen (vgl. Hanekop/Wittke 2005), so endet mit der Fähigkeit der Kunden zur Selbststeuerung auch die des Anbieters, den Kunden zu steuern. Die Reaktion des Kunden ist dann Exit, Verlassen des Systems und Verärgerung über die fehlende Selbststeuerungsmöglichkeit.

Die Beobachtung der Art, wie sich Kunden im Einkaufsgeschäft bewegen, wie sie wann wohin schauen, was sie wahrnehmen oder übersehen, haben sich Firmen wie Envirosell zum Geschäftsprinzip gemacht. Sie leiten daraus für ihre Kunden, Einzelhandelsfirmen, Konzepte ab, wie man sich in die Aufmerksamkeitsstruktur der Kunden einhaken kann, um diese verkaufsstrategisch zu steuern. Paco Underhill, Begründer von Envirosell, hat dies in seinem Buch „Warum kaufen wir“ dargestellt (vgl. Underhill 2000). Aufgabe des Verkaufs ist es in der Selbstbedienung nicht mehr, den Kunden durch den Verkäufer zum Kauf zu bewegen, sondern sich in die Position des Kunden zu versetzen, um dann Ware, Informationen, Plakate usw. so zu plazieren und aufzubereiten, daß der Kunde selbständig so handelt, wie es der Anbieter wünscht. Auf der Basis solcher, teilweise mit wissenschaftlichem Anspruch entwickelter Analysen des physiologischen, ergonomischen und psychologischen Kundenverhaltens werden Waren zu Warengruppen, Sortimenten und Bühnenensembles formiert, das Angebot in einer Weise präsentiert, von der das Unternehmen sich größtmöglichen Verkaufsanreiz erwartet. Und Musik-Beschallung soll – wie Filmmusik das dramatische Geschehen unterstreicht – den Kundendurchlauf steuern, indem Tempo und Rhythmus der Kundenfrequenz angepaßt werden: schwungvoll, wenn der Laden voll ist und schnell geräumt werden soll, beruhigend bei geringer Kundenfrequenz (vgl. auch den Beitrag von *Thiermann* in diesem Band).

Ich mache an dieser Stelle einen Sprung auf eine höhere Stufe der theoretischen Reflexion: Man kann den Steuerungsmodus im Selbstbedienungssystem als Beispiel für die Steuerung moderner Subjekte nehmen. Diese Steuerung geschieht nicht dadurch, daß der Akteur – in der Weber'schen Terminologie – die Chance nützt, seinen Willen auch gegen *Wider*streben durchzusetzen, wie dies Kennzeichen des *hard selling* ist, des Verkaufs durch Überredung. In der (indirekten) Steuerung durch Selbststeuerung geht es vielmehr darum, das Streben der Anderen zu analysieren, um hier Steuerungsimpulse zu setzen, die der Andere selbständig aufgreift und umsetzt. Gerade die *Abwesenheit von Personal*, der *Verzicht* auf personale Bedienung ist hier von Vorteil, weil dadurch das grundsätzlich vorhandene Mißtrauen von Käufern gegenüber Verkäufern latent gehalten, also nicht personal aktiviert wird und weil der Mythos der Kundensouveränität nicht durch die interaktive Abhängigkeit vom Personal entzaubert wird.

5 Verführung und Selbstkontrolle

Eines der wesentlichen Steuerungsmittel des Verkaufs ist immer die „Verführung“. Mit „Verführung“ ist gemeint, daß Reize gesetzt werden, die den Anderen zu einem Handeln veranlassen, das er nicht intendierte. Dabei ist meist ein latentes Wissen um die Steuerung auf Seiten des Verführten vorhanden, und er ist auch bereit, sich zu einem nicht-intendierten Handeln verleiten zu lassen, so daß er nicht nachhaltig widerstrebt. Anders als beim persönlichen Verkauf handelt es sich bei der Selbstbedienung nicht um eine Verführung durch Interaktion, sondern es sind unpersönliche Reize, von denen der Kunde verführt werden soll. Das macht Verführung einerseits stärker von der Verführungs*bereitschaft* des Kunden abhängig, generalisiert diese andererseits, weil sie nicht mehr daran gebunden ist, daß Interaktionen mit verführungsfähigen VerkäuferInnen zustande kommen. Zugleich impliziert die Unpersönlichkeit der Verführung, daß der Kunde sich nicht als *Objekt* der Verführung erfährt und daher die Resultate nicht dem Verführer zuweisen kann, sondern sich selber zurechnen muß. Hiermit stellt sich die Frage der Verantwortung in veränderter Weise.

Die Verführung erfolgt durch die Gestaltung des Raumes, durch die akustische Möblierung der Einkaufssituation ebenso wie durch die Inszenierung von Warenästhetik und Warendisplay. Gerade der Wegfall der Bedienung ermöglicht und erzwingt den unmittelbaren sinnlichen Kontakt des Kunden mit der Ware. Er schaut nicht nur einer Aufführung zu, sondern gewinnt den Eindruck, selber mitzuspielen und einen Blick hinter die Kulisse werfen zu können, wenn er die Ware überprüft. Hierbei müssen die Waren selbst die Kaufentscheidungen des Kunden motivieren. Daß diese Entscheidung zeitlich entkoppelt *vor* der Bezahlung geschieht, erhöht die Verführungsfähigkeit der Ware. Die Ware informiert nicht nur selbst über sich, sondern ist geschmückt, um Aufmerksamkeit und Gefallen zu erregen und Imageassoziationen auszulösen. Die ästhetische Gestaltung der Ware, ihrer Verpackung und die Entwicklung einer Waren- und Marken-Aura sind daher Selektionsmechanismen in der Kommunikation zwischen Waren und Kunde. Diese Kommunikation ist nun eine Objekt-Subjekt-Beziehung, d.h. der Kunde kommuniziert nicht mit Subjekten, seine ästhetisch-emotionale Reaktion wird nicht durch interpersonale Erwartungserwartungen und Normen moderiert. Man kann sich der Empfindung des Augenblicks hingeben, die Verführung wird nicht durch den urteilenden Blick der Verkäuferin gestört. Der Eindruck, im Kontakt mit der Ware hinter die Kulisse zu schauen, vermittelt das Gefühl, der Öffentlichkeit einen Moment entronnen zu sein.

Dabei sind sehr unterschiedliche Bühnenarchitekturen möglich. Im einen Fall ist es die glitzernde Fülle eines Warenhauses, die verlockt, im anderen die praktisch-funktionale Übersichtlichkeit der Einrichtung des Aldi-Ladens. Aber auch die mehr oder weniger absichtlich hergestellte Unordnung eines Wühlangebots, die den Eindruck vermittelt, beim Graben in den Auslagen ein Schnäppchen von Qualität machen zu können, verstärkt das Dominanzgefühl des Kunden, weil „man überall nachsehen, herumwühlen und alles in die Hand nehmen kann“ (Mehrabian 1987: 176) und weil das Personal abwesend zu sein oder das Kundenverhalten zu ignorieren scheint. Man kann das Angebot übersichtlich gestalten, um zu vermeiden, daß der Kunde sich wegen des Such-Stresses nicht verführen läßt, aber auch nach dem „Prinzip des Versteckspiels“ (Mehrabian 1987: 176) inszenieren, das dem Kunden Entdeckungen und Eroberungen ermöglicht.

Unter diesen Bedingungen kommt es vor allem auf Selbstkontrolle an: um nicht zu viel zu kaufen, nicht zu kaufen, was einen später reuen würde. Selbstkontrolle ist das Komplement der Verführung. Sie treten miteinander in Wechselwirkung: Je mehr Verführung, desto mehr Selbstkontrolle ist notwendig. Und je mehr sich die Kunden selbst kontrollieren können, desto stärkere Dosen an Warenverführung sind notwendig, aber auch möglich. Verführung und Selbstkontrolle sind also keine Alternativen. Innerhalb bestimmter Grenzen sind sie gleichzeitig steigerbar und sind ihre Steigerungen füreinander Voraussetzung. In diesem Sinne ist ein bestimmter Entwicklungsstand des Zivilisationsprozesses im Sinne von Norbert Elias (1991) Voraussetzung für eine Verallgemeinerung von Werbung und Verführung.

Aber gleichwohl liegt hier ein zentrales Problem des Selbstbedienungssystems. Wenn auch die Masse der Kundschaft ausreichend Selbstkontrolle aufwenden kann, so bleibt doch eine Minderheit, die den ökonomischen Sinn des Warenangebots verkennt. Wo die nötige Selbstkontrolle fehlt, muß das SB-System auf Fremdkontrolle zurückgreifen. Damit aber nimmt es vieles von dem, was es den souveränen Kunden-Königen bietet, partiell wieder zurück: Der offene Zu- und Ausgang wird erschwert. Waren werden – wenn auch hinter durchsichtigem Glas – verschlossen oder mit Sicherungsetiketten und Elektronischer Artikelsicherung (EAS) versehen; dem Kunden wird die Souveränität im Raum bestritten. Sein quasi-öffentlicher Charakter wird re-privatisiert, private Sicherheitsdienste patrouillieren. Wenn der Kunde sich wegen des Gefühls, im direkten Kontakt mit der Ware der Öffentlichkeit entronnen zu sein, unbeobachtet wähnt, so blickt nun die Organisation in die Privatsphäre des Kunden: Taschen sind zu öffnen, Jacken zu entfalten. Im Bekleidungsgeschäft kann man nicht einmal sicher sein, in der intimen Zone der Umkleidekabine nicht beobachtet zu werden. Wo die Selbst- durch Fremdkontrolle ersetzt wird, kann die Selbstbedienung zum panoptischen System werden.

Der Ladendiebstahl ist die Kehrseite der Selbstbedienung. Die Entwicklung der großen Warenhäuser mit ihrem Free Flow für die Kunden wurde bereits

Ende des 19., Anfang des 20. Jahrhunderts von Klagen über Kleptomanie und über die unkontrollierbare Jugend begleitet (vgl. Humphery 1998: 98). Thematisiert wurde besonders das Problem der verführbaren *Frau.* Die Debatte ging dabei, wie Briesen (2001) in seiner Studie über die Warenhäuser in den ersten Jahrzehnten des 20. Jahrhunderts rekonstruiert, um ihre Verantwortungs*fähigkeit.* Er resümiert: „Den Kern der Debatte bildete das Grundproblem, inwieweit die öffentliche Zurschaustellung von Gütermassen Menschen, insbesondere Frauen, zwanghaft zum Diebstahl verführen müsse und ob daher Ladendiebinnen als Opfer des ‚Konsumterrors' von den harten Strafen auszunehmen seien, welche das bürgerliche Recht für Eigentumsdelikte vorsah." (Briesen 2001: 26)

Hans von Hentig weist in seiner Studie über die Psychologie des Ladendiebstahls noch Anfang der fünfziger Jahre des 20. Jahrhunderts die Verantwortung für den Diebstahl den Kaufanreizen des Warenhauses zu: „Jeder Diebstahl eines sonst einwandfreien Menschen ist ein Triumph der modernen Verkaufstechnik." (zit. n. Briesen 2001: 145) Dieser „Triumph" zeigte sich jedoch in seiner Größe erst in der Folgezeit. Zwischen 1965 und 1985 stieg die Zahl der Ladendiebstähle um 815 Prozent und bis 1998 nochmals um 183 Prozent (vgl. Tabelle 2).

Tab. 2: Entwicklung der Ladendiebstähle – absolute Zahlen, Anteil an der Gesamtkriminalität in Prozent

Jahr	**Ladendiebstähle absolut**	**Ladendiebstähle in %**
1965	43 325	2,4
1975	199 049	6,8
1985	353 055	8,4
1995	607 471	9,1
1998	647 924	10,0
2003	525 380	8,0

Ab 1992 incl. Neue Bundesländer, (Quelle: EuroHandelsinstitut (EHI): Handel aktuell '99, S. 308; EuroHandelsinstitut (EHI): Handel aktuell 2004, S. 298

Warum seitdem ein gewisser Rückgang zu verzeichnen ist, ist bisher unergründet. Auch läßt sich nicht bestimmen, inwieweit der Anstieg auf die entsprechende Ausbreitung der Selbstbedienung, auf verbesserte Überwachungssysteme oder auf den allgemeinen sogenannten „Werteverfall" zurückzuführen ist. Weil diese Entwicklung auch eine größere Gleichverteilung der Einkaufsarbeit zwischen den Geschlechtern beinhaltet, hat sie zumindest die frühere Vorstellung vom Ladendiebstahl als einer spezifisch weiblichen Charakterschwäche widerlegt.

6 Spiele in der Selbstbedienung – Die Aneignung als Lebenswelt

Die Öffnung des Dienstleistungsraums und sein Charakter als halböffentlicher Raum führen dazu, daß er von Kunden und auch Nicht-Kunden als Aufenthaltsort angeeignet wird. Man kann das gut bei den Jugendlichen beobachten, die z.B. in Elektronikhäusern über eine längere Zeit Videospiele spielen oder CDs anhören. Kleidung wird anprobiert – mit und ohne Kauf- oder „Klau"-Absicht. Der Selbstbedienungsraum wird zur Ausstellung, in dem man sich informieren und Dinge ausprobieren kann, und die Toiletten in Warenhäusern fungieren als öffentliche Orte für die nähere Umgebung. Diese Veröffentlichung einer früher deutlich als privat markierten Einkaufsstätte wird flankiert von der Privatisierung früher öffentlicher Zonen, wie wir dies in den Shopping-Malls beobachten können, die an die Stelle des öffentlichen Straßenraums getreten sind. Es handelt sich offenbar um zwei Seiten eines Prozesses der Entgrenzung bzw. der Bedeutungsveränderung der privaten und öffentlichen Räume.

Aber auch in den Interaktionen zwischen Warenangebot und Kundenverhalten finden Spiele statt, die als Formwandlungen der Aushandlungsspiele gelten können, wie wir sie etwa vom Bazaar und von Flohmärkten kennen. So kämpft am opulenten Frühstücksbuffet der Gast, der sich die Teller voll- und überlädt, gegen die Kalkulation des Hotels an. In den Kühlregalen ordnet das Personal die Ware mit längerer Haltbarkeit in der hinteren Reihe an; der Kunde greift also am besten nicht vorne zu. Teurere Produkte werden in Blickhöhe des Kunden im Regal plaziert, nach den billigeren muß er sich bücken. Bestimmte Waren werden unordentlich oder in Krabbelkörben angeordnet, um den Eindruck zu erwekken, sie seien preiswert. Berüchtigt ist das Spiel mit dem Kind: Hält die Mutter es in der Streßsituation der Kassenschlange aus, wenn das Kind um ein dort plaziertes Überraschungsei quengelt? Eines dieser Spiele endet übrigens damit, daß dem Kunden wieder ein Stück Souveränität entzogen wurde. So wurden das Abwiegen des Obstes und die Preisauszeichnung an die Kasse verlegt, weil er sich beim Obstabwiegen als zu inkompetent, zu eigensinnig und teilweise auch zu listig erwies.

Ein anderes Spiel wird um die Reversibilität einer Kaufentscheidung ausgetragen. Viele Handelsunternehmen unterstützen die Verführung damit, daß sie dem Kunden versprechen, er könne bei Nichtgefallen die Ware zurückgeben bzw. umtauschen. Sie belegen damit ihre ausgeprägte Kundenorientierung und rechnen damit, daß der Verführungs- und Werbeeffekt die Kosten von Retouren mehr als aufwiegt. Mancher Kunde nutzt seinerseits dieses Versprechen aus, indem er die Ware zunächst mitnimmt und erst zu Hause eine Kaufentscheidung trifft – oder eben nicht und die Ware zurückgibt; einige Kunden nutzen ein Kaufhaus auch als eine kostenlose Verleiheinrichtung (vgl. Voswinkel 2005).

7 Versachlichung von Vertrauen und Kundenbindung

Um sich im Selbstbedienungssystem kompetent verhalten zu können, muß der Kunde sich fortbilden. Da er zum einen nicht von Verkäufern über die Waren und ihre Qualität beraten wird, aber zugleich in immer schnelleren Zyklen mit neuen Produkten und einer wachsenden Auswahl konfrontiert wird, braucht er Autoritäten der Komplexitätsreduktion, um unter diesen Umständen die von ihm erwarteten Kaufentscheidungen treffen zu können. Daher ist die Selbstbedienung eingebettet in Informations- und Beratungsmechanismen sowie Institutionen, ohne die sie kaum funktionsfähig wäre.

Erstens geht es hierbei um neue *Vertrauensinstitutionen*. In der klassischen Bedienungsbeziehung vermittelt wesentlich das Bedienungspersonal das Vertrauen der Kunden in die Firma und ihr Angebot. Dies gelingt ihm vor allem deshalb, weil der Kundeneinzugsbereich der Verkaufsstätte gering ist. Er garantiert den Schatten der Zukunft, die Iteration der Beziehung, die es dem Verkäufer im Interesse langfristiger Kundenbindung geraten erscheinen läßt, etwa bei der Auswahl des Obstes den Anteil angefaulter Exemplare in Grenzen zu halten.

Nunmehr wird einerseits der Preis als Vertrauensersatz behandelt. Der Kunde kauft entweder niedrigpreisige Waren und Sonderangebote, weil der Preisvorteil das Risiko blinder uninformierter Auswahl mindert. Oder er setzt darauf, daß hohe Preise Qualität signalisieren. Andererseits orientiert sich sein Vertrauen an Kriterien, die ihm außerhalb der Dienstleistungsbeziehung verfügbar sind. Er orientiert sich an der Reputation von Waren und Herstellern oder des globalen Angebots des Dienstleistungsunternehmens. Optimal verbunden werden die generalisierte Reputation für solide Warenqualität und die Wirkung niedrigen Preisniveaus bei Aldi, das nicht zufällig eines der umsatzstärksten Unternehmen des Einzelhandels geworden ist und in besonders markanter Weise für Tugenden wie Untugenden der Selbstbedienung steht.[10]

Nun kann der Kunde sich allerdings in der Regel kein eigenes Urteil über die Qualität und Preisangemessenheit von Angeboten machen. Er muß mit seiner *bounded rationality* auf vertrauensstiftende Signale und Vertrauensintermediäre zurückgreifen. Ein vertrauensstiftendes Signal ist die Wiedererkennbarkeit von Angeboten. Sie entsteht durch Standardisierung des Produkts oder seines Displays und durch die Bildung von Namen – von *Marken*namen (vgl. Hellmann 2003: 217ff.). Waren und Warengruppen werden einheitlich gestaltet, so daß sie leicht wiedererkennbar sind und Erfahrungen mit einer Ware leicht auf andere desselben Herstellers oder Vermarkters übertragen werden können und man

---

[10] Die Expansion von Aldi oder Lidl führt die Unternehmensberatungsfirma McKinsey auf die extreme Einfachheit und Effizienz zurück, die vielen Kunden das Einkaufen durch Komplexitätsreduktion wesentlich erleichtern, vgl. Frankfurter Rundschau vom 18.2.2004.

darauf vertrauen kann, daß man überall gleiche Qualität bekommt. Und Markennamen bürgen für Qualität oder für die Sicherheit, mit der Wahl einer bestimmten Marke einen bestimmten Lebensstil und damit eine gewünschte Wertschätzung seiner Umwelt zu treffen.

Ebenso eindrucksvoll wie der Siegeszug der Marke ist der Bedeutungsgewinn von Vertrauensagenturen. Dies sind Unternehmen, die professionell Vertrauen vermitteln, indem sie das Vertrauen von Treugebern poolen und die Vertrauenswürdigkeit von Waren und Anbietern als Treuhändern prüfen. Beispiele sind

- die Stiftung Warentest,
- die unübersehbare Fülle um Vertrauen konkurrierender Computerfachzeitschriften,
- die Literaturkritiker, die den beratenden Buchhändler überflüssig machen,
- der blaue Engel, der die ökologische Unbedenklichkeit des Produkts verspricht, oder auch
- Unternehmen wie ciao.com, die eine Plattform für den Austausch von Bewertungen unter den Mitgliedern einer meist jugendlichen community bereitstellen.

Güte- und Testsiegel treten zunehmend an die Stelle der Verkäufer. Wer informiert und gut beraten einkaufen will, der studiert zuvor die entsprechenden Testberichte und informiert sich über Verbraucher- und Heimwerkerzeitschriften (vgl. Joerges 1981: 180).

Schließlich sorgen immer mehr rechtliche Vorschriften dafür, daß wesentliche und weniger wesentliche Informationen auf der Ware korrekt vermerkt werden: das Haltbarkeitsdatum, die Inhaltsstoffe, die gesundheitliche Bedenklichkeit von Zigaretten, die Herkunft von Rindfleisch. Das hat für den Kunden den Vorteil, nicht mehr dem Verkäufer vertrauen zu müssen, daß die Eier frisch sind, sondern die Gewißheit zu haben, daß er es schriftlich hat.

An die Stelle persönlichen Vertrauens treten also das Vertrauen in Vertrauensintermediäre und das Systemvertrauen. Luhmann (1989) hielt die Umstellung von Vertrautheit und persönlichem Vertrauen auf Systemvertrauen für eine Entwicklung, die der funktional differenzierten Gesellschaft angemessen ist. In der Tat können die Kunden angesichts der hochdifferenzierten arbeitsteiligen und vernetzten Strukturen von Produzenten, Vermarktern und Distributoren, angesichts der immer komplexeren und abstrakteren stofflichen Zusammensetzung und Qualitätsmerkmale der Waren der persönlichen Empfehlung des Verkäufers nicht mehr allzu viel Gewicht einräumen, zumal das Wiedersehen von Kunde und Verkäufer unter den Bedingungen heutiger Mobilität recht unwahrscheinlich ist.

Ferner beziehen die Unternehmen ihr Wissen über den Kunden immer weniger aus den Erfahrungen der persönlichen Grenzstellenarbeiter, der Verkäufer.

Um mehr über die Vorlieben und Abneigungen der Kunden, ihre geheimen Wünsche und die Images in ihren Köpfen zu erfahren, sammeln die Unternehmen hierüber Daten, die darüber informieren sollen, wie sie Angebote und Dienstleistungskonzepte differenzieren und Angebote und Werbebotschaften „zielgruppenspezifisch" zuschneiden können. Zu diesem Zweck gibt es Kundenkarten und andere Verfahren, in denen Kunden ihre Daten hinterlassen können, damit sich hieraus sachliche Identitäten konstruieren lassen. Unter einer sachlichen Identität können wir die Struktur eines Datengebildes verstehen, das den einzelnen Kunden repräsentieren soll. Auf diese Weise kann das Unternehmen überdies „pseudo-relationships" im Sinne von Barbara Gutek konstruieren, in denen eine Beziehung zum Unternehmen hergestellt wird, obwohl mit den einzelnen Beschäftigten keine Begegnungen oder nur encounters stattfinden (vgl. Gutek 1995; Gutek et al 2000).

Die Selbstbedienung ist also – so kann man resümieren – ein Element der Entpersonalisierung der Kundenbeziehungen und der Vertrauensbeziehungen. Und sie ist ein Modus moderner Subjektivität. Daher entwickelt sich die Selbstbedienung nicht nur in Abhängigkeit von der Entwicklung von Konservierungstechniken und Informationstechnologien oder von der Unternehmensstruktur des Handels. Sondern sie ist Teil der jeweiligen Ausprägung nationaler oder konsumentenspezifischer Dienstleistungskulturen und Vertrauensinstitutionen (vgl. Jacobsen 2003), ja des kulturell spezifisch ausgeprägten Subjektivitätsbegriffs.

8 Die Entzauberung der Kundensouveränität in der Selbstbedienung

Der Mythos der Kundensouveränität wird aber in der Selbstbedienung nicht nur erzeugt, sondern auch immer wieder destruiert. Der Kunde erweist sich als nicht souverän genug, um autonom zurecht zu kommen. Das Angebot wird nicht optimal zur Selbstbedienung bereit gestellt. Es entstehen Dysfunktionalitäten, Konflikte, es werden unangepaßte Ansprüche formuliert und irrationale Effekte erzeugt. Der Zeitgewinn in der Selbstbedienung wird in der Warteschlange an der Kasse zunichte gemacht. Der mit der Selbstbedienung verbundene Personalabbau produziert Ratlosigkeit der Kunden und damit die Klage über mangelnde Servicekultur. Die Routinisierung des Kunden macht ihn empfindlich gegenüber Störungen der Routine und Effizienz, etwa durch lange Schlangen vor der Kasse oder dem Infostand oder in der Musikschleife bei der Hotline. Das Data mining produziert eine Überfülle an Daten über das Kaufverhalten von Kunden, die keiner Interpretation mehr zugänglich sind. Oder die sachlichen Identitäten von Kunden geben seine personale Identität nur verfälscht wieder, so daß peinliche Vermittlungsleistungen erforderlich werden.

Diese Funktionsmängel erzeugen Ärger beim Kunden. Dieser wird nicht zuletzt durch den Mythos der Kundensouveränität gefördert, der dem Kunden gleich zweierlei verspricht: Autonomie *und* Dominanz. Scheitert er in der Autonomie, so besteht er um so mehr auf der Dominanz. Den Ärger über die gescheiterte Selbstbedienung wendet der Kunde dann leicht gegen das Personal, dem gegenüber er seine Dominanz bestätigt wissen will, ist er es doch, der das Geld bringt, das die Arbeitsplätze schafft. Daher ist der verärgerte Kunde – in den Worten Korczynskis – ein systematischer Teil der sozialen Beziehungen an der Kundenschnittstelle (vgl. Korczynski 2002: 76; Voswinkel 2005).

Es geht dann auch um die Frage: Hat der Kunde oder hat das Selbstbedienungs-System versagt? Wie kann der Kunde nicht nur autonom und König sein, sondern auch *voice* wahrnehmen? Also wie können seine Wünsche und Problemwahrnehmungen in das Angebot und die Gestaltung der Dienstleistung eingebracht werden? Die Selbstbedienung entzieht dem Kunden ja auch die spontane persönliche Beschwerdestelle vor Ort; sie wird lediglich durch Online-Beschwerdemanagement, Hotlines und Kundenzufriedenheitsbefragungen ersetzt. Diese sind jedoch meist von der Situation vor Ort und auch innerhalb der Anbieterorganisation oft ausdifferenziert. Wie erfährt ein Anbieterunternehmen z.B., daß und warum sich Kunden aus einem *call-processing-system*, in dem sie sich verloren haben, ausklinken? Warum sie eine Website resignierend wegklikken? Wie erfährt es, warum ein Kunde nach ergebnislosem Suchen den Supermarkt wieder verlassen hat? Oft dürften automatisierte und Selbstbedienungssysteme für den Anbieter nurmehr informatorisches Rauschen produzieren. Die Autonomie des Kunden reduziert sich dann auf seine Exit-Option. Das Unternehmen kann ihn dann nicht einmal mehr beim Bezahlen bedienen.

Literatur

Abercrombie, Nicholas (1994), Authority and consumer society, in: Russell Keat/Nigel Whiteley/Nicholas Abercrombie (Hg.), The Authority of the Consumer, London/New York, S. 43-57.

Bateson, J.E.G. (1985), Self-Service Consumer: An Exploratory Study, in: Journal of Retailing 61, No. 3, S. 49-76.

Baumol, William (1967), Macroeconomics of Unbalanced Growth: The Anatomy of Urban Crisis; in: American Economic Review 57, S. 416-426.

Biervert, Bernd/Kurt Monse/Monika Gatzke/Kai Reimers (1994), Digitaler Dienst am Kunden, Berlin.

Bowlby, Rachel (1997), Supermarket Futures, in: Pasi Falk/Colin Campbell (Hg.), The Shopping Experience, London/Thousand Oakes/New Delhi, S. 92-110.

Briesen, Detlef (2001), Warenhaus, Massenkonsum und Sozialmoral. Zur Geschichte der Konsumkritik im 20. Jahrhundert, Frankfurt/New York.

Cohen, Stanley/Laurie Taylor (1977), Ausbruchsversuche. Identität und Widerstand in der modernen Lebenswelt, Frankfurt/M.
Elias, Norbert (1991), Über den Prozeß der Zivilisation. 2 Bände, Frankfurt/M.
Esch, Franz-Rudolf/Eva Thelen (1997), Ein konzeptionelles Modell zum Suchverhalten von Kunden in Einzelhandelsunternehmen, in: Forschungsstelle für den Handel Berlin/Volker Trommsdorff (Hg.), Handelsforschung 1997/98 – Kundenorientierung im Handel, Wiesbaden, S. 297-314.
EuroHandelsinstitut (EHI) (1999), Handel aktuell '99, Köln.
EuroHandelsinstitut (EHI) (2004), Handel aktuell 2004, Köln.
Gershuny, Jonathan (1981), Die Ökonomie der nachindustriellen Gesellschaft, Frankfurt/New York.
Goffman, Erving (1969), Wir alle spielen Theater, München.
Goffman, Erving (1982), Das Individuum im öffentlichen Austausch, Frankfurt/M.
Goffman, Erving (1994), Interaktionsrituale, Frankfurt/M.
Grün, Oskar/Jean-Claude Brunner (2002), Der Kunde als Dienstleister, Wiesbaden.
Gutek, Barbara A. (1995), The Dynamics of Service, San Francisco.
Gutek, Barbara A./Bennett Cherry/Anita D. Bhappu/Sherry Schneider/Loren Woolf (2000), Features of Service. Relationships and Encounters, in: Work and Occupations 27, No. 3, S. 319-352.
Hanekop, Heidemarie/Volker Wittke (2005), Der Kunde im Internet, in: Heike Jacobsen/Stephan Voswinkel (Hg.), Der Kunde in der Dienstleistungsbeziehung, Wiesbaden (i.E.).
Hellmann, Kai-Uwe (2003), Soziologie der Marke, Frankfurt/M.
Humphery, Kim (1998), Shelf Life. Supermarkets and the Changing Cultures of Consumption, Cambridge/New York/Melbourne.
Jacobsen, Heike (2003), Soziokulturelle Bedingungen der Entwicklung von Dienstleistungen: Ansätze zur Interpretation von nationalen Unterschieden, in: Heike Jacobsen/Stephan Voswinkel (Hg.), Dienstleistungsarbeit – Dienstleistungskultur, SAMF-Arbeitspapier 2003-1, S. 37-53.
Joerges, Bernward (1981), Berufsarbeit, Konsumarbeit, Freizeit. Zur Sozial- und Umweltverträglichkeit einiger struktureller Veränderungen in Produktion und Konsum, in: Soziale Welt 32, Heft 2, S. 168-195.
Korczynski, Marek (2002), Human Resource Management in Service Work, Basingstoke/New York.
Korczynski, Marek (2002), Call Centre Consumption and the Enchanting Myth of Customer Sovereignty, in: Ursula Holtgrewe/Christian Kerst/Karen Shire (Hg.), Re-Organising Service Work. Call Centres in Germany and Britain, Aldershot, S. 163-182.
Lasogga, Frank (2000), Optimierung der Wertschöpfungskette mit Hilfe des Customer Relationship Managements, in: Jahrbuch der Absatz- und Verbrauchsforschung 46, Heft 4, S. 371-385.
Leidner, Robin (1993), Fast Food, Fast Talk. Service Work and the Routinization of Everyday Life, Berkeley/Los Angeles/London.
Linde, Hans (1982), Soziale Implikationen technischer Geräte, ihrer Entstehung und Verwendung, in: Rodrigo Jokisch (Hg.), Techniksoziologie, Frankfurt/M., S. 1-31.

Luhmann, Niklas (1989), Vertrauen. Ein Mechanismus der Reduktion sozialer Komplexität, Stuttgart.

Mehrabian, Albert (1987), Räume des Alltags, Frankfurt/New York.

Meuter, Matthew L./Amy L. Ostrom/Robert I. Roundtree/Mary Jo Bitner (2000), Self-Service Technologies: Understanding Customer Satisfaction with Technology-Based Service Encounters, in: Journal of Marketing 64, No.3, S. 50-64.

Michel, Stefan (1997), Prosuming-Marketing, Bern/Stuttgart/Wien.

Müller-Hagedorn, Lothar/Markus Preißner (1999), Die Entwicklung der Verkaufstechniken des Einzelhandels: Siegeszug der Selbstbedienung und Aufkommen der neuen Medien, in: Erwin Dichtl/Michael Lingenfelder (Hg.), Meilensteine im deutschen Handel, Frankfurt/M., S. 147-179.

Ritzer, George (1997), Die McDonaldisierung der Gesellschaft, Frankfurt/M.

Schmalen, Helmut/Dirk Schachtner (1999), Discount- vs. Fachhandel im Zeichen des hybriden Konsumenten, in: Erwin Dichtl/Michael Lingenfelder (Hg.), Meilensteine im deutschen Handel, Frankfurt/M., S. 123-146.

Schneider, Benjamin/John J. Parkington/Virginia M. Buxton (1980), Employee and Customer Perceptions of Service in Banks, in: Administrative Science Quarterly 25, No. 2, S. 252-267.

Schulz-Schaeffer, Ingo (2000), Sozialtheorie der Technik, Frankfurt/New York.

Seifert, Dirk (2001), Efficient Consumer Response, München/Mering.

Sturdy, Andrew/Irena Grugulis/Hugh Willmott (Hg.) (2001), Customer Service, Basingstoke/New York.

Swoboda, Bernhard (1997), Auswirkungen der Ladenwahrnehmung auf Kaufverhalten und Einkaufszufriedenheit – Ergebnisse einer situativen Analyse, in: Forschungsstelle für den Handel Berlin/Volker Trommsdorff (Hg.), Handelsforschung 1997/98 – Kundenorientierung im Handel, Wiesbaden, S. 315-339.

Underhill, Paco (2000), Warum kaufen wir? Die Psychologie des Konsums, München.

Voswinkel, Stephan (2000), Das mcdonaldistische Produktionsmodell – Schnittstellenmanagement interaktiver Dienstleistungsarbeit, in: Heiner Minssen (Hg.), Begrenzte Entgrenzungen, Berlin, S. 177-201.

Voswinkel, Stephan (2001), Anerkennung und Reputation. Die Dramaturgie industrieller Beziehungen, Konstanz.

Voswinkel, Stephan (2004), Kundenorientierung; in: Ulrich Bröckling/Susanne Krasmann/Thomas Lemke (Hg.), Glossar der Gegenwart, Frankfurt/M., S. 145-151.

Voswinkel, Stephan u.M.v. Anna Korzekwa (2005), Welche Kundenorientierung? Anerkennung in der Dienstleistungsarbeit, Berlin.

Zwischenräume des Konsums

Überlegungen zur Praxis der Selbstbedienung[1]

Gerhard Keim

1 Einkaufen ist mehr

Einkaufen ist weitaus mehr als nur der bloße Warenerwerb. Einkaufen ist ein weitreichender und vielschichtiger Zusammenhang, in dem der eigentliche Kaufakt nur einen Bestandteil darstellt, der eingebettet ist in einen Verlauf mit zahlreichen Optionalitäten und möglichen anderen Verläufen. In der wissenschaftlichen Betrachtung und Analyse des Einkaufens werden diese Zusammenhänge gerne und oft reduziert betrachtet, bestimmte Dimensionen ganz ausgeblendet. Die Einschränkung des Blickes auf das Einkaufen geschieht meist im Interesse wirtschaftlich orientierter Sichtweisen, die weniger auf das alltagspraktische Verständnis des Einkaufens und die vielfältigen soziologischen Implikationen und alltagskulturellen Fertigkeiten und Praxen zielen als vielmehr auf Beeinflußbarkeit und Steuerbarkeit von Konsumenten. Hier geht es um Anschlußfähigkeit an betriebswirtschaftliche Blickwinkel und Zielsetzungen. Entsprechend wird in solchen Betrachtungen die Komplexität des Einkaufens eingeklappt, zurechtgefaltet auf die Vorstellungs- und Projektionsdimensionen wirtschaftlich inspirierter Verständnis- und Denkräume. Das ist nicht falsch, aber auch nicht richtig bzw. ausreichend, denn der Gegenstandsbereich „Einkaufen“ ist vielschichtiger.

In der Praxis des Einkaufens der Konsumenten schneiden sich verschiedene Sphären: Einkaufen ist eine fundamentale Komponente moderner Gesellschaften. Es ist integraler Bestandteil des wirtschaftlichen Systems. Einkaufen stellt jedoch nicht nur ein wirtschaftliches Band dar, das zutiefst und grundlegend in unsere Gesellschaft eingewoben ist, sondern auch ein soziales Band und ein verallgemeinertes Repertoire von Kulturtechniken. Beides ist also überaus ausdifferenziert und heterogen, aber dennoch bindend. Wir alle kaufen ein. Die Aussage „ich kaufe ein, deshalb bin ich“ tut der philosophischen Originalaussage Descartes’ zweifelsohne

---

[1] Die folgenden Überlegungen zu den alltäglichen Fertigkeiten von Kunden im Rahmen von Selbstbedienung greifen neben eigenen und fremden empirischen Forschungen zum Einkaufen im Rahmen akademischer Untersuchungen Einblicke aus marktforscherischen Studien für die GIM, Gesellschaft für innovative Marktforschung, auf. Ich danke meinem Kollegen Dr. Stephan Telschow für seine inspirierenden Anregungen und Kommentare.

begriffliche Gewalt an. Dennoch ist sie nicht falsch. Konstituierendes Element beim Einkaufen ist dabei weniger das Bewußtsein der eigenen Existenz als vielmehr die Praxis des Einkaufens, die eine zwingende Realität und Quelle der Welt- und Selbsterkenntnis darstellt. Einkaufen ist ein grundlegender Lebensbestandteil des Menschseins in der modernen Konsumgesellschaft. Es konstituiert geradezu die Konsumgesellschaft: Im Prozeß des Einkaufens vermittelt sich die Warenwelt dem Konsumenten,[2] läßt ihn Waren erfahren, seine individuellen Präferenzen – und seine Identität – prüfen und letztlich Entscheidungen treffen. Erst beim Einkaufen wird aus einem Warenangebot ein Konsumgut. Diesen Schritt vollzieht der Kunde. Er erweist dem Angebot seine Wertschätzung, er kauft und krönt das Produkt zur Ware. Läßt uns dies vom „König Kunde" reden?

Eine interessante sprachliche Brücke zwischen Konsum und Arbeit findet sich zumindest im Deutschen, nämlich im Begriff „Erwerbsarbeit", der „Erwerb" und „Erwerben" als Synonym für Kaufen mit „Arbeit" koppelt. Einkaufen ist auch Erwerbsarbeit, wenn auch in einem weiter gefaßten Sinne: Der Käufer ist nicht nur in einer idealisierten dichotomen Modellsicht der Gegenpart zum Angebot in der Symbiose des Konsums, sondern auch noch eingespannter Akteur im Prozeß des Einkaufens. Er arbeitet, produziert. Michel de Certeau spricht in seiner dem anonymen Konsumenten gewidmeten Betrachtung der „Kunst des Handelns" von Konsum als „Gegenstück zur rationalisierten, expansiven, auch zentralisierten, lautstarken und spektakulären Produktion (...), eine andere Produktion, die als ‚Konsum' bezeichnet wird (...), sie äußert sich nicht durch die eigenen Produkte, sondern in der Umgangsweise mit den Produkten, die von einer herrschenden ökonomischen Ordnung aufgezwungen werden" (Certeau 1988: 13). Der Konsument ist nicht nur ein Rädchen, das von einem fremden Motor des Konsums zum Kaufen und Handeln bewegt wird. Der Konsument ist Teil der Maschinerie und des Motors, er treibt auch selbst an. Er agiert, bewegt und handelt (auch in einem nicht-ökonomischen Sinne) autonom, auf dem Spielfeld des Anbieters.[3] Der Konsument greift mit zu, legt Hand an und ist ganz praktisch eingespannt in die Erschließung und Mobilisierung des Angebotes.

Dies geschieht vor allem in Situ, in Actu, vor Ort und praktisch. Einen Verdichtungspunkt innerhalb dieses Zusammenhanges stellt der Ort dar, an dem sich Waren und Menschen physikalisch begegnen. Hierfür hat sich zumindest in der Marketing-Literatur der Begriff des PoS (Point of Sale) durchgesetzt.[4] Die zen-

---

[2] Gemeint sind auch im folgenden Frauen und Männer, Konsumentinnen und Konsumenten.

[3] Certeau (1988: 91) unterscheidet Strategie und Taktik, die „durch das Fehlen von etwas Eigenem bestimmt ist. (...) Die Taktik hat nur den Ort des anderen (...) Sie profitiert von Gelegenheiten und ist von ihnen abhängig."

[4] Da es sich hier um eine Analyse handelt, die versucht, das Geschehen des Einkaufens aus Sicht der Konsumenten und nicht der Anbieter zu beschreiben, bleibe ich zwar beim etablierten Akronym des PoS, da beim Einkaufen Anbieter und Konsumenten in einem symbiotischen Verhältnis stehen und

trale Organisationsform ist dabei die Selbstbedienung, die zwischenzeitlich handelsübergreifend und flächendeckend vorherrscht, vom Lebensmittel- bis zum Textilbereich, vom Supermarkt im Wohnviertel über den Verbrauchermarkt auf der grünen Wiese bis hin zum innerstädtischen Kaufhaus. Selbstbedienung macht den Kunden autonom. Er kann nicht nur selbst auswählen und entscheiden, sondern auch selektieren, portionieren, zugreifen, einpacken, transportieren, aufs Kassenband legen und in nicht allzu langer Zeit wohl auch sich selbst abkassieren. Selbstbedienung verspricht dem Kunden Autonomie, aber mobilisiert auch seine Selbstorganisation, spannt ihn aktiv in den Konsumprozeß ein, macht ihn nicht nur zur umsatzbringenden, sondern auch zur kostenverringernden Größe. Der Kunde wird aktiviert und in den Verkaufsprozeß eingebunden nach dem Motto „do it yourself".

Selbstbedienung ist eng verbunden mit Entwicklungen, die sich als Taylorisierung des Konsums bezeichnen lassen: Einkaufen als die Begegnung von Waren und Menschen wird zunehmend rationalisiert und in differenzierte Prozeßschritte zerlegt, ausgerichtet auf effizienten und effektiven Massendurchsatz von Waren und Menschen. Dafür werden Waren und Abläufe standardisiert und ihr Zusammenspiel optimiert. Rationalisierungsanstrengungen auf der für den Konsumenten unsichtbaren Hinterbühne des Einkaufs, wie etwa die Etablierung übergreifender Warenwirtschaftssysteme, die Kassen-, Bestell- und Logistiksysteme vernetzen, die Lieferantenanbindung automatisieren und damit schnelle unternehmensübergreifende Geschäftsabläufe etablieren, haben dabei durchaus spürbare Auswirkungen auf die für Konsumenten zugängliche Vorderbühne des Einkaufes: etwa durch eine massive Beschleunigung der Angebotszyklen, vereinheitlichte Angebots- und Ladenstrukturen, Scannerkassen etc.

Das ist aber nicht alles. Selbstbedienung am PoS heißt noch mehr. Selbstbedienung ist eine omnipräsente Handlungskonstellation des Einkaufens. Sie ist ein kulturell organisierter Modus der Waren-Mensch-Beziehung, bei der sich

---

sich gegenseitig bedingen. Dennoch will ich dennoch einen Perspektivenwechsel dadurch markieren, daß ich darunter den „Point of Shopping" fasse. Dabei gibt es massive Unterschiede zwischen den Points of Shopping. So wie man eigentlich nicht von dem Konsumenten oder Kunden sprechen kann, sind sowohl die Einkaufsmöglichkeiten als auch die Motive, Strategien und Praktiken des Einkaufens heterogen: Joghurt im SB-Warenhaus auf der grünen Wiese bei Real zu kaufen ist anders als im Neukauf im Wohngebiet oder beim Discounter wie etwa Lidl oder Aldi, Einkaufen von Lebensmitteln etwas anderes als Einkaufen von Bekleidung oder der Besuch im Baumarkt, und Einkaufen für eine alleinstehende türkisch-stämmige Bankangestellte etwas anderes als für eine vierköpfige Familie, in der beide Eltern berufstätig sind oder einen geschiedenen arbeitslosen 55-jährigen. Gleich ist Einkaufen aber auch über solche soziodemographischen Merkmale hinweg nicht. Neben situativen Gegebenheiten (Tageszeit, Wochentag, spezifischen Anlässen, psychologischen Befindlichkeiten, etc.) schaffen vor allem Wert- und lebensstilistische Orientierungen Unterschiede. Anbieter versuchen zunehmend durch segmentspezifische Angebote, Aktivitäten und Ansprachen diesen Unterschieden Rechnung zu tragen.

verschiedene Rollen der Besucher überlagern. Das will gelernt und gemacht sein. Selbstbedienung ist zwischenzeitlich selbstverständlich geworden. Ins Bewußtsein rückt sie nur bei Abweichungen, Störungen und Irritationen im gewohnten Ablauf.[5] Ansonsten denken wir kaum darüber nach. Selbstbedienung erfolgt im mentalen Stand-by Betrieb routinisierten Alltagshandelns, ist aber deshalb nicht einfach und nicht leicht. Selbstbedienung erfordert komplexe kognitive, psychologische, handlungspraktische und interaktiv-kommunikative Fertigkeiten, die in einem dynamischen Gefüge situativ koordiniert und praktiziert werden müssen. Dabei gehören Einkaufen und Selbstbedienung in einer sich rasant verändernden Waren- und Konsumwelt zu den Bereichen, die lebenslanges Lernen erfordern, und sei es nur, weil der Kontext dieser Handlungsfelder, wie etwa Warenangebot und -struktur, sich permanent ändern. So kommen laufend neue Produkte hinzu, andere werden nicht mehr geführt, oder es wird umgeräumt: Wo finde ich nun im Supermarkt Chili-Bohnen in der Dose? Bei den Dosen, neben Erbsen, Sauerkraut und geschälten Tomaten, in der Ethno-Food Ecke bei Tex-Mex-Produkten, wie Tacos, Hot Sauce, oder im Markenregal eines Delikateßanbieters? Einkaufen und Selbstbedienung erfordern nicht nur stetige Anpassungsleistungen an ein dynamisches Warenumfeld, sondern auch seine laufende Erschließung, die durchdrungen ist von einer Vielzahl flüchtiger Begegnungen und Interaktionen mit ungeschriebenen Gesetzen. D.h., es gelten Regeln, deren Verbindlichkeit nicht zwingend, sondern relativ ist. Goffman, der eine „Soziologie der Gelegenheiten" vertritt, spricht bei seinen Analysen flüchtiger Begegnungen von Regeln des Taktes, des Anstandes, anhand derer Rollen in sozialen Interaktionen im Alltag organisiert sind.[6] Verschiedene Rahmen[7] im Sinne Goffmans überlagern, durchdringen und verschränken sich hier zu Handlungskonstellationen des „Retail Drama".[8] Diese Rollen stellen handlungspraktische Spielarten des Einkau-

[5] Keine neue Erkenntnis, Goffman stellt schon 1959 in einer Analyse des Alltagshandelns und sozialer Interaktion fest: „Bei der Untersuchung sozialer Institutionen ist es wichtig, die herrschenden Anstandsregeln zu beschreiben; das ist schwierig, weil Informanten wie Forscher dazu neigen, viele dieser Normen als selbstverständlich hinzunehmen, und so lange kein Zwischenfall, keine Krise oder besonderen Umstände eintreten, das gar nicht merken werden." (Goffman 2003: 101)

[6] Vgl. Goffman 1991, 2003.

[7] Goffman (1980: 19) geht mit dem Begriff Rahmen, mit dem er auf die „Analyse der Organisation der Erfahrung" zielt, davon aus, „daß wir gemäß gewissen Organisationsprinzipien für Ereignisse – zumindest für soziale – und für unsere persönliche Anteilnahme an ihnen Definitionen einer Situation aufstellen."

[8] Der Mallforscher William Kowinski (1985) verwendet diesen Begriff für die theatralische Inszenierung von Warenwelten. Der Handel nimmt zwischenzeitlich explizit Bezug auf das Theater, insbesondere auf dessen performative und inszenatorische Qualitäten, vgl. Baron 2001. Darüber hinaus differenzieren die Autoren ausgehend von Publikumskonstellationen im Theaterbereich als Entwicklungslinien für den Handel vier theatralische Stile der Inszenierung, die unterschiedliche Rollenkonzepte bzw. Spielarten der Kundenerfahrung nahe legen: Voyeur, spect-actor, sense-captor and connaisseur.

fens dar. Sie werden vor Ort situativ gewechselt, d.h. ein und dieselbe Person orientiert sich je nach Gelegenheit an unterschiedlichen Handlungsrahmen. Einkaufen in Selbstbedienung erfordert die interpersonelle Koordination und ad-hoc Abstimmung entsprechender Rahmen der Begegnungen und Situationen zwischen vielen unterschiedlichen Konsumenten (und des Personals).

Doch von welchen Handlungsrahmen des Einkaufens spreche ich? Was ist damit gemeint? Dies soll eine Auswahl von Spielarten des Einkaufens veranschaulichen, die ich in der folgenden exemplarischen Auflistung beschreibe. In der Realität des Einkaufens überschneiden und überlagern sich die verschiedenen Handlungsrahmen. Hier sind sie in die Reihenfolge einer Liste gestellt, und zur besseren Differenzierung sind die Beschreibungen der einzelnen Dimensionen und ihrer situativen Gegebenheiten eher holzschnittartig gehalten, um idealtypische Unterschiede herauszuarbeiten. Wie sie beim Einkaufen zusammenspielen, welche Überlagerungen und konfligierenden Konstellationen auftreten, stelle ich anschließend anhand beispielhafter Szenenbilder dar. Doch zunächst unterscheide ich hier folgende Spielarten des Einkaufens.

Passant: Beim Einkaufen mit Selbstbedienung bewegt man sich in Umgebungen, in denen Mobilität systematischer Bestandteil ist. Man muß in Geschäften Wege zurücklegen und sich die Warenwelt zu Fuß erschließen. Selbstbedienung heißt, daß der Kunde den Gang zur Ware selbst machen muß, sie wird ihm nicht geholt und über eine Theke gereicht. Mit Gängen und Kreuzungen gleichen Geschäfte städtischen Infrastrukturen. Man ist dort unterwegs, meist aber nicht alleine, sondern gleichzeitig mit anderen – ein System massiv paralleler Mobilisierung. Begegnungen sind zwangsläufig und Teil des Einkaufens. Man ist beim Einkaufen – vor allem zu Stoßzeiten, wie etwa Samstags – eingebunden in ein durchaus hektisches Verkehrsgeschehen, bei dem Passanten sich begegnen, aufeinander treffen, situativ agieren, reagieren, interagieren. Auf dem Parkplatz vor dem Supermarkt ist dies z.T. normativ geregelt. Dort finden sich Schilder, die verkünden: „Hier gilt die Straßenverkehrsordnung" oder „Schrittempo". Im Geschäft selbst fehlen solche expliziten Regeln weitgehend, hier regelt sich der „Verkehr" in der Konstellation des Moments.

Besucher: Kauft man ein, ist man auch Besucher an einem Ort, der einen semiöffentlichen Charakter hat. Man hält sich am Einkaufsort auf, verbringt Zeit, nutzt Räumlichkeiten und ihr Angebot, interagiert mit dieser Umwelt und mit anderen Besuchern. Die Anwesenheit hat temporären Charakter. Man kommt und geht, auf keinen Fall bleibt man. Dabei hinterläßt man nur anonyme Spuren: Veränderungen im Kassen- und Warenbestand. Vor Ort ist man Anwesender, hat natürliche und praktische Bedürfnisse – muß mal, hat Husten, braucht Platz und will Bewegungsraum und Erfahrungsmöglichkeiten, hat müde Beine und will sich setzen. Gleichzeitig hat man aber auch intellektuelle Interessen und ist mehr oder weniger neugierig auf seine Umwelt und das Angebot, das einem präsentiert wird. Man ist Tourist, der Sehenswürdigkeiten erwartet, ist Erlebender. Beim Einkaufen ist man mit anderen unterwegs, Teil eines Besucherstromes. Im Rahmen der Selbstbedienung ist Anwesenheit im Geschäft eigentlich unverbindlich und nur potentiell konsumtiver Natur. Man kann kommen, muß aber nicht, und kann gehen, ohne zu kaufen.[9] Dabei ist man einer von vielen. Kundschaft und damit die Besucher sind eine abstrakte Größe. Geschäfte richten sich an sie, aber nicht als Einzelne, sondern an die Masse, die sie bilden. Der einzelne Kunde ist ein flüchtiger Besucher. Hinter dem Einkaufswagen sind zunächst alle einmal gleich. Sie sind austauschbar.[10]

Mitspieler und Darsteller: Der Einkaufsort ist die zentrale Bühne der Warenwelt.[11] Neben den Waren spielen dabei die Kunden eine entscheidende Rolle. Kunden sind nicht nur wirtschaftlich ein Teil des Geschehens, halten es aufrecht, erwecken es zum Leben. Die Leere und Unbelebtheit eines geschlossenen Geschäfts nachts illustriert dies ex negativo. Kunden sind Mitspieler und Darsteller

---

[9] Geschäfte ohne Einkauf zu verlassen, wird einem oft nicht leicht gemacht. Viele Geschäfte haben einen „gerichteten" Aufbau, der einen zwangsläufig zur Kasse führt. Das stellt eine Organisation dar, die Kaufen zur Selbstverständlichkeit und Nicht-Kaufen zur erklärungsbedürftigen und unangenehmen Ausnahme macht.

[10] Die Personalisierungsbestrebungen in Handel und Marketing stehen dem nicht entgegen, sondern belegen vielmehr den anonymen Charakter des Einkaufens in der heutigen Konsumgesellschaft. Waren (und Marken) stehen hier in einem über Medien (Marketingkommunikation) gestützten Beziehungsverhältnis. Diese Bindung ist jedoch einseitig. Während Konsumenten viel über Waren (Marken) lernen und unmittelbar mit ihnen erleben, ist dies umgekehrt nur mittelbar über Umwege möglich, wie etwa die Marktforschung oder über Dialogangebote des Marketing. Die Ware weiß nicht, wer sie kauft und was ihn dazu bewegt. Anbieter stellen zwar das Angebot, einen Ort und Gelegenheiten zur Begegnung zur Verfügung, wissen jedoch kaum etwas über ihre Besucher und Kunden. Persönliche Interaktionen, emotionale Eindrücke und Bindungen sind ihnen kaum möglich. Eine Beziehung zum Angebot und seiner Darstellung hat der Kunde, der sich damit auseinandersetzt und es nutzt. Die Beziehung in umgekehrter Richtung ist eingeschränkt auf abstrakte, rationale Meßgrößen. Im simpelsten Falle Geld. Für weiteres fehlen oft die Vermittlungskanäle. Damit erscheinen Kundenbeziehungen asymmetrisch, denn eigentlicher Beziehungsträger ist zu einem großen Teil der Kunde selbst. Problematisch wird diese Asymmetrie in einer Welt mit zunehmend austauschbareren Waren. Seit geraumer Zeit gibt es deshalb Bestrebungen, das Konsumentenverständnis zu vertiefen und die anonyme Beziehung des Kunden zum Warenangebot durch die Pflege der Beziehung zum Kunden zu stärken. Wichtiges Instrument sind dabei personalisierte Karten, seien es Kredit-, Kunden- oder Rabattkarten. Sie fungieren zunehmend nicht nur als finanzielles Transaktionsmittel, sondern auch als persönlicher Ausweis – der menschlich oder maschinell gelesen wird und die persönliche Ansprache erlaubt. Bankautomaten schreiben „Guten Tag, Frau XY", das Hotelinformationssystem begrüßt neue Gäste beim Einschalten des TV mit dem Namen, oder Verkaufspersonal verabschiedet einem mit „Vielen Dank für Ihren Einkauf, Herr XY." Daneben ist Stille – Ansätze, aber keine Beziehung.

[11] Neben dieser zentralen Waren- und Konsuminszenierung bilden medial vermittelte Marketingmaßnahmen ein vielschichtiges und aufwendiges Gefüge begleitender und kommunikativ assoziierter Bühnen.

in der Wareninszenierung und der Aufführung des Handelsgeschehen: Der Kunde schiebt den Einkaufswagen, stellt sich an der Kassenschlange an, sucht aus, probiert Hosen oder Pullover an. Er spielt seine Rolle, stellt etwas dar, vermittelt ein Bild von sich, offenbart einen Eindruck seiner Person und Interessen: Er ist Biertrinker, Weinkenner, Gemüsekocher, konservative Kostüm- oder junge Schlaghosenträgerin. Dabei verhält man sich dem Einkaufsort angemessen: Man singt und raucht nicht, dafür begutachtet man, überlegt, wählt aus, gibt sich interessiert. Das Publikum ist der flüchtige und zufällige Ausschnitt der Öffentlichkeit der anderen Kunden und der Handelsmitarbeiter. Die Rollen von Publikum und Darsteller sind dabei nicht strikt getrennt, sondern verwoben.

Zuschauer: Gleichzeitig stellen Kunden eben nicht nur dar, sondern sind auch Publikum. Sie schauen zu, beobachten, verfolgen das Geschehen am Einkaufsort, das sie selbst mit prägen. Man schaut, was andere tragen, auswählen und wie sie sich verhalten. Es gibt viel zu sehen und zu erleben, Bekanntes und manchmal auch Neues. Man schaut und schaut zu, was es gibt, geben könnte, welche Möglichkeiten und Potentiale für einen selbst vorstellbar sind. Verfolgt werden die Inszenierungen des Lebensstils, aber auch die kleinen Dramen und Erfolge des Alltags. Zu sehen und zu hören sind Geschichten, die das Leben schreibt: Wie jemand sich nicht zwischen zwei Shampoos entscheiden kann, wie eine Person einen unpassenden Pullover an sich hält, der Streit zwischen Mutter und Kind über Süßigkeiten oder Frühstücksflocken, genervte Familienauseinandersetzungen am Samstag. Es werden potentielle Schicksale und die Unterschiede sozialer Schichtung offenbar. Katzenversorger, Würstchengriller und Alkoholiker, Doseneintopf- und Kaviaresser, Champagner- und Lambruscotrinker ziehen am Kassenband blank, offenbaren Versatzstücke von Lebensverläufen und Schicksalgeschichten.

Interessent: Wenn auch vieles beim Einkaufen mitspielt, ist doch der zentrale Mittelpunkt der Aufmerksamkeit das Warenangebot. Man nutzt das angebotene Fenster zur (Waren-)Welt und schaut, setzt sich mit dem Angebot auseinander, vergleicht, entwickelt und pflegt Wertschätzungen. Man informiert sich, holt sich Anregungen für potentielle zukünftige Käufe und andere Zusammenhänge. Man interessiert sich für das Dargebotene in den Regalen und auf den Warenständern. Man möchte die Dinge in Augenschein nehmen, in die Hand nehmen und „abwägen", ob es etwas Interessantes, das Gesuchte, das Richtige ist. Hier zählt die Zugänglichkeit der Waren – aber auch, was andere haben oder tun. Im Regal ist ein Becher Schlagsahne ein Becher Schlagsahne. Im Einkaufswagen wächst im Zusammenspiel mit weiteren Waren seine Potentialität, die Anregungen bietet und Neugierde binden kann: Aus dem Becher Schlagsahne wird – zusammen mit einem Putenschnitzel, Curry, einer Dose Ananasstücke und einem Päckchen Reis – eine Sahnesauce für ein indisch angehauchtes Mittagessen, zusammen mit Erdbeeren ein frühlingshaft frischer Nachtisch oder mit einer Flasche Rum eine Pina Colada. Gleiches gilt für den Textilbereich: Im Zusammenspiel mit einer Hose wird aus einem Sweatshirt ein Outfit.

Bedürftiger: Wir verbringen zwar durchaus einiges an Zeit beim Einkaufen, ein reiner Zeitvertreib ist Einkaufen jedoch meist nicht. Wir kaufen ein, weil wir Dinge brauchen oder wollen. Das Was, Wie, Wo und Wann des Einkaufens ist z.T. durchaus rational und zweckgerichtet, wenn wir z.B. Getränke kaufen, weil wir keine mehr haben. Dennoch ist das Einkaufen durch viele weniger rationale, psychologische und kulturelle Einflußdimensionen geprägt, die dem Einzelnen nicht immer bewußt sind.[12] Konsumenten haben einen latenten oder bewußten Bedarf, der unterschiedlich stark reflektiert und gewichtet ist. Die tatsächlichen Motive dahingestellt, kann man davon ausgehen, daß man einkaufen geht, weil man etwas braucht und oder Dinge will, für sich oder andere und für spezifische Anlässe. Eventuell gibt es einen Einkaufszettel, der den Bedarf abbildet und nach gründlicher Sichtung der Bestände erstellt wurde. Vielleicht besteht aber auch nur ein routinisiertes Bewußtsein, daß es an der Zeit sei, Grundnahrungsmittel wie etwa Milch, Brot und Cornflakes zu kaufen oder eben einen Bedarf ohne spezifischen Produktbezug, nach dem Muster „Ich brauche etwas zum Essen". Was dabei noch unklar ist, das gilt es im Geschäft zu klären. Oder nach dem Motto „Mir ist nach etwas Frischem oder Süßen" geht es weniger um Bedarf als vielmehr um ein Bedürfnis – aber dennoch um einen Seinszustand: „Mir ist danach, etwas zum Anziehen zu kaufen." Der spezifische Bedarf mag erst vor Ort in einem Impulskauf offenbar werden, dennoch hat er eine Vor- und Nachgeschichte, die über das eigentliche Einkaufen hinaus geht. Er ist verflochten in weitergehende Zusammenhänge[13] und Präferenzen, die eigenen und oft auch die von anderen. So wird etwa Käse als Nachgang für ein Abendessen, zu dem man eingeladen hat, anders eingekauft als Käse, der als Brotbelag fürs Vesperbrot dienen soll. Dies gilt nicht nur für den Ort des Einkaufens, sondern auch für das Wie. Der eine wird offen gekauft, soll Connaissance vermitteln, eine Herkunft haben und will eventuell probiert sein. Beim anderen interessiert dagegen womöglich viel mehr der Fettgehalt, die gern gegessene Sorte, und daß er praktisch geschnitten und haltbar verpackt ist. Diesen Bedarf gilt es abzuwägen.

---

[12] Häusel stellt in einer aktuellen Betrachtung der Erkenntnisse der Gehirnforschung und ihrer Relevanz für das Marketing fest, „daß Kunden ihre Entscheidungen weitestgehend (über 70 Prozent) unbewußt treffen und selbst die bewußten 30 Prozent auch nicht so frei sind, wie wir es oder der Kunde in unserem Bewußtsein erleben." (Häusel 2004: 6)

[13] Marketingaktivitäten stellen eine einflußreiche, vorgeschaltete Hinterbühne des Handels dar, die Produkte und Marken vorinszeniert.

Konsument: Einkaufen ist etwas, das man lernen muß. Nicht umsonst, stellt „Kaufladen spielen" immer noch ein überaus gängiges Spielszenario für Kinder dar. Als Konsument kennt man die Regeln des Einkaufens, weiß man, wie man sich auf dem Spielfeld des Einkaufens verhält. Man ist vertraut mit den Spielregeln, Abfolgen und Zusammenhängen, um Waren auszusuchen und zu erwerben. Man ist vertraut mit den meisten Strategien der Anbieter, kennt aber auch Taktiken, um sie auszunutzen oder zu umgehen. Als Konsument kennt man sich nicht nur aus, sondern ist auch organisiert: Man hat Geld und Transportmittel bei sich, weiß, daß man im Supermarkt einen Einkaufswagen braucht, hat zumindest ein ungefähres Gefühl dafür, wo was zu finden ist. Man ist vertraut mit den Grundstrukturen des Angebotes und seiner Präsentation, kann ein Sonderangebot oder einen Ladenhüter identifizieren. Gleichzeitig kennt man die Grenzen der Anschauung an Einkaufsorten: Man weiß mit Warenangeboten umzugehen, weiß, was man wie und wo im Kaufhaus anprobieren oder im Supermarkt anfassen und öffnen darf. Gleichzeitig kennt man auch sich selbst. Man hat Erfahrungen gesammelt und schätzt sein eigenes Konsumverhalten (und Budget) ein. Denn natürlich gehört zum Einkaufen auch, Waren zu erwerben. Wir kaufen schließlich ein. Das heißt: Wir wollen Dinge haben und mitnehmen. Das Interesse gilt dem Zugriff auf Waren und ihrer Verfügbarkeit.

Aus Sicht des Handelns (im menschlichen Sinne) sind die Stätten des Einkaufens vielschichtig. Ihre Nutzung oszilliert zwischen privat und öffentlich, Konsum und Besuch, Bewegung und Konzentration, Zuschauen und Mitspielen, Zerstreuung und Kontemplation, Pflichterfüllung und Träumen, Interaktion und Routine. Der Konsument ist am Einkaufsort nicht nur Käufer, die Anwesenden sind auch Passanten und (Fuß-)Verkehrsteilnehmer in einer verdichteten Umgebung mit spezifischen Bewegungsmöglichkeiten und -einschränkungen. Gleichzeitig sind sie Besucher einer Konsumaufführung, sind Mitspieler, Darsteller und Publikum in einem. Die Beteiligten bewegen sich dabei in einer Warenwelt, die sich durch Vielfalt des Warenangebotes auszeichnet, in der die Besucher auswählen und eine Vielzahl von Entscheidungen treffen müssen.[14] In seiner Vielschichtigkeit ist Einkaufen ein bißchen die Alltäglichkeit des Außeralltäglichen.

[14] Mentale Vorauswahlen in der Form begrenzter „relevant sets", Geschmacks- und Stilmuster, helfen diese Komplexität zu reduzieren und Entscheidungen zu vereinfachen. Vorstellungen von Marken, denen ein Vertrauensbonus entgegen gebracht wird, spielen dabei eine entscheidende Rolle.

2 Verkehrsbeobachtungen – oder Intermezzi in den Zwischenräumen des Einkaufens

Stellen wir uns vor, wir sind beim Einkaufen im Supermarkt und suchen Brombeerjoghurt. Wir stehen am Kühlregal und sind in das ausgestellte Angebot versunken. Im mentalen „Browsing Mode" lassen wir den Blick konzentriert über Milchprodukte streifen, um den präferierten Joghurt mit Brombeeren auszumachen und eventuell interessante neue Alternativen zu identifizieren. Dieser Scan des Angebotes wird gestört, wenn eine andere Besucherin mit einem Kinderwagen im vollbesetzten Gang am Regal vorbei will und der Einkaufswagen im Weg steht. Wir müssen mit dem Wagen ausweichen – und die Rolle wechseln.

Selbstbedienung zwingt zur Selbstorganisation. Die realisiert sich ad hoc und vor Ort, in der Gelegenheit. Die Freiheitsgrade dieser Selbstorganisation, des Versprechens der Autonomie sind relativ. In die Quere kommen praktische Begegnungen mit anderen, die ebenfalls „massiv parallel" bewegt unterwegs sind und kurze situative Einigungen auf anderen Rollenebenen, etwa der Passantenebene erfordern. Diese sozialen Interaktionen überlagern sich, vermengen sich mit Interaktionen mit der Warenwelt, mit den käuflichen und nicht-käuflichen Dingen, mit dem Selbst, mit praktischen Erfordernissen (was brauche ich oder projektiver, was brauchen die anderen Mitglieder im Haushalt) oder emotionalen Introspektionen („Was hätte ich gerne, wonach ist mir?"). Das ist ein komplexes Gefüge.

Selbstbedienung ist Autonomie in situativen Bahnen, die nur zu einem geringen Teil gelehrt, sondern zu einem größeren Teil gelernt sind und ad hoc aktualisiert werden. Dieses Wissen ist nur z.T. bewußt und nur bedingt direkt abfragbar.[15] In der Begegnung mit Waren, den anderen Besuchern und Interessenten, der Warenorganisation und -inszenierung sowie dem Personal werden diese Praktiken validiert und zugleich revidiert. Ein lebenslanges Training-on-the-job, an dem wir alle teilnehmen, denn wir kaufen alle mehr oder weniger oft selbstbedient ein.[16]

---

[15] Giddens (1988: 36) spricht im Rahmen seiner Handlungstheorie von praktischem Bewußtsein, das all das umfaßt, „was Handelnde stillschweigend darüber wissen, wie in den Kontexten des gesellschaftlichen Lebens zu verfahren ist, ohne daß sie in der Lage sein müßten, all dem einen direkten diskursiven Ausdruck zu verleihen." Hans-Georg Soeffner (1989: 19) spricht von „tacit knowledge": „Die Routinisierung des Alltagswissens und des Alltagshandelns beruht auf der Inexplizitheit, auf der Prämisse, daß nicht alles gesagt oder gefragt werden muß. Man setzt ein tacit knowledge voraus, das heißt, daß man etwas weiß, ohne daß man sagen muß oder sagen könnte, was man weiß: Alltagswissen ist inexplizit, weil es in einer Welt der Selbstverständlichkeiten untergebracht ist."

[16] Wie lernt man Einkaufen? Unter anderem werden in der Forschung als Erklärungsmodelle Ansätze der Theorie sozial-kognitiven Lernens herangezogen, die Lernen durch Imitation in den Mittelpunkt stellt, vgl. hierzu Dieterich (1985) sowie die empirische Betrachtung von Ehrke 1996. Demnach kann man bzgl. Einkaufen feststellen: „Man lernt nie aus" (Ehrke 1996: 130).

Kehren wir zurück zum alltäglichen Supermarkt und zum Anfang der meisten Einkäufe. Nicht nur auf dem Parkplatz davor, sondern auch im eigentlichen Einkaufsbereich spielen Verkehr und Fahrzeuge eine entscheidende Rolle: Einkaufswagen, die meist per Pfand an Sammelplätzen zu entnehmen sind. Der Einkaufswagen ist die Eintrittskarte, die es zu lösen gilt, um zum Einkaufssystem zugelassen zu werden. Die Entnahme und Rückgabe des Einkaufswagens begrenzen den Einkaufsvorgang im Geschäft, sind Anfang und Ende. Der Griff zum Einkaufswagen kommt einem „Rite de Passage" gleich: Mit dem Lösen der Sicherungskette macht man sich auch frei für den Einkauf, stimmt sich mental ein auf Konsum und die damit verbundenen Handlungsmodi.

An der Sammelstelle für Einkaufswagen begegnen sich Einkaufende, die kommen und gehen. Hier gilt es, interaktiv Übergaben zu organisieren. Es ist abzustimmen, wer in welcher Reihenfolge einen Wagen einstellt und entnimmt. Das erfolgt meist über Körpersprache, Mimik und Gestik. Ist viel Betrieb, dann sind eventuell alle Wagen in Benutzung, und man muß auf den nächsten freiwerdenden Wagen warten. Zum Teil werden dann leere Wagen von Ankommenden schon vor dem Wiedereinstellen von Wartenden übernommen. Auch in dieser Situation stellt sich die Frage, wer bekommt den Wagen, wer muß noch warten? Hier zählen Aufmerksamkeit und Reaktionsschnelligkeit. Der Schnellere und Offensivere kommt zuerst zum Zug. Oft erfolgt die Abstimmung über die Übernahme mit wenigen Wort – „Kann ich?" und der Pfandwert wird direkt weiter gegeben. Dies ist ein Moment, der mit kurzem Mißtrauen begleitet ist: Hat mein Vorgänger eine Plastikpfandmarke benutzt? Weil dieser Verteilungsprozeß aufregend sein kann, wird z.T. gerne auch gewartet, bis ein Wagen ordnungsgemäß eingestellt und wieder entnommen werden kann.

Ein Malheur des Alltags ist an der Sammelstelle, wenn der Blick ins Portemonnaie offenbart, daß man kein passendes Geldstück zum Auslösen eines Wagens eingesteckt hat. Es ist unangenehm, ohne Einkaufswagen den z.T. langen Weg durchs Geschäft zurückzulegen und peinlich ohne Waren zur Kasse zu gehen und sich an den wartenden Kunden mit gefüllten Wagen vorbeizudrängen – „Entschuldigung, ich muß nur wechseln" – oder „falsch" von hinten an die Kasse zu kommen und darauf zu warten, die gerichtete Aufmerksamkeit der Kassiererin unterbrechen zu können, um ein Zwei-Euro-Stück oder gar einen Schein wechseln zu können. Hier muß man das Ende eines Kassiervorganges abwarten, bis die Kassenschublade nach einem Erfassungsvorgang geöffnet wird. In diesem Moment gilt es, rechtzeitig ein „Entschuldigung, könnten Sie ..." zu äußern, sonst heißt es, den nächsten Kunden abzuwarten, vielleicht bei den Ablegbewegungen der eingescannten Waren im Einpackbereich den Blick der Kassiererin binden zu können. Ähnlich fühlt man sich, wenn man in einem vollen Restaurant, um zu bestellen, die Aufmerksamkeit der Bedienung haben will, die geschäftig zwischen den Tischen unterwegs ist. Im Supermarkt kommt dies einem Fehlverhalten, einem organisatorischen Mangel gleich, der in der Situation an der Kasse öffentlich wird. Eine weitere Möglichkeit ist, andere Besucher zu fragen, ob sie wechseln könnten. Auch dieses Verhalten durchbricht Regeln des Selbstbedienungseinkaufes. Verbaler kommunikativer Austausch ist hier eher selten. Wenn, dann ist er oft auf die ad-hoc Abstimmung von Verkehrs- oder Zugriffsproblemen auf Waren beschränkt: „Entschuldigung, darf ich mal ...“ Oder wenn Gespräche erklärungsbedürftige Produkte betreffen („Kennen Sie sich damit aus?“) oder die Einschätzung unbekannter Angebote („Ist das gut?“).

Welche informellen Verkehrsregeln lassen sich im Geschäft weiter beobachten? Analog zum Straßenverkehr wird zum Anhalten mit dem Einkaufswagen, wenn man Angebote näher in Augenschein nehmen oder gleich konkret auswählen will, meist an die Seite herangefahren, um „den nachfolgenden Verkehr“ nicht zu behindern und um ungestörter schauen und wählen zu können. Anders als im Straßenverkehr gilt aber an Kreuzungen von Wegen und Gängen kein rechts-vor-links-Prinzip. Kommen mehrere Einkaufswagenlenker zeitgleich an eine Kreuzung, ermittelt sich die Vorfahrt aus den situativen Faktoren: Bestimmte Eiligkeit, d.h. Geschwindigkeit und geradliniges Steuern, suggeriert Zielgerichtetheit – das scheint in den meisten Fällen Vorrang zur Folge zu haben.

Eigene Wege geht fast jeder beim Einkaufen trotz „Wegelaufplanung“ der Anbieter. Es gibt zwar statistisch meßbare Häufungen und Ballungen (Staus) der zurückgelegten Strecken, die sich zwangsläufig auf bauliche Strukturen und die Warenanordnung zurückführen lassen. Dennoch führen persönlicher Bedarf, individuelle Affinitäten und Konstellationen des Momentes Besucher auf eigenen Wegen durch die Warenwelt. Besucher folgen zwar dem räumlichen Diktat der Verkaufsumgebung, gehen aber nicht darin auf. Sie gehen eigenwillige Wege. Je größer das Angebot und die Verkaufsumgebung, desto klarer lassen sich individuelle „Trampelpfade“ identifizieren, denen die Besucher folgen. Aber es gibt vielfältige situative Änderungen und Abweichungen. Mehrere Einkaufswagen etwa, die entlang der Kühltheke abgestellt sind und den Weg versperren, ohne daß ihre Lenker und temporären Besitzer unmittelbar identifizierbar sind, lassen einen zögern, einen fremden Einkaufswagen zur Seite zu schieben. Man wählt gegebenenfalls eine andere Strecke, fährt, sofern es absehbar erscheint, auch einen Umweg. Sieht man keine Alternativen oder hat es eilig, wird nicht immer gezögert und ausgewichen, sondern durchaus Hand angelegt, um einen Durchgang zu schaffen – aber oft mit einem kurzen peinlichen Gefühl. Skrupel werden wach, Hand an fremden Besitz zu legen und damit die Privatsphäre anderer Kunden zu verletzen. Ist der störende Einkaufswagen aber noch leer oder nur mit wenigen Produkten gefüllt, fällt dies nicht nur körperlich leichter als bei einem überbordend gefüllten Wagen. Leere Wagen werden als verrückbares unpersönliches mobiles Inventar wahrgenommen, denn Zeichen fremden Besitzes – wenn auch potentiellen – sind nicht vorhanden. Großen Respekt fordern Kinderwagen ein, die klar als privates „Sperrgut" verstanden werden, seien sie nun besetzt oder nicht. Sind Besitzer auszumachen, gilt es in der persönlichen Interaktion ein Durchkommen zu sichern. Peinlich kann aber sein, wenn man gerade einen Wagen zur Seite schiebt und sich just in diesem Moment jemand vom Regal wieder zurück wendet, um mit Waren in der Hand seinen Wagen zu suchen, den man gerade an der Haltestange hält und zur Seite schiebt. Man fühlt sich dann zu einem entschuldigenden „Ich wollte nur durch..." genötigt, das diesen „Zugriff" auf fremden Besitz rechtfertigen soll. In größeren, schlechter zu überschauenden Geschäften erfolgt das Aus-dem-Weg-Räumen manchmal weniger sanft: Störende Wagen werden gerammt und so zur Seite befördert.

Zusammen mit dem Einkaufswagen begleiten den Konsumenten im Supermarkt Fragen, wie er damit umgeht. Um besser voran zu kommen, ist es gängige Praxis, den Wagen an zentralen Punkten in einem Bereich stehen zu lassen und sich dann auf Detailsuche zu begeben. Das bringt jedoch die bange Frage auf, ob und wo man seinen Wagen unbeaufsichtigt stehen lassen könne. „Nimmt jemand meinen Wagen oder ausgesuchte Waren, greift jemand meine Einkaufstasche?" Permanente Überwachung ist notwendig. Gleichzeitig ist eine dauernde Orientierungs- und Identifikationsleistung notwendig, um zu wissen: „Wo ist mein Wagen?" Und „Welcher ist meiner?" Denn eine der größten Peinlichkeit im Supermarkt ist, den falschen Wagen zu nehmen. Noch schlimmer ist es, wenn die andere Person hinzu kommt! „Entschuldigung, das ist mein Wagen" offenbart schlimmes Fehlverhalten. Das gilt es zu vermeiden: Man merkt sich einige markante Produkte, die man schon im Wagen hat, z.B. die Cornflakes-Packung, um schnell und auch aus der Ferne den eigenen Wagen zu erkennen, oder dekoriert den Wagen mit einer Einkaufstasche, einem Zeichen: „Das ist meiner".

3 Wo geht's lang – Orientierung in der Einkaufspraxis

Konsumenten haben zwar eine Vorstellung, die sicher Warenkategorien differenziert und relative Koppelungen von z.B. Shampoo und Spülung, Waschmittel und Weichspüler, Bier und Mineralwasser mental verbindet, aber keinen expliziten Plan, in dem alles seinen genauen Platz hat. Die Konsumentenorientierungslogik ist praktisch und subjektiv. Sie läßt sich nur bedingt auf 2d-Schemata projizieren. Sie ist einfacher und komplexer zugleich. Komplexer ist sie, weil sie mehrere Orientierungsmodelle vernetzt. Einfacher ist sie, weil sie zugleich diese Schemata in einem Handlungsstrang situativ kurzschließt. Verschiedene Orientierungen werden ad hoc aktiviert und handlungspraktisch verbunden. Sie gehen vor Ort in einer komplexen Orientierungspraxis auf.

Bei aller situativen Gebundenheit des Einkaufens sind dennoch individuelle Pfade auszumachen, auf denen sich Besucher bzw. Konsumenten bewegen: Trampelpfade im Warendschungel, die eigenen persönlichen Routinen folgen. Nur ein Teil des tatsächlichen Angebotes wird davon persönlich erschlossen – wobei anlaß- oder stimmungsgebundene Erkundungen der individuellen Terra Inkognita der Besucher nicht ausgeschlossen sind. Beispiele hierfür finden sich im textildominierten Warenhaus, im Bau- oder Elektromarkt genauso wie im Lebensmittelhandel.[17] Die sechs Meter lange Regalstrecke mit Deodorants in einem SB-Warenhaus, auf der mehr als 200 verschiedene Produkte zur Auswahl stehen, wird selbst von den Personen, die ein neues Produkt und nicht nur eine neue Packung ihres bisherigen suchen, nicht in ihrer Länge abgegangen, um das Angebot in seiner Fülle zu untersuchen. Deo-Verwender halten sich meist an ihre Applikation, d.h. an Sprays, Roll-ons oder Sticks und an ein spezifisches Markenspektrum, mit dem sie schon vertraut sind, wenn sie etwas Neues suchen. Die subjektiv erfaßte Warenwelt und der räumliche Ausschnitt, mit dem Besucher sich tatsächlich befassen, ist eingeschränkt, in routinisiertem Verhalten eingebettet und wird nur bedingt und fallweise vergrößert. Diese Beschränkung schafft Vertrautheit, reduziert Komplexität und erzeugt ein Gefühl von Zugehörigkeit, man könnte beinahe sagen: ein Stück Konsumheimat.

Bei besonderen Anlässen erforscht man aber auch unbekanntes Terrain: So begibt man sich etwa, wenn ein Essen ansteht, zu dem etwas Außergewöhnliches gekocht werden soll, auch in den bislang nur bedingt vertrauten Delikatessenbereich eines Supermarktes. Hier wird anders vorgegangen als auf bekanntem Terrain. Die Verweildauer vor diesen Regalen ist wesentlich länger. Sie werden systematischer und detaillierter untersucht. Die Erkundung erfolgt meist als ein Annäherungsprozeß. Zunächst wird versucht, sich einen Überblick zu verschaffen, Art, Umfang und Struktur des Bereiches zu erfassen. Regalgänge werden hier oft als quasi natürliche Grenzen des Angebotes unterstellt. Angebote, die „um die Ecke reichen", sich im nächsten Gang fortsetzen oder gar an einer Stirnseite weitergeführt sind, werden nur bedingt im Zusammenhang gesehen und genutzt. Angebote und Bereiche, mit denen man nicht vertraut ist, erfordern Zeit und Aufmerksamkeit. Dies gilt etwa auch für den Einkauf in einem Supermarkt im Ausland, wo einem das Angebot und seine Struktur unbekannt sind. Zur Erkundung gibt es oft zwei Strategien: Zum einen die systematische „kartographische Erfassung", mit dem Einkaufswagen, der nicht aus der Hand gelassen wird und einen Pol der Sicherheit darstellt, zum anderen das vorsichtige Erkunden,

---

[17] Vgl. Keim 1999; Telschow 2004; Underhill 1999. Underhill (1999: 80) führt z.B. an: „About one-fifth of all shoppers actually see the average product on a supermarket shelf."

ohne Einkaufswagen, der an einer Position außerhalb des unbekannten Gebietes abgestellt wird.

Der Shopping-Forscher Paco Underhill gibt ein Beispiel dafür, wie sich Rollenkonstellationen beim Einkaufen in die Quere kommen: Sind Warenständer zu nah an Verkehrsflächen positioniert, werden sie weniger und kürzer genutzt. Es stört Besucher, wenn sie von Vorbeigehenden beim Durchschauen des Warenangebotes von hinten versehentlich angestoßen werden.[18] Demnach brauchen vor allem Frauen einen ausreichenden Freiraum vor Warenständern, um das Angebot durchzuschauen. Sprich: Hier konfligieren verkehrspraktische Dimensionen, die Anordnung von Waren im Raum und menschliches Raumempfinden bei der Auswahl. Mehr aus der Sicht des Kunden betrachtet heißt das: Bei der intensiveren Beschäftigung mit Angeboten will man seine Ruhe und relative Abgeschiedenheit haben. Man beansprucht eine temporäre räumliche Privatsphäre. In einem sozial-räumlichen Gefüge, das auf Offenheit, Durchsatz bzw. Durchfluß ausgerichtet ist, steht man dabei jedoch beinahe zwangsläufig im Weg. Denn die Interessen der Besucher sind eben nicht gleich, zumindest an einzelnen Waren bzw. Angeboten. Der eine setzt sich ausführlicher mit Joghurt, Zahnpasta, Blusen, Sweatshirts oder Businesshemden auseinander, die andere mit Shampoo, Eiern, Speiseöl, Röcken oder T-Shirts. Verschiedene Tätigkeiten und kognitive Perspektiven treffen aufeinander: Stehen und Gehen, konzentrierte Immersion in die Warenwelt und prospektive Dynamik des Weiterkommens. Hier ein Innehalten, der Blick auf das konkrete Angebot vor Augen, eine fokussierte Statik der Kontemplation, Rückzug und Rückbezug auf das eigene Ich. Das bindet eine spezifische Körperlichkeit und Befindlichkeit im Raum. Anstöße von außen, im wortwörtlichen Sinne, stören dabei. Der Mensch in dieser Situation ist Interessent, im Bann einer Warenbeziehung. Er ist Konsument und potentieller Käufer. Parallel dazu, aber von anderen ausgeführt, dominiert der körperliche Fortschritt, die Bewegung in der mobilen Auseinandersetzung mit der (Waren-)Umwelt und die mentale Projektion auf ein Ziel, ein Angebot oder eine Anregung an einer kommenden Station. Dabei ist der Mensch Besucher, Passant.

[18] Underhill (1999: 18) schildert Beobachtungen zum Einkauf von Krawatten in einem Kaufhaus in der Nähe des Eingangs: „We began to notice something weird about the tie rack. Shoppers would approach it, stop and shop until they were bumped once or twice by people heading into or out of the store. After a few such jostles, most of the shoppers would move out of the way, abandoning their search for neckwear. (…) We watched this over and over until it seemed clear that shoppers – women especially, though it was also true of men to a lesser extent – don't like being brushed or touched from behind.“

4 Grauzonen

Haben zwei Menschen die gleiche Ware im Blick, etwa den letzten Liter Milch einer bestimmten Marke oder den letzten Aldi-PC, kann es zu Auseinandersetzungen kommen. Meins oder deins müssen dann ausgehandelt werden. Welcher Code-of-Conduct gilt dabei? Eigentlich ist das Warenangebot der „Selbstbedienung" auf Unendlichkeit angelegt. Preis und Wertschätzung sind per Kleber ausgezeichnet. Ware ist bei Bedarf immer verfügbar. Im Fall des drohenden „out-of-stock" stoßen diese (mythischen) Prinzipien der permanenten Verfügbarkeit (während der Öffnungszeiten) an ihre Grenzen. Diese Endlichkeit läßt neue Wertschätzungen entstehen. Die standardisierte Ware erfährt eine zusätzliche Wertsteigerung, die ad hoc entsteht und ebenso auszuhandeln ist. Solche Konfliktkonstellationen können unterschiedlich gelöst werden: Eine Interessentenpartei gibt ihre Ansprüche auf und weicht womöglich auf ein anderes Produkt aus, es kommt zu einer verbalen Verhandlung der individuellen Ansprüche, oder man versucht, dem Konflikt auszuweichen, indem man beim Personal nachfragt, ob es noch weitere, dann vielleicht sogar „frischere" Ware gebe. Hat dies Erfolg, kann nachzugeben einen Vorteil darstellen: „Ätsch, ich habe neuere Ware bekommen". Die Ware ist dann „wertiger", weil sie ganz frisch ins Regal gestellt wurde, oder weil man sie gar vom Personal direkt aus dem Lager ausgehändigt bekommen hat – ohne daß sie schon im Regal stand und ausgestellt war.

Die Bedeutung des „letzten Exemplars" einer Ware oszilliert zwischen „schlecht, schon abgegriffen, durch häufiges in Augenschein Nehmen und durch Anfassen schon gebraucht" und dem Wert, das letzte seiner Art in diesem Moment zu sein, eine Gelegenheit, bei der es Zugreifen heißt: Während ein Liter Milch o.ä. sonst keiner Erwähnung Wert sind, kann eine oben geschilderte Situation der Endlichkeit durchaus dazu führen, daß die Ware und ihr Erwerb Gesprächsstoff bilden beim Nach-Hause-kommen: „Das waren die letzten 2 Liter, die habe ich gerade noch vor einer Dame bekommen." Neben Erfolgserlebnissen kann dies jedoch genauso auch mit Frustrationen verbunden sein. Wenn es samstags beim Bäcker keine Brezeln mehr gibt, das erstrebte Schnäppchen beim Discounter, oder der Gelierzucker, den man doch noch schnell zum Marmeladekochen brauchen würde, aus sind und die Verfügbarkeit der Warenwelt ihre Grenzen zeigt.

Juristisch sind die Besitzverhältnisse in der Selbstbedienung wenig zweifelhaft: Was noch nicht bezahlt ist, stellt Eigentum des Verkäufers dar. Bei der Selbstbedienung räumt der Eigentümer jedoch potentiellen Käufern die Möglichkeit ein, selbst auszuwählen. Aus Sicht der Einkäufer sind diese normativen Zuordnungen weniger eindeutig. Der Besitzwechsel ist ein prozeßhafter Übergang, der schon vor dem Besuch im Laden beginnt. Für den Lebensmitteleinkauf etwa wird häufig vorbereitend ein Einkaufszettel erstellt.[19] Dies kommt einer virtuellen Vorauswahl, einer mentalen Vorwegnahme des Einkaufes gleich. Beim Online-Shopping gibt es Ansätze, die es erlauben, am PC eine Einkaufsliste zu erstellen, sei es frei oder technologisch gestützt auf der Basis bisheriger Einkäufe, die per Mausklick in eine Bestellung umgewandelt werden kann. Einen externalisierten Speicher des regelmäßigen Bedarfes, wie er sich etwa beim Einkauf beim Bäcker um die Ecke, bei dem man persönlich bekannt ist, in Form der Frage „Wie immer?" äußert, gibt es in der anonymen Selbstbedienung bislang auf einer etablierten technologischen Basis nicht.

Das Auswählen ist ein weiterer Schritt der Aneignung. Im Laden werden Waren ausgewählt und in den Einkaufswagen gelegt. Mit diesem Akt werden zumindest aus Kundensicht Quasi-Besitzansprüche verbunden: „Was in meinem Wagen liegt, gehört mir!" Die Waren sind noch nicht bezahlt, aber ausgewählt. Damit entsteht auch eine sozial konnotierte Verpflichtung, die Waren zu erwerben. Dennoch ist dieser Anspruch nicht absolut. Hält man sich noch im Auswahlbereich des Geschäftes auf, kann er wieder gelöst werden, Waren können wieder zurückgebracht und „enteignet" werden – nicht immer machen sich dabei Konsumenten die Mühe, Waren an ihren angestammten Platz zurückzubringen. Sie werden an einer sich bietenden Stelle möglichst unauffällig abgelegt. Die soziale Erwerbsverpflichtung nimmt mit der Annäherung an den eigentlichen Kaufakt zu. Entsprechend peinlich ist es, ausgewählte Waren an der Kasse auszusortieren und zurückzugeben.

Offenbar wird der „Scheinbesitz" ausgewählter, aber noch nicht bezahlter Waren nicht nur beim Ladendiebstahl, sondern auch, wenn Unfälle passieren, wenn die Weinflasche, der Quarkbecher am Boden zerschellen oder beim Anprobieren und Steigen ins Hosenbein ein Hosensaum losgetreten wird – ein Alptraum für Kunden, eine Peinlichkeit und ein Ärger: „Wer ist schuld, wem gehört das Produkt? Wer muß es bezahlen? Und wer ist dafür zuständig und muß die entstandene Schweinerei aufputzen?" Für die meisten Kunden stellen Waren, die sie schon ausgewählt haben, Besitz dar, für den sie verantwortlich sind bzw. geradezustehen haben. Unschöne Momente, die nach dem Motto „Noch nicht

[19] Einkaufszettel sind eine lange etablierte Technik des Einkaufsmanagements, die in unterschiedlichen Formen praktiziert wird. Zum Teil werden neben den Produkten auch detailliert Mengen- und Markenangaben festgehalten. Ehrke (1996: 128) schildert in ihrer ethnographischen Betrachtung des Einkaufen-Lernens folgendes Beispiel: „Eine Studentin notierte für ihren Freund die Dinge, die die beiden für drei Feiertage ihrer Meinung nach benötigen würden. Sie schrieb lediglich die Produkte auf den Zettel – ohne Mengenangaben. Er ging davon aus, daß sie zum Beispiel Nudeln auch für die Vorratshaltung brauchen würde, und kaufte gleich zwei Kilo Bandnudeln. (...) Die Studentin dagegen war erstaunt, mit welchen Mengen er wieder nach Hause kam, und war irritiert, wie er den Einkaufszettel interpretiert hatte." Vgl. zu Einkaufslisten und der Vorplanung des Einkaufens auch Thomas/Garland 2004.

gewonnen, schon zerronnen" verbucht werden. Gleichzeitig wird – in Abhängigkeit vom Warenwert und der Situation – Kulanz erwartet. Es ist peinlich genug, mit solch einem Malheur in den Fokus der Öffentlichkeit zu rücken. Auch wenn die finanzielle Regelung des Schadens als Kundenangelegenheit akzeptiert ist, wird zumindest bei einer eventuell notwendigen (Be-)Reinigung des Unfallortes der Händler als zuständig betrachtet und zügige Unterstützung erwartet.

Noch weniger weit reicht das Verantwortungsgefühl bei Waren, die ohne vorherige Auswahl durch unbedachte Bewegungen beschädigt werden, bei denen kein besitzergreifender Auswahlprozeß statt gefunden hat. Gibt es keine offensichtlichen Beobachter – vor allem andere Kunden stellen eine wahrgenommene Überwachungsinstanz dar –, wird durchaus Unfallflucht begangen. Oder es wird kaschiert und versucht, den unbeschädigten Anschein wieder herzustellen: Eine heruntergefallene Dose wird wieder aufgestapelt, auch wenn sie jetzt Dellen hat. Gleiches gilt für Frischwaren, die von der Auslage gekullert sind und womöglich Schaden genommen haben, Eier, die beim Umstapeln von Kartons zerbrochen wurden, oder den Pullover, der beim Vorbeigehen vom Ständer gestreift wurde und nun Flecken aufweist. Zum Teil werden solche Erlebnisse nicht mehr nur als Mißgeschicke verstanden, die flüchtige Schuldgefühle hervorrufen, sondern sie lösen gar Verärgerung über den Anbieter aus. Vor allem riskante Stapelungen, die sich beim Zugriff auf ein Produkt als instabil erweisen, oder herausstehende Plazierungen an verkehrsgefährdeten Stellen führen dazu, daß Kunden sich als unschuldige Opfer unnötiger mutwilliger Risikoerhöhung empfinden. Joghurtgläser, die in engen Regalen so übereinander gestapelt sind, daß das Herausnehmen eines Glases beinahe zwangsläufig das Nachfallen eines weiteren zur Folge hat, sind ein Beispiel hierfür. Hier ist dann nicht Schuldbewußtsein, sondern Unmut die Folge. Gleiches kann für „Passanten" gelten, die ohne spezifisches Produktinteresse bei fragilen Warenpräsentationen anecken.

Gleichzeitig erwarten wir bei Waren im Supermarkt oder Kaufhaus, daß sie neu und unberührt erscheinen.[20] Waren sollen eine standardisierte, per Verpackung, Siegel etc. testierte Aura des Neuen, Unberührten aufweisen.[21] Angebrochene Packungen oder geöffnete Kartons lassen wir stehen. Gleichzeitig suchen

[20] Ungeachtet juristischer Dimensionen ist die Statusbestimmung „neu" für eine Ware eine symbolische Zuschreibung, die wichtig ist für die kulturelle Konstruktion von Waren und ihre Wertbestimmung, vgl. Keim 1999 sowie: Kopytoff 1986.

[21] Sind Waren erst gekauft, werden die symbolischen Versicherungen einer „neuen Ware" z.T. noch unmittelbar im Geschäft entfernt. Der Karton der Tiefkühlpizza oder die Plastikhülle der Gurke landen in Sammelboxen hinter der Kasse. Sie werden symbolisch entwertet und erhalten eine neue Bedeutung im Recyclingkreislauf. Dies ist erst möglich, nachdem die Verpackungen ihre kommunikativen Aufgaben erfüllt haben, auf sich aufmerksam zu machen, die Marke symbolisch zu vertreten, Produkteigenschaften und den Status neuer, unbenutzter Produkte zu vermitteln. Dann sind sie visuell gebraucht und gegebenenfalls entbehrlich – reif für die Entsorgung.

wir die Anschaulichkeit und die persönliche Erfahrung der Ware. Viele Produkte, die uns „standardisiert“ und verschlossen dargeboten werden, wollen wir dennoch ausprobieren, in die Hand nehmen, sie anfühlen, an ihnen schnuppern oder kosten. Shampoos werden geöffnet und daran gerochen. Fehlt ein Ausstellungsstück, wird ein Toaster eben ausgepackt. Oft wird nach einer solchen Begutachtung für den tatsächlichen Erwerb eine neue verschlossene Packung gesucht. Wenn man sich entschieden hat, greift man weiter hinten ins Regal, um eben ein neues unversehrtes Produkt zu erhaschen.

Ähnliche Taktiken finden sich auch bei Frischwaren: Bevor Trauben in den Einkaufswagen kommen, wird eine probiert. Oder eine Schale abgewogener Erdbeeren wird aus- bzw. aus mehreren umsortiert, um ein Körbchen mit besonders guten Früchten zusammenzustellen. Nicht überall sind solche Verhaltensweisen gleichermaßen zu finden. Zum Teil ist dies auf die Präsentations- und Darreichungsform zurückzuführen. In Discount-orientierten Geschäften werden auch Frischwaren eher standardisiert dargeboten. Das heißt: Sie sind portioniert, vorgewogen, verpackt und werden in gleichen Losgrößen angeboten. So gibt es etwa auch bei Aldi Baumtomaten (Rispentomaten genannt) zu kaufen, aber eben nicht zur Selbstauswahl und zum Selbstabwiegen, sondern vorselektiert, vorgewogen, besser stapelbar vorverpackt und bepreist. Hier wird jedoch z.T. durchaus rücksichtslos in den Tomatenkartonagen gewühlt, die Tomaten auf die benachbarten Gurken gestapelt, um eine Packung mit einer attraktiven Zusammenstellung ausfindig zu machen.

Selbstbedienung hat den Anspruch der Autonomie des Kunden. Dieser Anspruch ist verbunden mit einem komplexen Bündel von Anforderungen, dem zum einen Konsumenten mit durchaus eigenwilligen Taktiken gerecht werden, zum anderen stößt Selbstbedienung an Grenzen. Störungen im Ablauf der Selbstbedienung, wenn etwas nicht vorhanden oder zu finden ist oder Dinge nicht funktionieren, machen es notwendig, Kontakt zum Personal aufzunehmen. Die Leergutannahme im Supermarkt, die inzwischen häufig automatisiert ist, illustriert eine solche Grenzsituation beispielhaft: Ein Kunde stellt Flaschen ein, die Maschine verweigert die weitere Annahme und beginnt zu blinken. Der Kunde ist gezwungen, Kontakt zum Personal zu suchen. Viele Konsumenten empfinden dies durchaus als ärgerlich und unangenehm. Gleiches gilt für Produkte, die aus sind oder nicht gefunden werden.

Probleme und Fragen, die sich nicht selbst klären lassen, sind im Rahmen der Selbstbedienung in mehrfacher Hinsicht schwierig: Zum einen gesellt sich häufig unmittelbar das Problem hinzu, wie denn überhaupt ein kompetenter Ansprechpartner auszumachen sei. In Supermärkten gibt es zwar an der Kasse Personal, das ist jedoch ins Kassieren eingebunden. Eine Taktik ist, neuralgische Punkte an den Schnittstellen zur Hinterbühne des Geschäfts abzuklappern, etwa die Rückgabe von Leergut, Frischwarentheken, die mit Personal besetzt sind oder der regelmäßigen „Pflege“ bedürfen, wie der Obst- und Gemüsebereich. Eine weitere Vorgehensweise ist, systematisch die Gänge abzugehen. Beides kann frustrierend verlaufen. Eine Informationstheke haben meist nur große SB-Warenhäuser – dahin kann der Weg weit sein.

Zum anderen wird Selbstbedienung als ein Anspruch verstanden, dem man nicht nur gerecht werden muß, sondern mit dem man auch selbstverständlich zurecht kommen will. Man will sich kompetent und fähig zeigen. Störungen, wie ein überfüllter Automat, der die weitere Annahme von Leergut womöglich blickend und tutend verweigert, stellen diese Kompetenz öffentlich in Frage. Man fühlt sich verantwortlich für das maschinelle Problem und sieht sich gezwungen, den Rahmen der Selbstbedienung zu verlassen und Hilfe beim Personal zu suchen. Gleiches gilt für EC- und Kreditkarten, die beim Bezahlen ihren Dienst verweigern. Diese Situation ist unangenehm, denn man hält den Ablauf an der Kasse auf, und es steht im Raum, man sei nicht zahlungsfähig oder handle gar in betrügerischer Absicht. Noch unangenehmer ist, wenn man keine anderen Karten oder Bargeld in entsprechender Höhe verfügbar hat. Dann bleibt nur die Schmach, die ausgesuchten Waren da zu lassen oder darüber zu verhandeln, ob man mit ausreichenden Bezahlungsmitteln ausgestattet wieder zurückkommen könne.

Einkaufen ist ein System, das versucht, Anbieter- und Kundeninteressen zu verweben und zu synchronisieren. Daß das im Prinzip funktioniert, zeigen Händlerumsätze, Besucherzahlen und die Inhalte der Kühl- und Kleiderschränke der Kunden. Dennoch funktioniert diese Synchronisation nicht ohne Reibungen, Brüche und Schieflagen. Selbstbedienung ist zwar eine Form individualisierten Warenzugriffs, der mit einem dezidierten Autonomieversprechen einhergeht, der aber auf Standardisierung und einer Taylorisierung des Konsums beruht. Der Prozeß des Einkaufens ist in Einzelschritte zerlegt, die rationalisiert und aufeinander abgestimmt sind. Konsumenten können bzw. müssen in diesem System zwar auswählen und haben somit einen individuellen Spielraum, aber innerhalb eines Spielfeldes, dessen Organisation sie nur bedingt mitgestalten können oder wollen. Solange ihnen das Spiel gefällt, spielen sie mit. Gibt es allzu große Probleme, Lücken oder Hindernisse spielen sie nicht mehr mit und stimmen behende mit den Füßen ab. Sie kommen nicht mehr. Das kann schnell und einfach gehen.

Literatur

Baron, Steve u.a. (2001), Retail Theater. The „Intended Effect“ of the Performance, in: Journal of Service Research, No. 4, S. 102-117.

Certeau, Michel de (1988), Kunst des Handelns, Berlin.

Dieterich, Michael (1985), Konsument und Gewohnheit, Heidelberg/Wien.

Ehrke, Sabine (1996), Auch Einkaufen will gelernt sein, in: Hermann Bausinger u.a. (Hg.), Einkaufen. Ethnographische Skizzen. Konsumentenkulturen in der Region Tübingen, Tübingen, S. 121-131.

Giddens, Anthony (1988), Die Konstitution der Gesellschaft, Frankfurt/New York.

Goffman, Erving (1980), Rahmen-Analyse. Ein Versuch über die Organisation von Alltagserfahrungen, Frankfurt/M.

Goffman, Erving (1991), Interaktionsrituale. Über Verhalten in direkter Kommunikation, Frankfurt/M.

Goffman, Erving (2003), Wir alle spielen Theater. Die Selbstdarstellung im Alltag, München.

Häusel, Hans-Georg (2004), Direkt ins Hirn, in: Marketing Journal, Nr. 9, S. 6-9.

Keim, Gerhard (1999), Magic Moments. Ethnographische Gänge in die Warenwelt, Frankfurt/M.

Kopytoff, Igor (1986), The Cultural Biography of Things. Commoditization as Process, in: Arjun Appadurai (Hg.), The Social Life of Things. Commodities in a Cultural Perspective, Cambridge, S. 64-91.

Kowinski, William Severini (1985), The Malling of America. An Inside Look at the Great Consumer Paradise, New York.

Soeffner, Hans-Georg (1989), Auslegung des Alltags – Der Alltag der Auslegung, Frankfurt/M.

Telschow, Stephan (2004), Von der komplexen Realität zu aktionablen Ergebnissen: Multimethodale POS-Forschung, in: Planung & Analyse, Nr. 4, S. 28-31.

Thomas, Art/Garland, Ron (2004), Grocery Shopping. List and non-list usage, in: Marketing Intelligence & Planning, Vol. 22, No. 6, S. 623-635.

Underhill, Paco (1999), Why we shop, New York.

3 Planung und Nutzung von Shopping Malls

Shopping Malls sind die (post)modernen Kathedralen des Konsums, wie man in Anlehnung an Emile Zola sagen könnte. In den USA stellen sie mit beinahe 1.200 Exemplaren – in Verbindung mit mehr als 45.000 Shopping Centern – die vorherrschende Form von Einkaufsstätte dar. So wird ein Großteil aller Einkäufe in solchen überdachten, zumeist am Stadtrand oder in den Vorstädten angesiedelten Gebäudekomplexen abgewickelt. In Deutschland mit nicht einmal 500 Shopping Centern – und nur wenigen „echten" Shopping Malls – ist die Entwicklung noch nicht so weit fortgeschritten. Gleichwohl sind solche großen, oftmals multifunktional ausgerichteten Einkaufsstätten auch hierzulande längst zu einem ernstzunehmenden Faktor geworden. Denn sie bestimmen das Einkaufsverhalten vieler Verbraucher, und im Zuge der damit verbundenen Abwanderung von Kundschaft aus den Innenstadtbereichen haben sie massive Auswirkungen auf die Vielfalt des Shoppingangebots in den Innenstädten, Stichwort „Verödung des Innenstadtlebens". Von daher kommt eine Soziologie des Shopping an diesem Phänomen schlechterdings nicht mehr vorbei.

Andreas Rieper beschäftigt sich in seinem Beitrag ausschließlich mit der Anbieterseite, d.h. mit den Planern und Betreibern von Shopping Malls. Dabei ist für den deutschen Markt bezeichnend, daß er fast vollständig durch deutsche Unternehmen beherrscht wird. In seiner Darstellung durchläuft Rieper quasi den gesamten Planungs- und Entstehungsprozeß eines Shopping Center, nachdem er zuvor die Geschichte dieser speziellen Einkaufstättenform erzählt. Darüber hinaus kommt er auf die schon etwa länger währende Krise der Malls zu sprechen. Denn die Verbraucher – von Ausnahmen wie dem CentrO in Oberhausen abgesehen – kehren verstärkt in die Innenstädte zurück, unterstützt durch die Stadtoberen, die inzwischen eingestehen, daß ihre bisherige Politik der leichtfertigen Freigabe von Gewerbeflächen an den Stadträndern zwecks Ansiedlung von Shopping Centern nicht bloß finanzielle Vorteile gebracht hat.

Ellen Bareis berichtet demgegenüber von der Nachfragerseite, also den NutzerInnen von Shopping Malls. Anhand von Interviews zeigt sie auf, wie unterschiedlich die Wahrnehmung und Bewertung der Verbraucher hinsichtlich von Shopping Malls sein kann, selbst wenn diese höchst umstritten sind, wie an den Beispielen aus Hamburg Altona und Berlin Neukölln sehr schön deutlich wird. Offenbar besteht die Chance, wie von den Cultural Studies schon seit längerem untersucht, auch Shopping Malls auf ganz individuelle Art und Weise anzueignen und für sich zu nutzen. In welchem Maße diese Effekte repräsentativ sind, läßt sich angesichts der geringen Fallzahl qualitativ erhobener Interviews natürlich nicht ableiten. Doch es wird immerhin deutlich, daß Shopping Malls nicht bloß als Warenhallen, sondern auch als Erlebnisräume wahrgenommen und genutzt werden. Damit gewinnen sie aber eine Funktionalität, die gegenüber der kommerziellen Logik der Betreiber solcher Einkaufsstätten unabhängig ist. Shopping Malls avancieren damit gewissermaßen zu postmodernen Formen der Vergesellschaftung, die es soziologisch durchaus ernst zu nehmen gilt.

Das Shopping-Center als inszenierte Konsumwelt

Andreas Rieper

1 Einleitung

Das Einkaufszentrum oder Shopping-Center (SC) ist im Rahmen des alltäglichen Handlungssets „Shoppen“ – im Anschluß an die Theatermetaphorik von Erving Goffman (1980, 2001) zur Beschreibung alltäglicher Selbstdarstellungsmechanismen von Einzelpersonen und Gruppen – als Ort bzw. Raumkonstruktion verschiedener Vorder- und Hinterbühnen zu verstehen, die privat-wirtschaftlich etabliert und inszeniert (betrieben) werden und in denen Kauf- und Verkaufsakte als Alltagshandeln stattfinden. Dabei bezieht sich Goffman zur Beschreibung seines Ansatzes oft selbst auf Beispiele, die aus dem Einzelhandelsgeschehen bzw. aus der Verkäufer-Käufer-Interaktion entlehnt sind (vgl. Goffman 2001).

Die Einzelhandelsmieter einer Centeranlage und ihre Verkäufer bzw. Verkäuferteams stellen Goffman folgend Ensembles dar, während die Besucher und Käufer, die sich im Center aufhalten, als Publikum anzusehen sind. Das Centermanagement gehört zum einen zum Ensemble (gegenüber dem Kundenpublikum), übernimmt aber auch die Rolle des „Autors“ des aufzuführenden Stückes, des Intendanten und vor allem die des Regisseurs des Stückes/Ensembles.

Der Verkaufsraum der verschiedenen Centerläden, die sich deutlich in Angebot, Niveau, Branchenmix, Betriebstyp und Verkaufsflächengröße unterscheiden können (vom kleinen, inhabergeführten Tabakgeschäft mit 20 qm Verkaufsfläche bis zum Vollsortimentswarenhaus mit rund 10.000 qm Verkaufsfläche), stellt die Vorderbühne dar. Hier kann sich der Kunde frei bewegen, hier kann der Verkäufer sein „Spiel“ mehr oder weniger gewillt entfalten. Die Ladeneinrichtung bzw. -gestaltung vermittelt dem Publikum recht deutlich die Grenzen zwischen Vorder- und Hinterbühne (u.a. Sozialräume, Personaltoiletten, Lager), diese Grenzen werden auch gesellschaftlich vermittelt: „Feste Einrichtungsgegenstände unterstreichen diese Aufteilung. Arbeitgeber sorgen für vervollständigte Harmonie, indem sie Personen, ‚die einen guten Eindruck machen’, in die Vorderregion setzen.“ (Goffman 2001: 114)

Mitarbeiter, sprich Verkäufer, müssen darstellerische Fähigkeiten aufweisen. Dies beginnt mit der Kundenbegrüßung – wie auch immer dargestellt – und reicht über die Beratung, das Kassieren und die Verabschiedung des Kunden bzw. der Kundin. Diese Vorstellungen werden seitens der Kunden mit dem Kauf selbst entlohnt, aber auch „Trinkgelder“, verbaler Dank und die Wiederkehr des Kunden gehören zu den „Entlohnungsmustern“. Dabei trifft das Ensemble im Verkaufsalltag auf ein sehr heterogen strukturiertes Publikum, mit spezifischen Bedürfnissen und Verhaltensmustern (vgl. Underhill 1999). Ein Stammkunde wird z.B. anders „bespielt“ als der unbedarfte Neukunde (dem man noch etwas „aufschwatzen“ kann), Frauen anders als Männer, Junge anders als Alte.

Das Besondere und Auffälligste bei Shopping-Centern ist nun, daß diese unterschiedlichen Einzelbühnen (die Centeranlage ist dabei als Gesamtbühne zu verstehen bzw. weiter ausdifferenziert: Anzahl der Shops gleich Anzahl der Einzelbühnen) auf engstem Raum quasi Tür an Tür in einem Gebäude mit gleicher Temperatur, gleichem Geräuschpegel und vor allem gleichen Regeln und Geboten angeordnet sind, ganz im Gegensatz zum lokalen Einzelhandel einer zentralen städtischen Haupteinkaufslage. Dort unterscheiden sich die Anbieter, sprich Läden, schon durch Architektur, Haustyp und die Lage der Geschäfte im Stadtraum sowie durch die Ladengestaltung und nicht zuletzt durch das individuell zusammengestellte Angebot und Bedienungsverhalten.

Ist für den sogenannten „inhabergeführten“ Einzelhandelsbetrieb außerhalb eines SC gerade dieses individuelle Auftreten charakteristisch, so sind für Shops in einem SC nur wenige Möglichkeiten der Distinktion gegeben: Das SC-Management bzw. die vorgegebene bauliche Gestaltung lassen kaum individuelle Darstellungsmöglichkeiten zu. Dieter Hoffmann-Axthelm (1995: 71) führt hierzu plakativ aus, daß „das Einkaufszentrum eine inszenierte Welt (ist) ... mit einem diktatorischen Regiekonzept. Nutzerautonomie gibt es nicht. Wer auf der Position, die ihm die Regie zuweist, nicht rentabel ist, fällt heraus. Darin verzichtet das Instrument Einkaufszentrum auf zukunftsträchtige soziale Kompetenz“. Ein SC kann also als eine Agglomeration von Bühnen verstanden werden, die allerdings unter dem „Direktorat“ des Centermanagements stehen, während der Einzelhändler, der nicht in einer gemanagten Anlage agiert, Hauptdarsteller und Theaterdirektor (Intendant) in Rollenunion ist.

Das Centermanagement inspiziert und reglementiert aber nicht nur das Ensemble der Händler bzw. Einzelvorderbühnen, sondern behält auch das Publikum „im Auge“ (Security, Infodesk-Mitarbeiter, Toilettenpersonal). Für dieses Massenpublikum stellt das SC trotz privatwirtschaftlicher Reglementierung ebenfalls eine wichtige (halb-)öffentliche Bühne dar, die der individuellen Lebensstilisierung dient und entsprechend „genutzt“ wird: „Als soziale Zentren sind Malls Bühnen, auf denen die Individuen Lebensstile, Moden, Haltungen, Gesten etc. zur Schau stellen und einen gestisch-ästhetischen Konsens erproben.“ (Noller 1999: 162) Teile des Massenpublikums erhalten durch die abgeschlossene Räumlichkeit einer Mall bzw. eines SC die Chance, über die eigene Darstellung den Status zu transformieren und so zum Ensemble zu mutieren.[1] Der folgende Beitrag wird sich aber weniger der Konsumentenseite zuwenden (vgl. den Beitrag von *Bareis* in diesem Band) als vielmehr der Anbieter- bzw. Angebotsseite.

Die Planungs- und Konzeptionsebene dieser Bühnen, die Rolle des Centermanagements im Zuge der Rahmensetzung von „Aufführungen" (wie z.B. Öffnungszeitenvorgabe, Vorschriften zur Ladengestaltung, Festlegung des Warenangebotes in Tiefe und Breite, Fixierung der Miethöhe) in SC sollen im Mittelpunkt der folgenden Betrachtungen stehen. Auch historische Aspekte werden kurz beleuchtet und allgemeine Informationen zur SC-Szene in Deutschland gegeben. Ferner wird auf die Erfolgsfaktoren und ausschlaggebenden Relevanzkriterien zum wirtschaftlichen Gelingen dieser Einzelhandelseinrichtungen eingegangen. Nachfolgend sollen keine Hypothesen getestet, Theorien verglichen oder entwickelt, keine „harten" Daten interpretiert werden. Vielmehr wird der Versuch gewagt, sich dem Thema SC bzw. SC-Entwickler/Betreiber soziologisch anzunähern. Die folgenden Ausführungen erhalten dabei einen eher explorativen Charakter.

2 Das Shopping-Center

2.1 Definition und Eigenschaften

In der deutschsprachigen Soziologie führt das SC oder Einkaufszentrum[2] als Untersuchungsgegenstand ein Randdasein. In konsumsoziologischen Untersuchungen taucht es als alleinstehender Erkenntnisgegenstand kaum auf (vgl. Wiswede 2000; Jäckel 2004). Gleichwohl wird das Shopping-Center in der sozialwissenschaftlichen Stadtforschung als Thema behandelt, wobei diesbezügliche Untersuchungen zumeist als Kultur- oder Sozialkritik vorgetragen werden (vgl. u.a. Helms 1992; Hoffmann-Axthelm 1995; Noller 1999; Ronneberger 2000).

Nicht nur der Gegenstand „Einkaufszentrum", sondern der gesamte Themenkreis Shoppen bzw. (Massen-)Konsum – sieht man von den Bereichen Wohnen, Verkehr und Freizeit einmal ab – wird in der deutschsprachigen sozialwissenschaftlichen Stadtforschung und hier insbesondere in der Stadtökonomie im Großen und Ganzen (noch) zu selten als eigenständiges Thema behandelt. „Sozialwissenschaftliche Analysen, die die postmodernen Formen der Konsumtion und des konsumtiven Raumes thematisieren, sind allerdings rar und erst in Ansätzen zu erkennen." (Noller 1999: 169) Moulaert/Nussbaumer (2004: 397) stell-

[1] Vgl. hierzu auch die launige Beschreibung von Underhill (2004) zur diesbezüglichen Funktion der Mall im mittelständischen nordamerikanischen Suburbia-Alltag.
[2] Beide Begriffe werden im folgenden synonym verwandt.

ten jüngst zu recht fest: „Heute werden Städte zu einseitig als Orte von Produktion und Distribution aufgefaßt. Um den Konsum in eine Analyse ökonomischer Stadtentwicklung zu integrieren, ist ein völlig unorthodoxer Ansatz vonnöten. Denn die Analyse der Konsumseite kann kaum auf rein ökonomisch-rationalen Argumenten basieren."

Dafür nehmen sich andere Wissenschaftszweige des SC-Themas an, in erster Linie die Stadt- und Wirtschaftsgeographie, die Stadtplanung, die Handelsbetriebswirtschaftslehre sowie die Immobilienökonomie. Insgesamt liegt somit eine Fülle von Befunden zum Thema SC vor, die z.T. auch soziologisch relevant sind. So ist das Thema SC-Projektentwickler/Centermanagement eine Domäne der Immobilienbetriebswirtschaftslehre, wird aber auch zunehmend von VertreterInnen der Stadtplanung untersucht und „beforscht".

Was haben wir unter einem SC nun genau zu verstehen? Folgender, in der Immobilienwirtschaft häufig genannter Definition wollen wir folgen: „Das Shopping Center (Einkaufszentrum) ist eine als Einheit geplante, errichtete und verwaltete Agglomeration von Einzelhandels- und sonstigen Dienstleistungsbetrieben." (Falk/Wulf, zit. n. Hahn 2002: 150) Darüber hinaus werden zahlreiche, je nach fachwissenschaftlicher Herkunft alternative Definitionen angeboten, was allerdings der Versachlichung des Themas nicht zuträglich ist (zum Definitionsproblem vgl. Hochheim 2002).[3]

Zu den SC werden nicht nur die klassischen „grüne Wiese"-Center gezählt, sondern auch die innerstädtischen Galerien, Arkaden und Passagen, wenn sie

---

[3] Die Gesellschaft für Immobilwirtschaftliche Forschung (GIF) versucht schon seit mehreren Jahren relevante Begriffe, wie z.B. SC zu definieren und in der Branche „hoffähig" zu machen. Die wohl umfassendste Definition trägt das Europäische Handelsinstitut vor: „Shopping-Center sind aufgrund zentraler Planung errichtete großflächige Versorgungseinrichtungen, die kurz-, mittel- und langfristigen Bedarf decken. Sie sind charakterisiert durch die räumliche Konzentration von Einzelhandels-, Gastronomie- und Dienstleistungsbetrieben unterschiedlicher Größe, eine Vielzahl von Fachgeschäften unterschiedlicher Branchen, in der Regel in Kombination mit einem oder mehreren dominanten Anbietern (Warenhaus/Kaufhaus/SB-Warenhaus), ein großzügig bemessenes Angebot an PKW-Stellplätzen, zentrales Management bzw. Verwaltung, die Wahrnehmung bestimmter Funktionen durch alle Mieter (bspw. Werbung) und verfügen über eine Mietfläche inklusive Nebenfläche von mindestens 10.000 qm. Soweit ein großflächiger Einzelhandelsbetrieb baulich und/oder rechtlich nicht in das Center integriert ist, aus Sicht der Verbraucher mit diesem jedoch eine Einheit bildet, gilt er als Teil des Shopping-Centers. Hotels, Wohnungen und neutrale Büroflächen werden nicht als Bestandteil des Shopping-Centers betrachtet. – Die Gesamtfläche eines Shopping-Centers umfaßt neben der Mietfläche die allgemeine Verkehrsfläche, die Fläche der Centerverwaltung und der Sanitärräume. – Unter dem Begriff ‚Shopping-Center' werden sowohl klassische Shopping-Center als auch Fachmarkt-Center subsumiert; Fachmarkt-Center verfügen in der Regel über verkehrsgünstige Stadtrandlagen, sind gut und in der Regel leicht auch für das größere Umfeld erreichbar, ebenerdige Nutzflächen und überwiegend ebenerdige umfangreiche Parkflächen, schlichte Funktionalität in der Optik – also wenig Chrom und Marmor – und weisen wesentlich geringere Miet- und Nebenkosten auf, preisaggressiv diskontierende Händler, die die Magnetfunktion erfüllen und durch kleinflächige Einzelhändler und Dienstleister ergänzt werden" (EHI 2003: V.4).

eine entsprechende Flächengröße aufweisen („Richtschnur": ab 10.000 qm Mietfläche). Überhaupt muß zwischen einem „Stand-alone"-Center im suburbanen Raum und einer innerstädtischen Centeranlage/Passage unterschieden werden: Zielt das Center im Außenbereich auf einen motorisierten Massenkonsum, so kann dem innerstädtischen, sich in hochzentralen Lagen befindlichen Innenstadt-Center eine (mögliche) Ästhetisierung zugeschrieben werden, die jenseits jeglicher massenkultureller Spielarten liegt:

> „Beispiele hierfür sind die zunehmend in Kaufhäusern und Ladengalerien angebotenen Waren mit dem Design moderner Künstler, deren Werke gleich nebenan auch im Museum betrachtet werden können. Diese Konvergenz von Symbolproduktion und Konsumtion wird unterstützt von neuen oder wiederbelebten Formen von Warenmessen, die sich zur urbanen Attraktion stilisieren: kulturelle Veranstaltungen innerhalb der Einkaufsgalerien und Malls, Ausstellungen, die als inszenierte Museumsereignisse präsentiert werden, Kulturfeste und Kunstmessen." (Noller, 1999: 153)

Exemplarisch kann hierfür das Centerkonzept „Stilwerk" in Hamburg, Düsseldorf und Berlin genannt werden, das als Melange zwischen Galerie, Museum, gehobener Einkaufsstätte und Bühne zu etikettieren ist, oder auch das Passagenquartier „Fünf Höfe" in München.

Im Gegensatz dazu stellt das SC im Außenbereich oft eine zementierte, geronnene Form der Massenkultur dar, deren Ästhetik und Symbolhaushalt den privaten Massenmedien und der industriellen Popularkultur entnommen werden. Nach dem Shoppen in anonymen Fachmärkten (in der Branche auch als sog. „Flachmänner" bezeichnet) wird Hunger und Durst in der „Systemgastronomie" gestillt, im angeschlossenen „Multiplexkino" werden die „gängigen" Kinoproduktionen der großen internationalen Medienkonzerne konsumiert. Dieter Hoffmann-Axthelm (1995: 65) stellt hierzu fest: „So differenzieren sich zunehmend zwei Typen von Einkaufszentrum auseinander: das eher auf Massenware angelegte Zentrum auf der Wiese, dessen Hauptattraktion die günstige Erreichbarkeit mit dem Auto ist, und das auf eine anspruchsvolle, kulturbewußte, weltläufige innerstädtische Klientel angewiesene innerstädtische Zentrum". Dabei muß hier deutlich gesagt werden, daß dies bei weitem nicht für alle SC auf der „grünen Wiese" gilt: Was Individualität und „Pfiff" angeht, können viele Stand-Alone-Center ihren innerstädtischen Wettbewerbern gegenüber als ebenbürtig angesehen werden.

Besonderes Kennzeichen von SC, dies gilt vor allem für suburbane Centeranlagen, weniger für Passagen und Galerien, ist die Abgeschlossenheit der Baulichkeit, die Abschottung gegenüber der Umgebung. Im Grunde genommen gilt für SC das, was Elias Canetti bereits Anfang der 1960er Jahre zur Beschreibung der Arena beigetragen hat:

„Die Arena ist nach außen hin gut abgegrenzt. Sie ist gewöhnlich weithin sichtbar. Ihre Lage in der Stadt, der Raum, den sie einnimmt, ist allgemein bekannt. Man fühlt immer, wo sie ist, auch wenn man nicht an sie denkt. (...) Nach außen, gegen die Stadt, weist die Arena eine leblose Mauer. Nach innen baut sie eine Mauer von Menschen auf. Alle Anwesenden kehren der Stadt ihren Rücken zu. Sie haben sich aus dem Gefüge der Stadt, ihren Mauern, ihren Straßen gelöst. Für die Dauer ihres Aufenthaltes in der Arena scheren sie sich um nichts, was in der Stadt geschieht. Sie lassen das Leben ihrer Beziehungen, ihrer Regeln und Gewohnheiten zurück." (Canetti 1993: 25)

Dies mag auch für eine ganze Reihe innerstädtischer SC gelten. Gleichwohl können die von Canetti beschriebenen Eigenschaften den Tod eines Centers, insbesondere wenn es als Passage angelegt ist, bedeuten.

Wirken manche Center abgeschottet wie eine Zitadelle (aus der wohl auch keine/keiner so schnell entrinnen soll), so müssen Passagen oder passagenähnliche Center hochzentrale City-Standorte aufweisen, die an bestehende (oder zukünftige) innerstädtische Wegebeziehungen bzw. Passantenströme anschließen oder in die sie städtebaulich eingeflochten werden. Ist dies nicht gegeben, so kann prinzipiell keinen dieser Center am Markt nachhaltig reüssieren.

„Die Einkaufsdramaturgie wird also städtebaulich. Man stützt das Vorhandene und bietet ihm zusätzliche Räume an, deren es selbst nicht fähig ist. Städtebaulich besteht die Kunst der Kundenführung im innerstädtischen Geschäftszentrum also darin, die Erschließungsstraße (Mall) in bereits bestehende dichte Wegebeziehungen zu legen, so daß Weg durch die Stadt und Weg durch das Einkaufszentrum zusammenfallen." (Hoffmann-Axthelm 1995: 66)

Wir haben es also mit abgeschlossenen Centeranlagen zu tun, die im Außenbereich und in Innenstadt- oder in Stadtteillagen situiert sind, oder mit sich den innerstädtischen Wegebeziehungen öffnenden bzw. am vorhandenen Käuferpotential sich ausrichtenden SC wie z.B. Passagen oder auch „normale" SC, die eine passagenartige innere Erschließung aufweisen.

Aber nicht nur die Aspekte Geschlossenheit vs. Offenheit ist für SC konstitutiv. SC bewegen sich auch immer im Spannungsfeld zwischen Privatheit und Öffentlichkeit. Als privatwirtschaftlich betriebene Centeranlage ist das SC Privatangelegenheit des Besitzers bzw. Betreibers und damit im Prinzip der Öffentlichkeit bzw. öffentlicher uneingeschränkter Zugangsmöglichkeit und Nutzung entzogen. Gleichwohl muß Öffentlichkeit im Center zur Schaffung einer anregenden Konsumatmosphäre hergestellt werden (vgl. Ronneberger 2000: 329). Besondere aktuelle Relevanz besitzt diese Thematik im Zuge der Umwandlung ehemals öffentlicher Grundstücke/Gebäude (z.B. Bahnareale und -höfe, Postgebäude oder auch ganze Straßenzüge) in privatwirtschaftlich genutzte Betriebsareale, die oft als innerstädtische „Filet-Grundstücke" von den vormals öffentlichen bzw. staatlichen Besitzern möglichst teuer verkauft respektive vermarktet werden. Solche öffentlichen Bereiche in der Stadt kommen nunmehr unter private „Hoheit", was teilweise gravierende Konsequenzen hat.

> „Mit dieser Ausweitung privater Kontrolle, die den Zugang zu den (quasi-)öffentlichen Räumen beschränkt, verschwinden zugleich die Grundlagen für die politische Funktion öffentlicher Plätze und Räume, nämlich ein Ort für politisch räsonierende Privatleute zu sein" (Noller 1999: 162).

Das geltende private Hausrecht in den SC wird durch die aktuelle Hausordnung ausgedrückt, die für die Ordnung im SC sorgen soll bzw. für deren Durchsetzung, für die nicht zuletzt der allgegenwärtige Sicherheitsdienst verantwortlich zeichnet. Diese Hausordnung enthält überwiegend „substrafrechtliche Partikularnormen" (Glasze 2001: 164). So wird z.B. das Sitzen auf dem Fußboden sowie Alkoholkonsum in der Öffentlichkeit strafrechtlich nicht verfolgt, viele Centerhausordnungen verbieten dies jedoch. Kurz: Bestimmte Bevölkerungsgruppen sollen vom Centerbesuch ausgeschlossen werden. Auch politische Veranstaltungen und Betätigungen (z.B. Flugblätterverteilung, Infostände) werden in aller Regel vom Centerbetreiber unterbunden. Gleichwohl können Kommunen durch Ausnutzung des jeweils geltenden Wegerechts die öffentliche Verkehrsnutzung auch von Passagen oder Malls unter bestimmten Umständen durchsetzen und so einer „schleichenden" Privatisierung (ehemals) öffentlicher Räume entgegenwirken (vgl. Glasze 2001).

Zu Beginn der SC-Expansion stand vor allem die funktionierende, abwechslungsreiche Innenstadt historisch gewachsener Städte als Leit- und Vorbild für viele SC Pate. Die Abwechslung von Klein- und Großteiligkeit (Fachgeschäfte und Kaufhaus) sollte simuliert, gerade Verkehrsachsen und Platzbereiche imitiert werden: Die Stilmittel der Inszenierung folgen einer einfachen Annahme, die offenbar funktioniert, hinsichtlich des Bildes von Stadt. Was als Stadtbild geliefert wird, ist ungefähr das, was um 1900 handelsüblich war: Symmetrie- und Achsenbildungen, zentrierende, gelenkbildende Plätze mit Begegnungs- und Rekreationsfunktion, Straßendimensionen (vgl. Hoffmann-Axthelm 1995: 64). Dabei verfolgen unterschiedliche architektonische Konzepte zum einen die Darstellung des Idealbildes der Kleinstadt (Marktplatz, Hauptstraße), zum anderen die Herstellung von künstlicher Urbanität bzw. Metropolenhaftigkeit (Passagen, Galerien), ein Motiv, das insbesondere die städtische Erfahrung von sozialer Dichte zu reproduzieren versucht (vgl. Ronneberger 2000).

Diese „Imagination von Stadt" (Noller 1999) schlägt nunmehr in ihr Gegenteil um: Zunehmend wird der Ruf vor allem seitens der Kommunalpolitik lauter, daß die Innenstädte zukünftig so „gemanagt" und auftreten sollen wie die zentral geführten Einkaufszentren, mit einheitlichen Öffnungszeiten, neuen Formen der „Raum-Kontrolle" und gemeinsamem/einheitlichem Werbeauftritt. Das Leitbild

„Europäische Stadt“ mit all seinen überlieferten Vorstellungen und Erzählungen (u.a. Rede- und Marktfreiheit und die Möglichkeit zur Begegnung unterschiedlicher Bevölkerungsgruppen, ungehindertes Flanieren) kann somit eine Modifizierung und Einschränkung erfahren, deren Folgen für Stadtgesellschaften noch nicht abzusehen sind. Nicht mehr die „alten“ städtischen Werte des überlieferten „Citoyen“ sind für SC stilbildend, sondern die „architektonische Verkörperung der suburbanen Werte und Normen“, ein idealisierter Raum, der „frei von Unannehmlichkeiten des Wetters und Verkehrsbelästigungen ist sowie vor ungewollten Begegnungen mit ‚andersartigen' Menschen schützt. Soziale Kohäsion und Stabilität stellen bei vielen Besuchern einen Schlüsselkontext für die Verknüpfung von Konsum und Identität dar.“ (Ronneberger 2000: 327f.)

2.2 Zur Historie der Shopping Center in Deutschland

Während in den USA der 20er Jahre des vergangenen Jahrhunderts bereits die ersten SC errichtet wurden und im Zuge der zunehmenden Suburbansierung des Wohnens in den 50ern einen regelrechten Boom erfuhren, weil für die in die Fläche ziehende Bevölkerung Versorgungszentren geschaffen werden mußten (denn historische, hochzentrale Stadtkerne lagen zu weit entfernt), setzte die Centerentwicklung in Deutschland erst Mitte der 1960er Jahre ein. Als erste SC wurden 1964 der Ruhrpark in Bochum und das Main-Taunus-Zentrum in Sulzbach bei Frankfurt im ebenfalls suburbanen, nicht integrierten, am bequemsten mit dem Pkw erreichbaren Raum errichtet und riefen schon damals die Kritiker auf Plan, die in erster Linie aus den Reihen der „Hauptgemeinschaft des deutschen Einzelhandels e.V.“ kamen. Im gleichen Jahr agierten – einhergehend mit der zunehmenden Motorisierung – in den USA bereits rund 8.000 Center (vgl. Hochheim 2002: 22). Beide Center unterschieden sich in einem grundlegend von ihren amerikanischen Vorbildern: Sie waren als offene Centeranlagen errichtet worden, amerikanische Anlagen hingegen sind aufgrund der Wetterbedingungen Nordamerikas als geschlossene, klimatisierte und damit als vollkommen von der Außenwelt abgeschottete Baukörper ausgeführt. Doch bereits ein Jahr später ging mit dem Europa Center in Berlin das erste deutsche geschlossene innerstädtische SC an den Markt.

1971 gab es insgesamt 19 SC in der Bundesrepublik, vorzugsweise in den fünf Ballungsräumen Rhein-Ruhr-Gebiet, Hamburg, Berlin, Nürnberg und Stuttgart. Anfang der 1970er Jahre erfolgte ein rascher Zuwachs, bereits 1975 konnten 50 Center gezählt werden. In den Folgejahren stieg die Zahl der Neueröffnungen kontinuierlich an, wobei in der zweiten Hälfte der 1990er Jahre in den alten Bundesländern verstärkt neue Center projektiert und verwirklicht wurden.

War der suburbane Raum typischer Standort für die SC der ersten Phase, wurden Anfang der 1970er Jahre erstmals auch in innerstädtischen Lagen, z.T. abseits der großen Ballungsräume, SC errichtet (vgl. Popp 2002).

Hinsichtlich der SC-Verbreitung in den neuen Bundesländern kann seit der Wiedervereinigung von einem regelrechten SC-Rausch gesprochen werden. Aufgrund von „Planungslücken" (unzureichendes bzw. fehlendes kommunales Baurecht), ungeklärten Eigentumsfragen bei innerstädtischen Grundstücken und der Verlockungen der „schnellen" Mark kam es überall zu einer explosionsartigen Ausbreitung von SC, insbesondere im Großraum Halle-Leipzig. Insgesamt wurden bis heute rund 80 SC unterschiedlichster Qualität und Lagegunst in Ostdeutschland „an den Start" gebracht, was z.T. zu einer „Ex-Urbanisierung der Marktfunktion" führte (vgl. Häußermann 1997; Popp 2002). Mittlerweile hat sich diese Szene jedoch wieder beruhigt (vgl. Falk 2004; Pittroff 2004).

Insgesamt gibt es in Deutschland im Frühjahr 2004 481 SC (ab einer Geschäftsfläche von 8.000 qm), wobei Nordrhein-Westfalen mit 80 Einheiten an der Spitze steht (vgl. Falk 2004). Das Europäische Handelsinstitut (EHI) nennt für den 1. Januar 2004 insgesamt 352 Center (ab 10.000 qm Mietfläche) mit einer Gesamtfläche von 11.101.400 qm (vgl. Pittroff 2004). Dabei ist nach Expertenmeinung eindeutig in Ost und West ein Trend zurück zur Innenstadt auszumachen. Bestehende Planungen zeigen deutlich auf, daß Entwickler und Investoren (wieder) integrierte Lagen favorisieren. Als wichtigste Planungen sind hierbei das Projekt „Europa-Passage" in der Hamburger Innenstadt sowie das Vorhaben „Frankfurt hoch vier" (früher als Projekt „Zeil-Forum" bezeichnet) in der Frankfurter City zu nennen. Dieser Trend deutete sich bereits im Jahre 2003 an: Von 15 in die EHI-Statistik aufgenommenen neuen SC waren sieben in Innenstädten oder unmittelbar angrenzend situiert (vgl. Pittroff 2004). Insgesamt ist festzustellen, daß nur knapp ein Fünftel aller deutschen SC seinen Standort „auf der grünen Wiese" hat, innerstädtische Centeranlagen, oft am Rande der historischen Innenstadt situiert, prägen demnach – im Gegensatz zu den US-amerikanischen Gegebenheiten – das Bild des SC in Deutschland (vgl. Hahn 2002; EHI 2003; 2004).

Als Zukunftsaufgabe wird auf die Betreiber/Besitzer die Revitalisierung und Erneuerung (Up-Grading) bestehender, in die Jahre gekommener Centeranlagen zukommen. Mit Goffman gesprochen: Die Bühne und das aufzuführende Stück müssen neu dekoriert, geschrieben bzw. arrangiert werden, nicht zuletzt deshalb, weil sich das Publikum bzw. dessen Ansprüche über die Jahrzehnte stark gewandelt haben. Als aktuelles Beispiel sei hier das Revitalisierungsprojekt „Nova Eventis" (ehemals Saale-Park) in Güntherdorf im Großraum Halle-Leipzig zu nennen. 1991 als flächengrößtes, in offener Bauweise errichtetes Center in den neuen Bundesländern eröffnet, erfuhr der Saale-Park in den vergangenen Jahren

Besucher- und damit Umsatzrückgänge. Dies war u.a. darin begründet, daß die Innenstädte der Großstädte Leipzig und Halle „nachgeholt“ hatten und an Attraktivität gewinnen konnten. Zudem liefen die meisten Mietverträge aus, viele Mieter sahen aber von einer Mietverlängerung ab. Auch sahen sich die Betreiber mit konzeptionellen Problemen konfrontiert (keine Überdachung, unattraktive „Würfelarchitektur“). Nach einem Eigentümer- und Verwalterwechsel werden nun die meisten Bauten abgerissen, zwei überdachte, parallel verlaufende Malls werden neu etabliert, so daß ein Rundlauf möglich ist. Wichtigste Neuerung wird jedoch ein umfassender „Erlebnis“-Mantel und die parkartige Außengestaltung der Centeranlage sein, so wie man es bereits heute in US-amerikanischen Centeranlagen vorfindet: Ein Erlebnisparcours, Hotel, Skater-Treff, Wasserflächen, Bootsverleih etc. sollen die Centeranlage auch bezüglich der Nutzungsbausteine Freizeit und Touristik „in Wert setzen“ (vgl. ECE 2004: 8f.).

3 Die Akteure

3.1 Projektentwickler und Centermanagement

Insgesamt 190 SC der 352 von der EHI gezählten Einheiten werden von den 14 größten Verwaltungs- und Betreibergesellschaften gemanagt. Mit einer Anzahl von 61 Einheiten steht die Hamburger ECE Projektmanagement GmbH & Co. KG an erster Stelle der Shopping-Center-Betreiber, gefolgt von der MRE Metro Real Estate Management GmbH mit 32 Objekten. Die CEV Center-Entwicklungs- und Verwaltungs-GmbH betreibt 13 Center, die SOM Schwarz Objekt-Management GmbH & Co. KG „betreut“ 12 SC, die CIV City Immobilien-Verwaltung GmbH & Co. KG und die Assetis verfügen über 10 bzw. 8 Objekte. Schließlich „kümmern“ sich die mfi Management für Immobilien AG und die Atis Real Müller Retail Services um jeweils acht Einheiten. Alle weiteren Betreiber weisen weniger als 8 Center auf (vgl. EHI 2004).

Auffallend ist, daß die Betreiberszene fest in „heimischer“ Hand ist. Ausländische Betreiber spielen – sieht man von zwei aus dem EU-Ausland stammenden Untermnehmen einmal ab – z.Z. nahezu keine Rolle. Über die Gründe können nur Vermutungen angestellt werden: So dürfte das spezifische deutsche Bau- und Planungsrecht ausländische Betreiber bezüglich eines Engagements sicherlich abschrecken, ebenso wie die Besonderheiten der deutschen Einzelhandelswirtschaft. Dabei muß hier zwischen Betreiber- und Projektentwickler-Gesellschaft unterschieden werden. So gibt es reine Projektentwickler am Markt, die ein SC möglichst rasch nach erfolgter Realisierung und Eröffnung – oder auch später – an einen solventen Investor aus der Immobilien- bzw. Finanzwirtschaft (institutionelle Anleger/Eigentümer wie Immobilienfonds, Pensionskassen, Versicherungen etc.) verkaufen, der dann einen Betreiber oder ein Centermanagementunternehmen mit der Verwaltung des Objektes beauftragt, es sei denn, er verfügt über eine eigene Centerverwaltungsabteilung.

Die Projektentwickler wie auch die Centermanagementfirmen sind sehr heterogen strukturiert. So agieren netzwerkartig organisierte Projektentwickler (u.a. Architekten, Verkehrsplaner, Vermietungsunternehmen, Makler) neben international tätigen, personell gut ausgestatteten Entwicklerbüros, kleine Centerverwalter mit einer Handvoll Mitarbeiter stehen im Wettbewerb mit mittelständischen Verwaltungsunternehmen. Wie die vorstehende Nennung der größten Betreiber zeigt, ist die Szene insgesamt sehr vielschichtig: Es handelt sich entweder um Tochter- oder Schwesterunternehmen großer deutscher Handelskonzerne (MRE, CEV oder SOM), um Maklerunternehmen (Atis Real) oder um Unternehmen, die stark in der Projektentwicklung verwurzelt sind (ECE, mfi, Assetis), wenngleich sehr unterschiedliche Besitz- und Herkunftsstrukturen bestehen. Auch die Eigentümer, insbesondere die institutionellen, verfügen z.T. über Verwaltungs-„Töchter“. – Die meisten Unternehmen sind vom Gesellschaftsrecht her als GmbH oder GmbH & Co. KG organisiert, lediglich die mfi hat AG-Status.

Bevor wir zur Verwaltung bzw. zum Management der SC kommen, wollen wir noch den Blick auf den Entwickler oder „Developer“ richten.

3.2 Der Entwickler

Einer der Väter der SC-Idee, der amerikanische Architekt und Städtebauer Victor Gruen, unterscheidet bezüglich der unternehmerischen Qualität/Motivation zur Entwicklung einer Centeranlage zwischen „Promoter“ und „Developer“. Der „Promoter“ als Einzelperson oder als Unternehmen hat zum Ziel, kurzfristig spekulative Gewinne mit der Entwicklung eines SC zu erzielen. Mit möglichst geringen Kapitalinvestitionen wird das Produkt SC hergestellt, mit viel Public Relations und „Reklame“ wird das Objekt schnell an Dritte verkauft. In Zeiten einer anhaltend starken Nachfrage im Einzelhandel bzw. an SC können die Promoter am schnellsten ihre z.T. deutlich minderwertigen Objekte am Markt unterbringen (z.B. in den Zeiten des Centerbooms nach der Wende in den neuen Bundesländern). Rascher Kapitalgewinn ist das beste Ergebnis, gleichwohl kann der Promoter sich auch „verspekulieren“ und auf seinem Objekt „sitzen“ bleiben. „Der Promoter ist wie jeder andere Verkäufer von Schleuderware geneigt, Werbung und ‚Verpackung’ zu betonen“ (Gruen 1973: 70). Die Nachhaltigkeit der zu erzielenden Einzelhandelsumsätze und somit des Mietertrages steht nicht im Zentrum der Promotertätigkeit. Daß die Promotoren nicht zu den Besten und

Seriösesten der Branche gehören, ist selbstredend. Die Vorgänge um den Frankfurter Immobilienentwickler und -unternehmer Schneider in den 1990er Jahren sprechen Bände.

Ganz im Gegensatz der Developer: Als auf lange Sicht planender Unternehmer oder Unternehmen sind hier andere Motive zur Planung und Bau eines SC ausschlaggebend. So kann der Developer selbst Teilhaber des Einkaufszentrums sein, z.B. wenn er Tochter eines Handelsunternehmens ist, das im Einkaufszentrum Läden betreibt; die Entwicklungsgesellschaft kann als zukünftiger Betreiber oder Besitzer (z.B. als Bank- oder Fondstochter) des Objektes an langfristigem Einkommen aus potentiellen Mieten (der Erfolg des SC ist hierfür Voraussetzung) Interesse haben; oder der Developer beabsichtigt, auch weiterhin in diesem Metier tätig zu bleiben, so daß es gilt, sich einen guten Ruf auf dem Gebiet der Entwicklung von SC zu erwerben. Mit einem Satz: Von einem Developer kann dann gesprochen werden, wenn die Motivationsstruktur des unternehmerischen Handelns von einem langfristigen, auch auf andere Relevanzkriterien Rücksicht nehmenden Eigennutzen geprägt ist (vgl. Gruen 1973).

Im folgenden wollen wir uns mit dem Entwickler/Developer beschäftigen. Am Beginn einer jeden Entwicklertätigkeit steht die Projektidee. Ideen zur Etablierung von SC haben ganz unterschiedliche Personen oder Gruppen, wie z.B. Kommunalpolitiker, die die Zentralität ihrer Stadt stärken möchten; Vertreter der Stadtverwaltung oder kommunalen Entwicklungsgesellschaften, die brachliegende oder untergenutzte Areale in der Stadt standortgerecht einer adäquaten Nutzung zuführen möchten; Grundstückseigentümer oder gewerbliche Unternehmen, die Interesse an einer Ertragssteigerung ihrer (nicht mehr genutzten) Flächen haben; Banken, wenn ein notleidendes, mit Krediten belastetes Objekt „gerettet" werden soll; Bauunternehmen, die sich Bauaufträge versprechen; Architekten, die ihre Entwürfe verwirklicht sehen möchten; Makler, die zu provisionspflichtigen Vermittlungsgeschäften kommen wollen; und schließlich die Nutzer oder Mieter, wie z.B. Handelsunternehmen, die neue attraktive Verkaufsstellen und Läden für den Warenabsatz suchen. Sie alle entwickeln Verwertungsideen, Vorstellungen sowie Bebauungs- und Nutzungskonzepte für SC (vgl. Schnermann 1987). Am Projektentwickler liegt es nun, diese (realisierbaren) Ideen aufzuspüren, zu prüfen und weiter zu verfolgen und eine Realisierung anzustreben. Der Realisierung geht dabei immer eine Projektstudie voraus, in der entweder ein Grundstück auf die Realisierbarkeit von vorgegebenen festen Zielvorgaben bezüglich eines Vorhabens hin geprüft werden soll, oder es wird mit Hilfe einer Projektstudie ermittelt, was auf dem betreffenden Areal unter Einhaltung behördlicher und wirtschaftlicher Rahmenbedingungen als Nutzung dargestellt werden kann.

In mehreren Arbeitsschritten wird die Projektstudie vom Entwickler/Developer erstellt: Der Standort (Makrostandort: Stadt, Mikrostandort: zur Verfügung stehendes Areal) wird generell auf seine Eigenschaften und Möglichkeiten mit Hilfe der Standortanalyse geprüft. Auch werden das geltende Baurecht bzw. die Bebauungspläne ermittelt, eventuell muß das Baurecht noch geschaffen werden. Sodann wird ein Nutzungskonzept erstellt, in dem alle Nutzungen nach Art und Größe/Dimension dargestellt werden. Ferner wird die nötige Investitionssumme hochgerechnet, die Kosten ermittelt und ein Finanzierungsplan bzw. ein Finanzierungsmodell aufgestellt. Dem geht eine Berechnung der möglichen Mieterträge des Objektes voraus, die Nachhaltigkeit der Erträge wird geprüft. Schließlich wird die Wirtschaftlichkeit des Planvorhabens für mehrere Zeithorizonte festgestellt und die entsprechenden Renditen berechnet.

Kommt die Projektstudie zu einem positiven Ergebnis, geht die Arbeit des Developers weiter: Das Grundstück muß gesichert, die Baugenehmigung muß forciert und erteilt werden, die Bauleistungen werden an Baufirmen vergeben, (weitere) Mieter werden gesucht, Mietverträge müssen abgeschlossen werden, zumindest die mit den Ankermietern, schließlich muß die Finanzierung „stehen“. Erst wenn alle Verträge wasserdicht und mögliche Risiken überschaubar sind, sollte mit dem Bau eines SC begonnen werden (vgl. Schnermann 1987).

Insgesamt zeigt diese kurze Tätigkeitsübersicht, daß die Aufgaben der Entwicklerunternehmen sehr vielschichtig und weitläufig sind und das Ganze nur als Teamarbeit zu schaffen ist. Nicht nur ökonomische Kenntnisse sind dabei wichtig, sondern auch juristische, architektonische, stadtplanerische und kommunalpolitische. Vor allem müssen Entwickler eines: Überzeugen. Sie müssen skeptische Kommunalpolitiker von der Wichtigkeit und den Vorteilen des Vorhabens überzeugen, potentiellen Mietern muß verständlich gemacht werden, daß sie nachhaltige Umsätze im geplanten SC erzielen können, mögliche Investoren müssen „bearbeitet“ werden, so daß die Wirtschaftlichkeit des Vorhabens gesichert ist etc. Die Mitarbeiter der Entwicklungsunternehmen müssen daher vor allem über hohe kommunikative Kompetenzen und Kenntnisse über die jeweiligen Codes der verschiedenen Subsysteme (wie Kommunalpolitik, Einzelhandel, Bauwirtschaft, Finanzwirtschaft, Architektur) verfügen. Um bei Goffman zu bleiben: Das Entwicklerteam als Ensemble muß verschiedene Stücke je nach speziellem Publikum (u.a. Kommunalpolitiker, Einzelhändler und Banken) aufführen, wobei es aber immer nur um einen Kern geht: die Realisierung eines Shopping-Centers.

Neben dem Profitstreben geht es aber vielen Entwicklern mittlerweile einfach auch darum, „den Standort zu machen“, wie es in der Branche heißt, bzw. Märkte zu besetzen und an wichtigen, bedeutenden Standorten „Flagge“ zu zeigen. Dabei ist Entwicklerarbeit z.Z. alles andere als ein Selbstgänger: Viele Städte und Gemeinden stehen möglichen Neuansiedlungen kritisch gegenüber, bestehende Einzelhandelsstrukturen werden durch neue Projekte als gefährdet angesehen. Dies bedeutet für den Entwickler, verstärkt Überzeugungsarbeit zu leisten, unabhängige Standort- und Auswirkungsanalysen müssen erstellt, ausgiebige und weitere Abstimmungsgespräche müssen geführt werden. Entwickler haben von daher heute mit einer Verlängerung der Projektphase zu rechnen. Auch potentielle Mieter lassen sich nicht mehr so leicht wie früher für neue Projekte begeistern, wobei es die Entwickler-Marktführer der Branche einfacher haben als kleinere Entwicklerbüros. Denn aufgrund der Marktmacht der „Großen" und ihrer guten Verbindungen zu den führenden Einzelhandelsunternehmen (viele Mieter sind in fast allen Centern der großen Entwickler vertreten) haben es kleinere Developer schwerer, die entsprechende Mieterklientel zu überzeugen. Besonders die großflächigen „Ankermieter", die für eine entsprechenden Frequentierung einer Centeranlage sorgen, sind ihrer Bedeutung bewußt und treten bei Mietvertragsverhandlungen entsprechend selbstbewußt auf (vgl. Helms 1992).

Interessanterweise sind trotz einer großzügigen Einzelhandelsflächenausstattung in Deutschland weitere SC geplant, es sollen also „zusätzliche Flächen an den Markt gehen", obwohl sich der Einzelhandel in Deutschland derzeit in einem schwierigen Fahrwasser befindet. Dies sei vor allem auch darin begründet, so Kenner der Szene, daß die Projektentwicklerkapazitäten in den Entwickler- bzw. Betreiberunternehmen weiterhin ausgelastet werden müssen (vgl. Immobilienzeitung 2004).

3.3 Das Centermanagement/die Betreiber

Die städtebauliche und architektonische Inszenierung eines SC ist Domäne der Entwickler/Developer. Für den laufenden Betrieb hingegen zeichnet der Betreiber, sprich das Centermanagement verantwortlich. Das Centermanagement wacht nicht nur über die Rahmenbedingungen und -festsetzungen des aufzuführenden Stückes „Shopping-Center", sondern wickelt auch alle technischen und ökonomischen Tätigkeiten ab (Betriebskosten etc.).

Im folgenden wollen wir mit Christian Rüdiger Centermanagement als eine administrative, verwaltende Tätigkeit definieren, die alle relevanten kaufmännischen und technischen Angelegenheiten während der Betriebsphase des Centers umfaßt, aber auch Funktionen auf der strategisch-planerischen Ebene beinhaltet, die im Vorfeld des Centerbetriebs ansetzen und auch die Centerentwicklung sowie – dies wird m.E. zukünftig immer wichtiger – „die Planung und Umsetzung strategischer Neuausrichtungen" (Rüdiger 2000: 97) umfassen.

Ein Grund für die Marktführerschaft der ECE ist in diesem Verständnis von Centermanagement zu sehen: Projektierung, Entwicklung und Betrieb des SC liegen in einer Hand. Was allerdings nicht heißen muß, daß Centeranlagen, die von verschiedenen Firmen entwickelt und betrieben werden, nicht erfolgreich am Markt agieren könnten.

Das Centermanagement, sehen wir einmal von der Entwicklungsphase ab, hat nun während des laufenden Betriebes die Aufgabe, die Kunden langfristig an das SC zu binden, neue Kunden müssen gewonnen, das Marktgebiet idealerweise ausgedehnt werden. Die Bekanntheit des Centers muß erhöht, ein positives Image ausgebaut werden. Dies kann nur gelingen, wenn das Stück SC erfolgreich aufgeführt wird, sprich: wenn die Regie die „richtigen Register zieht" und, vor allem, wenn das Ensemble gut spielt, also die Einzelhändler nicht „aus der Rolle fallen". Das Centermanagement muß demnach das Ensemble zur Pflicht gemahnen, gegenüber dem Publikum das „Stück" genau aufzuführen, Improvisationen stören da nur. Der Mieter, insbesondere wenn er kein Ankermieter oder Filialist ist, darf sich keinen „Ausrutscher" erlauben, während wichtigere Ensemble-Mitglieder da schon mal ausscheren können (z.B. bei der Nichtbefolgung von vorgegebenen Öffnungszeiten). Als Ensemblemitglied hat der Mieter eine Fülle an Pflichten zu befolgen, die im jeweiligen Mietvertrag niedergelegt sind: So ist der Mieter verpflichtet, Mitglied in der Werbegemeinschaft des SC zu sein bzw. der Beitragspflicht Folge zu leisten; die vorgegebenen Öffnungszeiten müssen eingehalten werden; für den Mieter kann auch eine Betriebspflicht bestehen, die „tote" Flächen verhindern soll; der Mieter muß sich der Hausordnung unterwerfen; imageschädigendes Wettbewerbsverhalten kann untersagt werden. Ein Konkurrenzschutz wird seitens des Centermanagements meistens nicht gewährt, damit die Gestaltung des Branchenmixes im Center voll und ganz in der Hand des Centermanagements verbleibt (vgl. Rüdiger 2000: 103). Zudem „wacht" das Centermanagement auch über die zeitgemäße Innendekoration und Ausgestaltung der Shops; Mieter werden auf mögliche „Erneuerungsbedarfe" hingewiesen (vgl. Helms 1992). Einige selbständige Einzelhändler empfinden diese Pflichten bzw. vertraglich festgelegten Gegebenheiten und vor allem deren genaue Überwachung und Sanktionierung seitens des Centermanagements – wie die Zahlung von Strafgeld, wenn der Laden nicht zur vorgegebenen Zeit geöffnet hat – als Gängelung und Einschränkung ihrer Selbständigkeit; demgegenüber sind die Vorteile als Centermieter die Situierung in einer zeitgemäßen Einzelhandelsimmobilie, garantierte Kundenfrequenzen, Sicherheit, Sauberkeit oder professionelle Werbeaktivitäten. So kann es sein, daß gerade die Selbständigen dieses „Spiel nicht mehr mitmachen" und das Ensemble verlassen, kurz: Sie ziehen aus dem Center aus.

An der Spitze des Centermanagements steht der Centermanager als zentraler Ansprechpartner für Mieter, Kunden, Stadtverwaltung, Presse etc. Neben umfassenden Kenntnissen des Einzelhandelsgeschehens und des Konsumentenverhaltens muß der Centermanager vor allem über die Vorkommnisse und aktuellen Gegebenheiten in der Stadt bzw. im Stadtteil verfügen, ob nun politischer, sozialer oder wirtschaftlicher Art. Besondere Fähigkeiten sollte der Centermanager in den Bereichen Eventmarketing und „Centertainment" besitzen. Im Center sind zur Steigerung der Aufenthaltsqualität und -dauer in regelmäßigen Abständen PR-Aktionen zu planen und durchzuführen, die vor allem auf das jeweilige Einkaufspublikum abgestimmt sind (vgl. Noller 1999; Rüdiger 2000). Diese „Events" können Ausstellungen, Konzerte, beschauliche vorweihnachtliche Bastelaktionen oder auch Selbstdarstellungen von Vereinen aus dem Stadtteil, aus der Stadt sein. Auf der Bühne SC im Goffman'schen Sinne kann/wird dann eine tatsächliche Bühne etabliert, auf der sich auch das Einkaufspublikum als ein anderes darstellen kann.

4 Erfolgskriterien zum Gelingen von Shopping Centern

Die grundlegendste Formel für das Funktionieren eines klassischen SC liefert der Handels- und Standortforscher Franz-Wilhelm Fickel:

> „Nach den Gesetzen der Magnetwirkung des Handels werden zwischen (mindestens zwei) gegenpolig angeordneten Magneten, nämlich zwischen verschiedenartig zugkräftigen Einzelhandelsgroßbetrieben (Vollwarenhaus einerseits, tief sortiertes Bekleidungskaufhaus andererseits) ‚Magnetfelder' erzeugt, in deren Sog sich das Gros der Verbraucher hineinbegibt und mit allen dort befindlichen Angeboten konfrontiert wird. Außerhalb der Magnetfelder liegende Geschäfte haben (fast) keine Chance, bemerkt zu werden." (Fickel 1997: 78)

Und weiter heißt es dort:

> „Aus dieser fundamentalen Erkenntnis heraus, ordnet man in modernen Einkaufszentren die Geschäfte rund um eine klimatisierte Mall und setzt die Magneten an den Rand. Je stärker die Magnetbetriebe mit den dazwischen liegenden Geschäften integriert (überdacht und klimatisiert) sind, desto häufiger werden sie vom Verbraucher aufgesucht und desto schneller ergänzt und aktualisiert sich das Gesamtangebot, wird umfassend und transparent."

Für einen nachhaltigen Erfolg eines SC reicht die Befolgung dieser Grundregel allein jedoch nicht aus, sind doch eine Fülle weiterer Aspekte und Kriterien zu berücksichtigen, um Markt erfolgreich sein zu können. Viele Projektentwickler kolportierten in der Vergangenheit bezüglich der drei wichtigsten Erfolgskriterien vor allem folgendes Sprichwort: „Lage, Lage, Lage“. Die Lagegunst, wie vorstehend in verschiedensten Zusammenhängen bereits angesprochen, ist zugegebenermaßen einer der wichtigsten Aspekte, selbst das architektonisch anspruchsvollste und am aufwendigsten gebaute SC kann nicht funktionieren, wenn es am falschen Platz liegt, wenige Meter können da schon entscheidend sein.

Nach Expertenmeinung erhalten zukünftig die Faktoren Centermanagement und Mieter bzw. deren Verhältnis zueinander eine immer größere Bedeutung für den erfolgreichen Betrieb eines Centers. Dies nicht zuletzt, weil vor dem Hintergrund eines zunehmenden Wettbewerbs im Einzelhandel z.Z. sich die Ankermieter in einer guten Verhandlungsposition gegenüber den Entwicklern befinden (man spricht dann auch von einem Mietermarkt). Aber auch andere Faktoren, die bei der Entwicklung bzw. während des Betriebes eines SC seitens des Developer zu beachten sind, spielen eine wichtige Rolle:

- Erschließungs- bzw. architektonisches Konzept (u.a. Verkehrs- und Wegeführung, Anordnung der Verkaufsebenen);
- Mietermix (Synergien zwischen den Anbietern, sinnvolle Ergänzungen und Abrundungen, die Möglichkeit zum Kopplungskauf, kleinteilige und mittelgroße sowie großflächige Anbieter);
- starke Ankermieter (Publikumsmagnet, großflächiger Anbieter oder auch gegebenenfalls Großkino/publikumsintensive Freizeitnutzungen);
- stimmiges Ambiente („Ausstaffierung der ‚Bühne'“, Dekoration, Materialauswahl, Möblierung);
- Attraktionen (Centertainment, das allerdings vom „Üblichen“ erfrischend abweichen sollte);
- Attraktivität des Betreibers bzw. Eigentümers (professionelle SC-Betreiber vs. schlichtem Immobilienverwalter);
- vertragliche Verpflichtungen zwischen Mieter und Vermieter (u.a Betriebspflicht des Mieters, Werbegemeinschaft, verbindlicher Ansprechpartner gegenüber Mieter, Dienstleistungsumfang der Centerverwaltung etc.);
- regelmäßiger „Center-Check“, Weiterentwicklung und strategische Neuausrichtung/Revitalisierung des SC (vgl. Rüdiger 2000; FAZ 2002; Immobilien Manager 2004).

Darüber hinaus nennt Appelt (1999) folgende Erfolgsvoraussetzungen für ein vor allem in einer innerstädtischen Lage zu entwickelndes SC: Im Idealfall bilden Entwickler, Investor und Betreiber eine unternehmerische Einheit („alles aus einer Hand“: Entwicklung, Errichtung, Betrieb, Modernisierung); die Projektentwickler sollten sich nicht dem „Diktat“ der Architekten unterwerfen; Handels- und Funktionsaspekte sollten bezüglich des Entwurfs im Vordergrund stehen; der Projektentwickler braucht die Stadtplanung bzw. die Kommunalpolitik als

„einsichtigen Partner"; das bauliche Konzept eines SC muß den grundlegenden Handels- und Kundenbedürfnissen nachkommen – dies mag zwar eine Selbstverständlichkeit sein, wird aber immer wieder auf das Sträflichste mißachtet (vgl. auch Underhill 1999). Der Entwickler sollte ferner Kundenverhalten und -bedürfnisse als Grundlage zur Ausrichtung des Branchenmixes ansehen. Vor allem aber müssen entsprechende Voraussetzungen für Kundenfrequenz und Verkehrsabläufe geschaffen werden. Im Prinzip lassen sich diese Faktoren in einem Satz zusammenfassen, der leider nicht von allen Entwicklern und Städten beachtet wird: Das gesamte Konzept eines SC muß handels- und kundenorientiert sein (vgl. Appelt 1999).

5 Abschließende Bemerkungen

Die vorstehende, z.T. holzschnittartige Übersicht zur SC-Szene und zur Rolle des Entwicklers/Betreibers von SC in Deutschland sollte aufzeigen, welche Relevanzkriterien zur Errichtung und Betrieb der „Bühne" SC seitens der Privatwirtschaft angesetzt werden.

Dabei sind SC als kommerzielle „Theaterbauten" zu begreifen, in denen ein Ensemble (Centerverwaltung und Mieter, sprich Läden und Shops) ein bestimmtes Stück, nämlich das Stück „Shopping-Center" aufführen. Das Publikum, sprich die Konsumenten, nehmen dies Stück an, indem sie im SC konsumieren, sie können sich aber auch auf dieser Bühne selbst zum Darsteller transformieren.

Die Ensembleleistung wird im Prinzip von den vertraglichen Regelungen zwischen Mieter und Vermieter bestimmt, das Centermanagement muß dabei die Rolle als Drehbuchschreiber, Hauptdarsteller, Regisseur und Intendant ausfüllen. Insgesamt sind fundierte soziologische Analysen zur konsumbezogenen Angebotsseite rar, der Konsument bzw. Konsum als Handlung selbst stehen meistens im Zentrum der Forschungen. Eine systematische oder vergleichende soziologische Untersuchung über das Agieren und die Handlungsrelevanzen der Anbieter (Einzelhandelsunternehmen, Entwickler, Erbauer und Betreiber von Einkaufsstätten jedweder Art) steht noch aus, so daß sich in diesem Fall der leider etwas abgegriffene, gleichwohl richtige Satz an den Schluß stellen läßt: Eine Vertiefung der Forschung und weitere Untersuchungen sind angezeigt.

Literatur

Appelt, Herbert (1999), Entwicklungstendenzen im Einzelhandel – Abkehr von grünen Wiese?, in: Freie und Hansestadt Hamburg, Stadtentwicklungsbehörde (Hg.), Die Zukunft der Zentren – die Zukunft des Handels, Hamburg, S. 38-44.

Canetti, Elias (1993), Masse und Macht, Frankfurt/M.

ECE (2004), Center-News 2004, Hamburg.

EHI (2003), Shopping-Center-Report, Köln.

EHI (2004). Shopping-Center-Report, Sammelordner 3, Köln.

Falk, Bernd (2004), Shopping-Center – Die Expansion geht weiter, in: Stadt und Raum, Nr. 4, 2004, S. 234.

FAZ-Verlagsbeilage Immobilienmarkt, 08.03.2002.

Fickel, Franz Wilhelm (1997), Optimale Standortwahl im Einzelhandel. Den Wettbewerb um den Kunden gewinnen, Wiesbaden.

Glazse; Georg (2001), Privatisierung öffentlicher Räume? Einkaufszentren, Business Improvement Districts und geschlossene Wohnkomplexe, in: Berichte zur deutschen Landeskunde, Heft 2-3, 75. Band, S. 160-177.

Goffman, Erving (1980), Rahmenanalyse, Frankfurt/M.

Goffman, Erving (2001), Wir alle spielen Theater. Die Selbstdarstellung im Alltag, München.

Gruen, Victor (1973), Das Überleben der Städte, Wien/München/Zürich.

Hahn, Barbara (2002), 50 Jahre Shopping Center in den USA. Evolution und Marktanpassung, Passau.

Häußermann, Hartmut (1997), Stadtentwicklung in Ostdeutschland, in: Jürgen Friedrichs (Hg.), Die Städte in den 90er Jahren. Demographische, ökonomische und soziale Entwicklungen, Opladen/Wiesbaden, S. 91-108.

Helms, Hans G. (1992), Glitzernde Binnenwelten des Konsums. Zu den sozio-ökonomischen Funktionen der shopping malls und Mehrzweckzentren in Canada und in den USA, in Hans G. Helms (Hg.), Die Stadt als Gabentisch. Beobachtungen zwischen Manhattan und Berlin-Marzahn, Leipzig, S. 109-133.

Hochheim, Natalie (2002), Entstehung der Shopping-Center in Hamburg – unter besonderer Berücksichtigung der Geschichte der Shopping-Center Einkaufszentrum Hamburger Straße und Alstertal-Einkaufs-Zentrum, (Diss. Universität Hamburg, Fachbereich Sozialwissenschaften), Hamburg.

Hoffman-Axthelm, Dieter (1995), Das Einkaufszentrum, in: Gotthard Fuchs/Bernhard Moltmann/Walter Prigge (Hg.), Mythos Metropole, Frankfurt/M., S. 63-72.

Immobilien Zeitung (2004), Die Projektentwicklung als Selbsterhaltungstrieb, Nr. 14, 01.07.2004.

Jäckel, Michael (2004), Einführung in die Konsumsoziologie. Fragestellungen – Kontroversen – Beispieltexte, Wiesbaden.

Lebensmittel Zeitung (2004), Shopping-Center-Boom verschärft Auslese, 16.07.2004.

Meyer, Christoph (2004), „TÜV“ für Einkaufszentren, in: Immobilien Manager, Nr. 1/2, S. 23.

Moulaert, Frank/Jacques Nussbaumer (2004), Die Ökonomie der europäischen Großstadt, in: Walter Siebel (Hg.), Die europäische Stadt, Frankfurt/M., S. 396-405.

Noller, Peter (1999), Globalisierung, Stadträume und Lebensstile. Kulturelle und lokale Repräsentationen des globalen Raums, Opladen.

Pittroff, Rainer (2004), Zurück in die City, in: stores + shops, Nr. 3, S. 10-13.
Popp, Monika (2002), Innenstadtnahe Einkaufszentren. Besucherverhalten zwischen neuen und traditionellen Einzelhandelsstandorten, Passau.
Ronneberger, Klaus (2000), Container des 21. Jahrhunderts, in: Dirk Matejovski (Hg.), Metropolen – Laboratorien der Moderne, Frankfurt/New York, S. 324-342.
Ronneberger, Klaus/Stephan Lanz/Walter Jahn (1999), Die Stadt als Beute, Bonn.
Rüdiger, Christian (2000), Center-Management, in: Michael Zerres/Ingrid Zerres (Hg.), Kooperatives Stadtmarketing, Stuttgart, S. 93-112.
Schnermann, Johannes (1987), Projektentwicklung für Gewerbe-Immobilien, in: Bernd Falk (Hg.), Gewerbe-Immobilien, Landsberg/Lech, S. 263-276.
Underhill, Paco (1999), Warum kaufen wir? Die Psychologie des Konsums, München.
Underhill, Paco (2004), The Call of the Mall – How we shop, London.
Wiswede, Günter (2000), Konsumsoziologie – eine vergessene Disziplin, in: Doris Rosenkranz/Norbert F. Schneider (Hg.), Konsum – Soziologische, ökonomische und psychologische Perspektiven, Opladen, S. 23-72.

Nutzerinnen und die Shoppingmall: Der dritte Raum im Visier

Ellen Bareis

Sich einer Mikrosoziologie der „Nutzung" städtischer Einkaufszentren zuzuwenden, impliziert die Vorannahme einer spezifischen Trennung gesellschaftlicher Aktivitäten, daß nämlich die Tätigkeiten des Nutzens, Ge- und Verbrauchens und jene des Konzipierens, Produzierens und Betreibens als zwei unterschiedliche, voneinander geschiedene zu fassen sind und meist von unterschiedlichen gesellschaftlichen Akteuren ausgeübt werden. Im Falle von Shoppingmalls[1] betrifft dies besonders zwei Dimensionen sozialer Produktion und Konsumtion: jene von materiellen und immateriellen Gütern und jene von gesellschaftlichem Raum. Die mit der Trennung gesellschaftlicher Tätigkeit einhergehenden Macht- und Herrschaftseffekte verdichten sich aus diesem Grund in Einkaufszentren, insofern in ihnen Raum und Konsum oder genauer gesagt die Kontrolle über die Produktion gesellschaftlichen Raums wie über die Distribution von materiellen und immateriellen Gütern zusammen fallen. Auf diese Weise kulminieren in ihnen soziale, politische und ökonomische Ausschließungsprozesse. Zugleich inkludieren Einkaufszentren zunehmend gesellschaftliche Interaktionen, insofern es in ihnen nicht mehr nur um die Vermarktung von Waren und Dienstleistungen geht, sondern um die Produktion von „Milieus": Developer- und Betreiberunternehmen schaffen mit der Intention der Gewinnmaximierung eine Welt für Konsumenten, deren Kreation als „World in a Shoppingmall" (Crawford 1992) die Angelegenheit von Ingenieuren, Planerinnen, Strateginnen und Eventmanagern ist (vgl. den Beitrag von *Rieper* in diesem Band).

Im letzten Jahrzehnt kam es vermehrt zu Analysen und Theoriebildungen aus unterschiedlichsten Perspektiven, denen zufolge diese Arbeitsteilung nicht nur in Hinblick auf die Trennung von Konzeption und Produktion, sondern auch bezogen auf die Konsumtion Transformationen unterzogen ist und sich dies

---

[1] Aus Lesbarkeitsgründen verwende ich in diesem Text die Begriffe Mall, Shoppingmall, Einkaufszentrum und Shopping Center synonym, auch wenn sie in Fachpublikationen und durch Interessensverbände (z.B. dem International Council of Shopping Center ICSC) jeweils entlang Kategorien wie Nutzungsfläche, Verkaufsfläche, Einzelhandelsmix, Unterhaltungsangebote etc. differenziert sind. Für die hier vorgenommene Fallstudie spielen zwar Unterschiede von Malls eine große Rolle, jedoch nicht unbedingt entlang jener Definitionen.

besonders in bezug auf kulturindustrielle bzw. massenkulturelle Phänomene niederschlägt.[2] Im folgenden Beitrag, der sich im Schwerpunkt auf die Interpretation qualitativer Interviews mit Nutzerinnen von Einkaufszentren stützt, wird dieser Wandel begrifflich als einer auf der Ebene der Produktionsweise im weiteren Sinn gefaßt und vor dem Hintergrund der Terminologie von „Fordismus" und „Postfordismus" diskutiert. Relevant ist bezogen auf Shoppingmalls, wie oben bereits deutlich wurde, nicht nur die Frage der Konsumtion, sondern auch jene des Raums. Postfordistische Shoppingmalls, so die These dieses Beitrags, werden nicht, wie die gesellschaftliche Trennung von Konzeption, Produktion und Nutzung nahe legt, schlicht von Entwicklern gebaut und von Konsumenten gefüllt und genutzt. Konsumentinnen[3] erwiesen sich einerseits in ihren Nutzungsweisen als eigensinnig und kreativ, und sie bringen soziale Situationen hervor. Die darin zum Tragen kommenden sozialen wie lokalen Interaktionsverhältnisse sucht der Raum „Shoppingmall" andererseits unter postfordistischen Bedingungen so weit als möglich zu inkludieren, indem er sich – von den Nutzern produzierte – Abweichungen und Differenzen aneignet und sie der Verwertung zugänglich macht. Nutzerinnen produzieren den Konsumraum demnach mit, wobei die Kunst des Mallmanagements darin besteht, die zeitgleich von den selben Nutzerinnen produzierten Gefährdungen der Raumproduktion „Shoppingmall" auszuschließen, mithin weniger die Produktion von Milieu und Situation als vielmehr die Entscheidung und Kontrolle über deren Inklusion oder Exklusion Teil der unternehmerischen Regierungskunst ist.

1 Städtische Malls als postfordistischer Raum

Unter Fordismus ist im engeren Sinn die Rationalisierung und Standardisierung der industriellen Produktion zu verstehen, die mittels Massenproduktion, tayloristischer Arbeitsorganisation und Fließbandarbeit darauf zielte, Güter zu niedrigen Preisen und in hoher Anzahl herzustellen und auf diese Weise Massenkonsumtion zu ermöglichen. Erzeugnisse, die zuvor den proletarischen Klassen unerschwinglich waren, gerieten somit in den Bereich des Möglichen, und Konsum erhielt volkswirtschaftlich wie sozial-kulturell eine neue Relevanz. Mit diesen „erweiterten Reproduktionsmöglichkeiten" (Cremer-Schäfer/Steinert

[2] Vgl. den Abschnitt „Situation und Konsumtion: Produktion von Nutzung wie durch Nutzung".

[3] Ein Text über Nutzungsweisen ist notwendigerweise auf Akteursbegriffe angewiesen, die zugleich fast immer geschlechtlich zugeordnet sind. Soweit Geschlecht im folgenden Beitrag nicht explizit relevant ist, kommen die jeweiligen Suffixe für die Akteurinnen abwechselnd zum Einsatz, um permanente Doppelkonstruktionen wie „Kundinnen und Kunden", „Nutzer und Nutzerinnen" etc. zu vermeiden.

1991) tritt in der fordistischen Form der Vergesellschaftung die Konsumtionsseite als struktureller wie subjektiver Faktor hinzu, um deren Transformationen in der Krise der fordistischen Vergesellschaftung es im folgenden Beitrag aus der Perspektive der Nutzerinnen von Einkaufszentren gehen soll. Eine weitere theoretische Perspektive, die das Vokabular von Fordismus und Postfordismus impliziert, ist die Frage nach gesellschaftlichen Kompromißbildungen. Demzufolge ist Fordismus nicht ohne Keynesianismus zu denken, einem Politikmodell, das die nationalstaatliche Regulierung und Steuerung kapitalistischer Krisenerscheinungen wie eine soziale Wohlfahrtspolitik inklusive der Institutionalisierung eines „juristisch-administrativ-therapeutischen Staatsapparates“ (Fraser 1994) enthält. Die Regulationstheorie faßt dies als historisch spezifischen Kompromiß zwischen Kapital und Arbeit. Bezogen auf den Raum und das Städtische bildete sich aus einer regulationstheoretischen Perspektive eine weitgehende Kohäsion von Raum, Gesellschaft, Markt und Staat, die sich in der Phase des „Atlantischen Fordismus“ in Form des territorialen nationalen Sozialstaats etablierte (vgl. für die deutsche Diskussion Esser/Hirsch 1987; Borst et al. 1990). Dieses Modell der Kapitalakkumulation – und deren Regulation – strebte auf räumlicher Ebene die Homogenisierung von Orten unter dem Primat des nationalen Territoriums an, in dem das Städtische den Kernmaßstab des Sozialen bildete. Verliefen die Dynamiken des Urbanisierungsprozesses in der fordistischen Gesellschaftsformation im Kontext der national und wohlfahrtsstaatlich organisierten Flächenstaaten, lösten sie sich im Postfordismus zunehmend davon ab, um statt dessen im Rahmen einer internationalen Städtehierarchie sowie von Hierarchisierungen innerhalb der städtischen Agglomerationen zu erfolgen. Dieser Prozeß beinhaltet neue Formen der Arbeitsteilung und der politisch-ökonomischen Regulation, die sich – Raum als analytische Perspektive mitdenkend – als zunehmende Ausdifferenzierung zwischen Meta-Steuerungen und unterschiedlichsten Arrangements des Mikro-Managements fassen lassen (vgl. Jessop 2002). Aus dieser Perspektive stellt sich die Frage, welche Formen eine „Re-Regulierung von sozialen Kompromissen“ (Mayer 2003: 273) annehmen kann und welche Rolle neue soziale und ökonomische Räume – wie etwa Einkaufszentren – in den Quartieren darin einnehmen, wenn, so die These, diese Kompromißbildung aufgrund der neuen räumlichen Differenzierungen zu großen Teilen auf der Ebene des Lokalen zu verorten sein wird.

Den hier angesprochenen, vor dem Hintergrund der Krise des Fordismus bzw. dessen Übergang zum Postfordismus entwickelten Ansätzen gemeinsam ist die Annahme der (räumlichen) Produktion von „Gesellschaft“. Diese setzt nicht wie die „Desintegrationsthese“[4] mit dem Befund ein, das „Ganze“ löse sich mit

---

[4] Vgl. Heitmeyer 1998; Häußermann 1998.

der Krise des Fordismus in seine Teile auf, und die Frage laute, wie dieser Prozeß aufzuhalten oder umzusteuern ist. Vielmehr fokussieren sie auf die Produktion dieses „Ganzen“ bzw. des „Sozialen“ und die es durchziehenden Polarisierungs- und Segregationsprozesse, also auf das *Zusammenspiel* von Fragmentierung und Homogenisierung, sowie „Integration/Kontrolle einerseits und sozialem Ausschluß andererseits“ (vgl. Cremer-Schäfer/Steinert 1991).

Besonders deutlich zeigt sich der Prozeß der Inklusion sozialer und lokaler Interaktionen in einem der beiden Einkaufszentren, in denen die Feldforschung, die diesem Beitrag zugrunde liegt, stattfand.[5] Die Mall liegt in einem „Szeneviertel“ in Hamburg-Altona und war als Bauvorhaben über Jahre hinweg umkämpft, bis sie schließlich mit einem stark veränderten Konzept 1995 eröffnete. Ralf (40)[6] hatte wie viele andere politische Aktivistinnen im Viertel die neue Shoppingmall über einen längeren Zeitraum boykottiert:

> Ich bin die ganze Zeit nicht hin, hab versucht, das zu boykottieren. Aus politischen Gründen. Ich dachte, so ein blödes Einkaufszentrum, das muß ich ja nicht mittragen (...) Das hatte immer damit zu tun, lief unter dieser Vorstellung, das Ding ist ein Fremdkörper im Viertel, darum ging diese Diskussion also viel, da würden nur neue Einkaufsströme hingezogen, also ein Einkaufszentrum, da kommt dann zahlungskräftige Kundschaft aus den Elbvororten und kauft dann da ein, und irgendwie, die parken [den Stadtteil] voll und nerven. Geben viel mehr Geld aus, und das Preisgefüge hier im Stadtteil steigt. (...) Dann ist natürlich ziemlich schnell deutlich geworden, daß sehr wohl alle [aus dem Viertel] da rein gehen. Das sich das ziemlich schnell entwickelte, daß das [Einkaufszentrum] letztlich akzeptiert wurde.

Inzwischen geht Ralf regelmäßig auf dem Weg zur Arbeit durch das Einkaufszentrum und kauft auch „ab und zu“ dort ein. Ein Grund, seine Haltung zu überdenken, sei gewesen, daß zwar viele seiner linken Bekannten die Mall ebenfalls boykottierten, befreundete Migrantinnen sie jedoch sehr selbstverständlich als sozialen wie als Konsumtionsraum nutzten. Er bekam, wie er sagt, das Gefühl, es sei „wieder so eine rigide deutsche Linkennummer mit dem Boykottieren“. Auch seine Freundin habe sich zunehmend über die „bewahrende, konservative“ Haltung bei Linken lustig gemacht; insbesondere wenn er extra zu einer H&M-Filiale irgendwo anders in Hamburg fuhr, nur um nicht in diese Shoppingmall zu gehen. Die Hinterfragung der Boykotteinstellung durch Ralfs soziales Umfeld führte dazu, das Einkaufszentrum nicht mehr als abgeschotteten Raum, sondern eher als Teil des Viertels wahrzunehmen:

---

[5] Die empirischen Daten entstanden im Rahmen von Feldforschungen in zwei städtischen Einkaufszentren in Berlin und Hamburg. Grundlagen sind teilnehmende Beobachtung, Interviews mit Nutzern und Nutzerinnen inklusive an die Interviews geknüpfte „mental maps“ und Expertengespräche mit Schlüsselpersonen aus dem jeweiligen Stadtteil.

[6] Alle Namen der Interviewten sind geändert worden.

> Es hat dann eigentlich eine langsame Annäherung daran geben. Es ist ja immer noch so, daß ich da nicht viel einkaufen gehe. Aber ich empfinde dieses [Einkaufszentrum] nicht mehr als einen Fremdkörper im Stadtteil, sondern ich hab den Eindruck, ich treffe eigentlich dieselben Leute dort drin wie draußen auf der Straße. Und was ich nicht einschätzen kann, wie viele Leute eigentlich dort hinkommen zum Einkaufen von woanders. Ich hab den Eindruck, das wird viel von Leuten genutzt, die eigentlich in der Nähe wohnen.

Eine zweite wichtige Komponente für die Transformation von Ralfs Wahrnehmung des Shopping Center besteht darin, daß er es letztlich als „urban" einordnen konnte, wozu vor allem die Atmosphäre des im Erdgeschoß angesiedelten marktähnlichen Bereichs mit Imbiß-, Gemüse- und Spezialitätenständen beitrug. Die dortige Stimmung, Geräusche und Gerüche sind für ihn der Anlaß, seinen Weg zur Arbeit inzwischen sogar so zu legen, daß er jeden Morgen durch die Shoppingmall kommt. In einem Vorort Hamburgs aufgewachsen, finde er, wie er sagt, Einkaufszentren eigentlich „zum Kotzen", und sie machten ihn depressiv, da er mit 12, 13 Jahren immer im dortigen Shopping Center „abhing" und so der suburbanen Langeweile zu entgehen suchte, was aber nicht gelang:

> Eigentlich fand ich es eher öde. Eigentlich fand ich diese ganze Vorstadt öde und dann auch dieses Einkaufszentrum. Also es gab ein Gefühl von Vertrautheit, das ist ein heimischer Ort, dieses Einkaufszentrum, also man kennt jeden Weg, man kennt jede Ecke davon. Und gleichzeitig das Gefühl, also es ist immer klar: Stadt ist woanders. Und die ist eine halbe Stunde mit dem Zug entfernt.

Aus dieser Perspektive gehört das Einkaufszentrum in die Vorstadt und nicht in die Stadt, womit der Bau des Konsumkomplexes im „eigenen" Viertel zum Symbol für dessen „Suburbanisierung", also den Einzug konformer Vorstadtlebensstile wird. Zu diesem Abwertungsprozeß urbanen Lebens, der sich für Ralf auch darin ausdrückt, daß die räumliche und organisatorische Form einer Shoppingmall nicht eine städtisch „gewachsene", sondern eine gemanagte ist, kommt der ökonomische Aufwertungsprozeß des Quartiers, in dem „das Städtische", so seine Einschätzung, nur noch inszeniert werde:

> Es war also ein bißchen Ersetzung dessen, was ich als urban empfand, durch so eine Scheinurbanität. Diese inszenierte Urbanität, die eigentlich diese Einkaufszentren vorgaukeln sollen. Und darauf hatte ich keine Lust. Und dann natürlich war das außerdem in der Zeit ganz „in", also in den 1980er Jahren: „Unser Viertel", die „linken Viertel", und wir wollen hier keine dämlichen Investoren drin haben, die das alles yuppisieren.

Diese Assoziationen und Ängste haben sich jedoch Ralf zufolge kaum bestätigt. Auf die Frage hin, wie sich für ihn das Viertel, seine Wahrnehmung davon, seine

Wege in der ersten Zeit nach der Eröffnung der Mall veränderten, als er sie noch boykottierte, bemerkt er:

> Also eigentlich nicht besonders. Das war halt da, war ein Raum, den ich nicht betrat, und er fehlte mir auch nicht. Ich kann eigentlich nicht sagen, daß dann massiv eine Veränderung durch das [Einkaufszentrum] im Viertel zu spüren war, sondern daß eher dieser Prozeß der Veränderung des Viertels parallel dazu gelaufen ist. (...) Das hat sich auch dadurch verändert, daß sehr viele Wohnungen gebaut wurden im Viertel. Ich habe den Eindruck, es wohnen einfach mehr Leute im Viertel (...). Was mir auch immer sehr gefiel. Also meinem Gefühl, was ich so suchte, so eine Urbanität, kam das auch entgegen. (...) Und ich glaube, mein Bild war von diesem [Shopping-mall-]Konzept, daß es auch so, daß quasi so Teilzeit-Landschaften entstehen, also was die Hamburger Innenstadt auch hat, die eigentlich architektonisch an einigen Stellen nicht schlecht ist, aber die immer so was hat, wie eine inszenierte Welt für ein paar Stunden, während die Geschäfte geöffnet sind. Und danach macht es puff, alle steigen in die U-Bahn und dann ist es leer. Und dann geht man durch so eine Geisterlandschaft. Und das ist ja hier nicht eingetreten.

Ralfs Schilderung lassen sich drei Momente entnehmen, die zum Teil als widersprüchlich erscheinen: Erstens ist an der Mall eigentlich nur gut, daß sich nichts verändert hat und ihre Existenz nicht weitergehend in die Struktur des Viertels eingriff. Zweitens sind es die Praktiken und Nutzungsweisen seines sozialen Umfelds, die eine Änderung seiner Haltung bewirkten, und drittens ermöglicht der Bereich mit den Imbiß- und Gemüseständen Ralf, sich mit dem Komplex zu arrangieren und ihn alltäglich zu nutzen, da er für ihn etwas „Städtisches" repräsentiert. Die Mall ist nach seiner Schilderung ein Ort unter vielen anderen im Viertel und monopolisiert weder die ökonomischen noch die sozialen Lokalstrukturen, sondern tritt zu diesen hinzu: Man kann hingehen oder auch nicht. Aber auch die mehrjährigen Kämpfe im Quartier gegen die Erbauung des Einkaufszentrums sind weiterhin zentral, und zwar nicht nur als „lokaler Mythos", da die Konzeption des „Marktbereichs", den Ralf so ansprechend findet, als Reaktion auf diese zu verstehen ist: Letztlich reagierten die Investoren und Entwickler auf die Konflikte, als sie den Entwurf des Konsumkomplexes stärker auf die Quartiersstruktur bezogen, als dies zu Planungsbeginn gedacht war. Die große Zahl von Bio-Ständen und „multikulturellen" Gastronomieangeboten im Erdgeschoß reproduziert einen spezifischen Teil der außerhalb der Mall bereits etablierten lokalen Nutzungsmischung innerhalb des kontrollierten Raums. Da die Realisierung des – nun veränderten – Bauvorhabens in einem „schwierigen" linksalternativen und migrantischen Milieu gelang, gilt das Einkaufszentrum in Immobilienkreisen als Musterbeispiel für ein „integriertes Shopping Center" (vgl. Jones Lang LaSalle 2000).[7] Relevant ist hier weniger die Frage, ob Ralfs Entscheidung, seine Nutzungsweise zu verändern und das Einkaufszentrum in die alltägliche Praxis im Quartier einzuschließen, darauf zurückzuführen ist, daß mit der Transformation des Viertels keine „Geisterlandschaft" entstand, daß andere Quartiersbewohnerinnen weniger Distinktionsmomente gegenüber dem Konsumraum hatten, oder darauf, daß die Planer und das Management eine kluge Strategie entwickelten. Vielmehr wird durch die Narration des Ex-Boykotteurs deutlich, daß eine Perspektive auf Shoppingmalls als durch Entwickler- und Betreiberunternehmen *geschaffene* Räume, *mit* bzw. *in* denen Nutzerinnen dann auf mikrosoziologisch zu untersuchende Weise interagieren, mit Ausblendungen einhergeht, die nicht nur analytisch, sondern auch politisch relevant sind, insofern sie die lokalen Konflikte und Interaktionen betreffen.

2 Situation und Konsumtion: Produktion von Nutzung wie durch Nutzung

Basierte die Konsumtionsseite der fordistischen Produktionsweise auf der Normierung der Verbraucher entlang standardisierter Güter und darauf ausgerichteter Marketing- und Distributionsstrategien, erweitert sich dies im postfordistischen Konsum um die Kreation von „Welten", die sich an den ausdifferenzierten Konsummustern der Verbraucher orientieren und eher als Normalisierung denn Normierung zu fassen sind. Diese Produktion von Milieu, Erlebnis und Situation rekurriert notwendig auf kollektiv produzierte Zeichen und Interaktionen, deren Kontrolle aus der Perspektive der Betreiber und Einzelhändler im Zentrum steht. Anhand von Beraterliteratur, die auf mögliche Wertsteigerungen im Einzelhandels- und Dienstleistungsbereich fokussiert, soll – als zweitem zu untersuchenden Material in diesem Beitrag – diese These kurz illustriert werden. In der Experten- und Beraterliteratur wird Kontrolle unter anderem durch den Einbezug von handlungs- und interaktionstheoretischen Überlegungen konzipierbar. Die utilitaristisch angelegten Untersuchungen des Anthropologen und Beraters Paco Underhill (2000) heben etwa darauf ab, Konsumentinnen als eigensinnige und kreative Akteure wahrzunehmen und gerade in deren „Widerständen" eine Quelle zur Wertsteigerung der Angebotsstruktur zu sehen. Erfolgreiche Kauf-/Verkaufssituationen sind ihm zufolge nur herzustellen, wenn die Logiken menschlicher Interaktionen begriffen und strukturell einbezogen werden. Kunden sind Underhill zufolge in dem Sinn als per se widerständig zu begreifen, als sie immer versuchen, ihre eigenen „Bedürfnisse" zu befriedigen, auch wenn die

[7] Als „integrierte Shopping Center" werden jene Einkaufszentren bezeichnet, die in Quartieren mit bereits bestehenden lokalen Strukturen errichtet werden.

vorgegebene Struktur dies erschwert oder nahezu unmöglich macht. Diese Situation lasse sich jedoch produktiv wenden, indem die sich darin ausdrückenden Bedürfnisse ernst genommen und die Kreativität, die sich im der vorgesehenen Raumordnung zuwiderlaufenden Handeln niederschlägt, gesehen und genutzt wird. Die neoklassischen Ökonomen Joseph Pine und James Gilmore (2002) fokussieren – mit einem Rückgriff auf Erving Goffman – auf die Herstellung von Konsumsituationen als Bühne und Theater, die die günstigsten Chancen böten, um den Wert eines Angebots zu erhöhen. Einfluß gewinnt demnach die „Erlebnisökonomie", welche die Produktion und Distribution von Milieus und Lifestyles beinhaltet und in der es nicht nur um das Anbieten und Vermarkten von Waren und Dienstleistungen geht, sondern wo die Produktion von Kauf-Verkauf-Milieus im Mittelpunkt steht. Nahezu jede menschliche Aktivität kann Pine und Gilmore zufolge zum bezahlten Erlebnis werden, wenn es Unternehmen gelingt, ein Verständnis von ihr und der zugehörigen Situation zu entwickeln. Sie diskutieren dies über das Vokabular von „Ereignis", „Erfahrung" und „Wandlung": Es geht, wie sie schreiben, weniger darum, Kunden die „richtigen" Waren anzubieten oder sie auf „richtige" Weise zu bedienen, vielmehr müsse der Kunde selbst als das Produkt verstanden werden. Der Akt des Verkaufens geschehe dann auf der Grundlage von dessen eigenem Willen zur Veränderung: Die „Wandlung" ist die immaterielle Ware. Es muß sich bei dieser „Wandlung" nicht unbedingt um Selbstfindungsprozesse oder um eine Auratisierung handeln (vgl. exemplarisch Hollein 2002). Bereits Jahre, bevor die Feuilletons den „Smart-Shopper" als neues soziales Phänomen „entdeckten", wurde dieses Verbrauchermodell in den Kreisen der Einzelhandelsbranche unter Aspekten der „Erlebnissteigerung" diskutiert. Aus dieser Perspektive polarisiert sich seit nahezu zwanzig Jahren der Einzelhandelsmarkt zwischen discountorientiertem Handel und Fachhandel bzw. Warenhäusern, wobei discountorientierte transaktionskostensparende Vermarktungskonzepte zunehmend den Markt dominieren. Fehlende Kaufkraftsteigerung und eine verstärkte Preisorientierung der Verbraucher auf der einen Seite, fehlende Vermittlung von Seiten des Fachhandels und der Warenhäuser bezüglich der gebotenen Leistungen auf der anderen Seite bilden demnach, so etwa Erich Greipel (1998) von der METRO Vermögensverwaltung GmbH & Co. KG, eine strategische Lücke, die die Discounter nutzen. Dabei gehe es nicht nur um Fragen der Versorgung mit materiellen Gütern, sondern auch um „Erlebnisorientierung", weil, so Greipel (1998, S. 90), „für den Verbraucher der günstige Preis bei angemessenem Qualitätsniveau mehr denn je eine besondere Erlebnisdimension darstellt"– eine Annahme, die sich in den letzten Jahren auch vermehrt in Werbeslogans „materialisiert".[8]

[8] Am bekanntesten ist wohl in diesem Zusammenhang die „Geiz ist geil"-Kampagne des Elektronikdiscounters Saturn.

Diskursanalytisch ließe sich verfolgen, wie sich das Vokabular von „Erlebnis“ und „klugen Einkäufern“ gegenüber älteren – historisch den industriekapitalistischen und fordistischen Formen der Vergesellschaftung zuzuordnenden – Terminologien der „Verführung“, der „Täuschung“ wahrheitspolitisch auch in der gesellschaftswissenschaftlichen Theoriebildung etablierte. Empirisch kamen in den Interviews mit Nutzern städtischer Einkaufszentren häufig beide Haltungen bzw. Narrationen zur Geltung. Ein Interview mit zwei älteren Frauen zeigt, daß die Transformationen auf der Ebene der Konsumtion und Distribution wie auf der Ebene der Diskurse aus der Nutzerinnenperspektive weniger als Ablösung werte- und normengeleiteter durch erlebnisgeleitete Praktiken und Wahrnehmungsweisen zu fassen ist, vielmehr treten letztere als Haltung eher hinzu. Außerdem müssen diese divergierenden Haltungen nicht notwendigerweise in eine kohärente Narration gebracht werden. Das Interview ist aus einer zweiten Shoppingmall, in der die Feldforschung stattfand. Sie liegt im Süden des Berliner Bezirks Neukölln in einer in den 1960er Jahren nach Kriterien des funktionalen Städtebaus errichteten Großwohnsiedlung und ist bedeutend größer als jene in Altona. Frau Hochberger (60) und Frau Wengeler (65) sind in der evangelischen Gemeinde aktiv, die in direkter Nachbarschaft zum Einkaufszentrum liegt, und fühlen sich von dessen Größe und Massivität bedrängt. Während des Gesprächs betonen sie wiederholt und vehement ihre ablehnende Haltung gegenüber dem, wie sie sagen, „Konsumtempel“.

> *Frau Wengeler*: [Es war] zuerst ein ganz kleines Einkaufszentrum, dann größer und größer, die Kirche hat sich erdrückt gefühlt, unser Pfarrer sagt immer: der Konsumtempel. Die ganzen Geschäfte, die drum rum sind, die leiden immer unter diesem Einkaufszentrum. Weil alle Leute gehen hier ins Kaufland und nicht mehr draußen einkaufen. Das ist sehr schlecht.
> *Was meinen Sie, warum Tempel, Konsum-Tempel?*
> *Frau Hochberger*: Weil hier, weit und breit kommen die Leute ja in Scharen hier an. Ich sag immer „Ah es wird wieder was verschenkt. Heute gibt's wieder was geschenkt.“
> *Frau Wengeler*: Heute gibt's was umsonst.
> *Frau Hochberger*: Es gibt wieder was umsonst, ja. Weil die Leute immer in so Scharen...
> *Frau Wengeler*: Weil, weil, man kommt hier nicht über die Straße. Wenn Sie jetzt, hier am Freitagabend, machen Sie manchmal bis um 10 Uhr oder um 12 Uhr.
> *Frau Hochberger*: Die kommen ja in Scharen, hat man das Gefühl. Aber, wo kommen die ganzen Menschen her, aus allen Richtungen?
> *Frau Wengeler*: Da wird man richtig auch überschwemmt so. (...)
> *Frau Hochberger*: Aber daß es ein Konsumtempel wird, das ist ja gewollt. Das ist ja nun gar keine Frage, sonst braucht man ja so was gar nicht aufzubauen.
> *Frau Wengeler*: Er sagt das halt, weil das das Gegenteil ist zu unserer Kirche.
> *Frau Hochberger*: Ja, die Kirche ist nun verschwunden.
> *Frau Wengeler*: Weil die Kirche ist jetzt dahinter ganz verschwunden. Die sieht man gar nicht mehr. Ne.

Die beiden Frauen beschreiben eine für sie sehr deutliche Konkurrenzsituation, die sich besonders auf einer Ebene der Werte abspielt: Während die Kirchengemeinde nicht nur gesellschaftlich, sondern auch räumlich immer mehr in Bedrängnis kommt, kann das Einkaufszentrum eine Attraktion und Dynamik entfesseln, die Menschen „in Scharen" in ihre Räume lockt, als handle es sich um eine neue Religion. Erklären läßt sich dies für die beiden Frauen zunächst nur dadurch, daß diese „Scharen" denken, „etwas geschenkt" zu bekommen, sich mithin über die realen Ereignisse im Einkaufszentrum – daß es sich nämlich von Seiten der Betreiber her ganz gewollt um einen „Konsumtempel" handelt – täuschen.

Was Frau Wengeler und Frau Hochberger thematisieren, ist eine Praxis, die die „instrumentelle Arbeitsmoral" (Cremer-Schäfer/Steinert 1991) sozialstaatlich-disziplinärer Façon unterläuft, nach der man nichts geschenkt bekommt, sondern sich die Beteiligung am Konsum erarbeitet. Im Interview begreifen sie dies als Effekt einer aggressiven Werbepraxis und Verkaufsstrategie, deren „Opfer" nicht nur die angelockten Besucher sind, sondern auch das Stadtviertel und die Kirchengemeinde: Sie beanstanden der Interviewerin gegenüber eine massive Verschlechterung der Situation im Viertel, die aus ihrer Perspektive durch die Shoppingmall verursacht wird. Ein vormals beschauliches, ruhiges und „ordentliches" Wohnquartier wandelte sich – so ihre Narration, hierin der von Ralf entgegengesetzt – in einen lärmenden, von Verkehr und Kaufwütigen heimgesuchten Ort. Diese Erzählung, die auch eine eingeschränkte Boykotthaltung aufweist, da sie mehrfach betonen, außer Lebensmitteln nichts in der Mall zu kaufen, wird im Verlauf des Gesprächs durch immer mehr neue Geschichten ergänzt, die Cafébesuche in der Mall und den Kauf hochwertiger Gebrauchsgüter wie Waschmaschinen, Videorekorder oder Brillen zum Thema haben:

> *Frau Hochberger*: Also was ich gut finde, ist hier der Pro Markt, also wenn ich hier was brauche für, sagen wir für meinen Computer, oder wenn ich hier irgendwas für [unverständlich] anschaffen will oder Zusatzgeräte für meinen Haushalt als solches, Waschmaschine oder so, hab ich grade, also die hab ich tatsächlich hier gekauft, da hatte ich drei Möglichkeiten und daß man die tatsächlich noch gegeneinander ausspielen kann, nämlich Innova, Pro Markt und Media Markt, daß man die sogar noch gegeneinander ausspielen kann, das war eine Erfahrung (lacht). (...)
> *Sie sind also im Haus rumgelaufen und haben verhandelt?*
> *Frau Hochberger*: Ich hab gar nicht, ich wollte verhandeln, ich brauchte eine Waschmaschine, ich wollte verhandeln, war erst bei Media Markt drin und so und habe mich erkundigt nach meiner Waschmaschine, sie kostet so und so viel, sag ich, „O.k., ich geh jetzt noch zu den anderen und werde fragen, was sie kostet und dementsprechend werde ich mich entscheiden". Also bin ich dann weiter gewandert zu Pro Markt, und dann haben mir die einen Preis genannt, und ich hab' gesagt, „Ich hab's aber da zu dem und dem Preis gekriegt", und dann haben die gesagt, „O.k., wenn Sie das sagen, kriegen Sie den auch bei uns". Und dann habe ich gesagt, damit

ich das zu Ende bringe, wäre sonst noch zu Innova gegangen, weil ich da eine Kundenkarte habe, dann dachte ich, ach Käsekuchen, ich bring das über die Bühne und die haben auch gesagt, sie liefern noch am gleichen Tag, und dann hab ich gesagt „O.k., ist in Ordnung“, und dann hab ich da das Geschäft gemacht (lacht). (...)
Frau Wengeler: Die haben es eben nötig, daß sie Sachen verkaufen, dann müssen sie dann auch mit der Konkurrenz mithalten.
Frau Hochberger: Also ich war wirklich, bin wirklich kein Typ, der handelt, ich kann das einfach nicht, aber jetzt muß ich ehrlich sagen, zumindest sag ich mal, o.k. dann guck ich (...) also ein bißchen sprechen die das untereinander auch ab. Aber das sind wirklich heute Dinge, die ich als, in meinem Leben nicht erfahren habe und die als neu dazu kommen, mich doch schwer in Erstaunen versetzen und mir sagen, wie schwer der Handel heute ist, daß man so weit geht und so was macht.

Frau Hochberger erweist sich in dieser Passage als durchaus aktive Teilnehmerin des – der Logik des discountorientierten Einzelhandels entsprechenden – permanenten Schlußverkaufs und thematisiert dies als neue „Erfahrung“. Während bei Ralf die Annäherung eher darüber stattfindet, daß sich der Raum der Mall auch als urbaner Raum wahrnehmen und nutzen läßt, bleiben die beiden Frauen in Neukölln bei ihrer kritischen Haltung gegenüber den von der Mall produzierten Milieus, stellen sich aber als listige Verbraucherinnen dar. Beim Zeichnen der *mental map* am Ende des Interviews wird darüber hinaus deutlich, daß ihre identifikatorische Haltung gegenüber der Gemeinde – die etwa Dreiviertel des Interviews ausmachte – und ihr alltäglicher Gebrauch der Mall weit auseinander liegen: Sie erstellten die mit Abstand detailreichste Karte aller Interviewten im Neuköllner Sample und konnten zu beinahe jedem Geschäft, das sie einzeichneten, weitere Details erzählen, wie etwa „Da ist noch die CoBank – das ist meine Bank“, „Bei dem Optiker habe ich meine Brille gekauft“ oder „Die Bäckerei hat eine Toilette, aber man muß den Schlüssel holen.“ Die einzige – schmale – Verbindungslinie zwischen den beiden Narrationen stellen die Frauen her, indem sie letztlich nicht nur die Kirchengemeinde, sondern auch den Einzelhandel als im Zuge der ökonomisch-gesellschaftlichen Dynamiken in der Krise steckend thematisieren. Der Umstand, „wie schwer der Handel heute ist“, läßt sich dabei in der Schnäppchenjagd gewinnbringend – also instrumentell – nutzen und bietet zugleich neue Erfahrungen, während die identifikatorische Haltung zur Gemeinde kaum Bearbeitungen zuläßt.

Was im Interview als Diskrepanz zwischen Wahrnehmung und Nutzung einerseits, Wertorientierung und Erlebnisorientierung andererseits aufscheint, diagnostizierte Gerhard Schulze (1992) in seinen Arbeiten zur „Erlebnisgesellschaft“ als Transformation bzw. als Ablösungsprozeß. Demzufolge gewinnen in durch Erlebnismarkt und Massenkonsum charakterisierten Gesellschaften innengeleitete Sozialisationsprozesse gegenüber außengeleiteten Normvorstellungen an Bedeutung als Legitimationsmodus und bei der gesellschaftlichen Konsensbildung. Bildeten zuvor Arbeit und Produktionsprozeß die hauptstrukturierenden Momente in der Subjektbildung, so werden diese nun, so die These, durch Genuß, durch das, was als „schönes Erlebnis“ erfahren und definiert wird, abgelöst. Die Schlüsselrolle in der Transformation zur Erlebnisgesellschaft spielten zwar der *Erlebnismarkt* und seine Akteure, das *Publikum* sei jedoch durch Wahl und Vermeidung an der Umformung der kulturellen Muster beteiligt. Während in den Diagnosen der „Erlebnisgesellschaft“ wie der „Multioptionsgesellschaft“ (Gross 1994) das Subjekt – durch Präferenzentscheidungen des Publikums oder als individuelle Orientierung bei erweiterten Wahlmöglichkeiten – als autonomes gedacht ist, fokussieren andere Ansätze stärker auf die Subjektkonstitution, die sie innerhalb eines historisch-gesellschaftlichen Säkularisierungs- und Kontingenzbearbeitungsprozesses verorten. Massenkultur fassen sie darin als „funktionelles Medium“ (Makropoulos 2004) bzw. als unvollständig integrierendes „Weltverhältnis“ (Schrage 2003). Schrage und Makropoulos teilen die Annahme, daß es sich bei Massenkultur einerseits um eine säkularisierte klassen- und schichtübergreifende Kultur handelt, deren Herausbildung historisch sowohl an Urbanisierungsprozesse wie an technische Entwicklungen und Technologien der Normalisierung geknüpft ist, Massenkultur andererseits als Vergesellschaftungstypus zu fassen ist. Massenkultur sei somit weder manipulatorisch noch als Hyperrealität, sondern in ihrer Positivität zu verstehen: „Massenkultur normalisiert.“ (Makropoulos 2004: 86) Schrage stellt die Frage, was die massenkulturelle Vergesellschaftung für die Individuen attraktiv macht, wie mithin die Integration qua Massenkultur zu denken ist. Es handle sich einerseits um eine kontingente und auf das Mögliche gerichtete Vergesellschaftungsform, die andererseits zu ihrer Aufrechterhaltung auf permanente Dynamiken und Zuwächse angewiesen ist. Danach basiert die „unvollständige Integration“ durch Massenkultur auf einem Möglichkeitsversprechen, das ihr eine Art flexible Dauerhaftigkeit verleiht. Historisch entstanden mit der marktförmigen Vergesellschaftung zwei Verhaltensdispositionen: einerseits die von Max Weber diagnostizierte „innerweltlich-asketische Haltung“ der Profitmaximierung, andererseits ein von Colin Campbell aufgezeigter „imaginativer Hedonismus“ (vgl. Schrage 2003).

Basiert nach Schrage die Attraktivität und Integrationskraft von Massenkultur auf der Verbreitung dieser zweiten, hedonistischen Haltung, so amalgamieren die beiden Frauen im Interview, bezogen auf die Praxis der Schnäppchenjagd, eine als utilitaristisch oder instrumentell zu bezeichnende Haltung mit einer hedonistisch-erlebnisorientierten, während ihr identifikatorisches Verhältnis gegenüber der Kirchengemeinde, also ihr Wertekanon, davon unberührt bleibt. Da die Linearitätsthese, die die oben diskutierten Ansätze – bei allen Differenzen – teilen, von einem Ablösungsmodus in der Subjektkonstitution ausgeht, läßt sich mit ihr kaum nach Koexistenzen und Konkurrenzen verschiedener Ethiken, Diskurse und Praktiken fragen. Offen bleibt dabei auch, inwiefern diese Prozesse als gesellschaftliches Verhältnis intersubjektiv, innersubjektiv oder transindividuell (im Sinne Lacans weder als Ganzes noch individuell) zu fassen sind. Aus einer ideologietheoretischen Perspektive ist Subjektkonstitution weniger als eindimensionaler, historisch linearer Prozeß zu verstehen, sondern weist vielmehr sowohl strukturale Elemente wie zirkuläre Bewegungen auf. Beispielsweise waren die ideologisch-räumlichen Kodifizierungspraxen von „öffentlich" und „privat" in der Konstitution der bürgerlichen Öffentlichkeit und des bürgerlichen Subjekts, gegen die sich die städtisch-bürgerlichen Frauen der ersten Frauenbewegung als Herrschaftsinstrument wandten, dieselben, auf die sie sich zugleich politisch wie räumlich beziehen mußten. Darin stellte das neu hinzukommende „Medium" der urbanen und technischen Massenkultur ein wichtiges Artikulations- und Aneignungsfeld dar, das sich zugleich formierte, wie spezifische Teile der Kämpfe konfigurierte und „normalisierte". Auf eine ähnliche Weise artikulierten sich die von Ralf angeführten Kämpfe auf dem Kiez gegen die drohende „Yuppisierung" notwendig innerhalb eines diskursiv-räumlichen Rahmens der Kritik an fordistischer Standardisierung und Stadtplanung. Der wohlfahrtsstaatliche Hintergrund von Normierung und Planung stellt darin einerseits eine Bedingung für die Hervorbringung dieser sozialen Form des „Kiezes" dar, der als Akteur in den Konflikten der 1970er und 1980 Jahre auftritt. Andererseits ist diese „Stadtteilkultur" selbst als Teil der postindustriellen Transformation bzw. als „Aufwertung" des Viertels zu fassen. Ideologietheoretisch handelt es sich demnach nicht um lineare Prozesse, sondern um – für die Subjektkonstitution relevante – Konkurrenzen um Hegemonie.[9]

3 Kontrolle und Verhandlungen

Daß in der postfordistischen Produktionsweise die Faktoren der gesellschaftlichen Kommunikation und Kooperation an Relevanz gewinnen, so Lazzarato (1998), scheint auch in den beiden bisher angeführten Interviews auf, etwa in der Interaktion des Feilschens bei Frau Hochberger oder in den lokalen Kämpfen und der Kiezproduktion bei Ralf. Nimmt man die programmatischen Vorstellungen aus der Beraterliteratur hinzu, ließe sich sagen, daß Kommunikation und Kooperation sowohl in den Versuchen der „Nutzerinnen", sich Manipulationen und Standardisierungen entgegenzusetzen, als auch im Willen der „Betreiber"

[9] Aus der Perspektive der Ideologietheorie gibt es, so etwa Étienne Balibar (1992: 77), auch „keine lineare ‚Säkularisation' bzw. ‚Entzauberung' der Gesellschaften und der Politik". Vielmehr ist dieser „Prozeß" – aus einer historischen Perspektive auf die Moderne – als Niedergang der Religion zugunsten des Nationalismus zu verstehen.

niederschlagen, diese Dynamisierungen in der Produktion des Sozialen auf eine bewegliche, „normalisierende“ Weise zu kontrollieren. Hinsichtlich des urbanen Raums wird letzteres in der Kritischen Kriminologie als Hinzutreten (zum Teil auch als „Ablösung“) einer Kontrolle von Räumen und Situationen zu den Einschließungsmilieus und zur panoptischen Überwachung von „Personen“ diskutiert. Danach kommt es zu einer Vervielfältigung von Regierungsräumen, die auf unterschiedliche Weise staatlich, privatökonomisch wie zivilgesellschaftlich codiert sind (vgl. Shearing 1997; Krasmann 1999; de Marinis 2000; Shearing/Wood 2003). Im Gegensatz zu disziplinären Technologien der Macht, die Kollektivsubjekte erst hervorbringen, kommen die Kontrolltechnologien, so die These von Susanne Krasmann (2003), ohne kollektive Anrufung aus und produzieren das Soziale nicht aus dem Modus von Verhandlungen und Kompromißbildungen, sondern mittels Normalisierung. Das Interview mit Frau Hochberger und Frau Wengeler ließe sich so interpretieren, daß sie aus diesem Grund darauf angewiesen sind, auf eine identifikatorische oder kollektive Haltung (der „Gemeinde“) zurückzugreifen, um ihre Kritik am Einkaufszentrum zu formulieren. Sie bleiben so bei ihrer Erzählung von der Mall als „Fremdkörper“, nutzen jedoch einige Vorteile, wofür sie sich auf ihre instrumentell-hedonistische Haltung beziehen, ohne ihre Thematisierung von Werteverlust in Frage stellen zu müssen. Diese „bigott“ wirkende Einstellung, die in der angelsächsischen Stadtforschung als NIMBYismus bezeichnet wird,[10] ist weniger als Frage der Persönlichkeit der beiden Frauen zu verstehen, sondern hat eben doch viel mit Verhandlungen im und um den kontrollierten Raum zu tun. Im konkreten Fall scheiterten diverse Interaktionen zwischen den beiden maßgeblichen Akteuren, nämlich dem Management des Einkaufszentrums und den lokalen Institutionen einschließlich der Kirchengemeinden. Die Betreiber unternahmen zwar Versuche, die lokalen Kirchen zu einer Kooperation für Veranstaltungen innerhalb der Mall zu gewinnen, waren aber nicht bereit, so der Pfarrer einer Kirchengemeinde im Expertengespräch, dafür Konzessionen zu machen oder Kompromisse einzugehen. Die Geschäftspolitik der Altonaer Mall basiert dagegen zu einem großen Teil auf Verhandlungsprozessen sowie auf der Integration von lokalen Interaktionen und urbanem „Flair“. Dies eröffnet den Nutzerinnen dieses Einkaufszentrum ein breites Feld von Strategien, den Ort als einen zu begreifen, in dem nicht einzig die Kalkulationen des Managements ausschlaggebend sind, sondern Verhandlungsprozesse gewisse Erfolge erzielen können.

Einige dieser Nutzer verfolgen Praktiken, die aus der Perspektive der Beraterliteratur wie eines großen Teils der soziologischen Analysen als „uner-

[10] NIMBY ist ein Akronym (Not In My Back Yard) für engagierte Bürger, die sich beispielsweise gegen die Müllverbrennungsanlage oder den Schlachthof in der eigenen Nachbarschaft engagieren, jedoch nicht gegen Umweltverschmutzung oder Tierschlachtung im Allgemeinen eingestellt sind.

wünscht“ oder „abweichend“ gelten. Ihre Taktiken im De Certeau’schen Sinn weisen in diesem Altonaer Einkaufszentrum eine Gemeinsamkeit auf, die ich vorläufig als die Strategien „sich nützlich zu machen“ und „sich gewohnt zu machen“ bezeichnen möchte. Diese Strategien zielen eher auf die Herstellung von Zugehörigkeit als auf die Formulierung von Rechten. Ein Beispiel dafür ist Arne (37), der seit 1996 vor und im Shopping Center eine Obdachlosenzeitung verkauft. Als wir uns zum Interview trafen, schlug Arne vor, zu „Manuela“ zu gehen, die im Marktbereich der Mall am portugiesischen Stand arbeitete. Während des Gesprächs wurde deutlich, daß Arne nicht nur „Manuela“, sondern die Angestellten vieler Geschäfte innerhalb der Mall kannte und über ihre Wechsel von einem Geschäft zum anderen informiert war. Seiner Erzählung zufolge stellt das Einkaufszentrum mit Geschäftsleitung, Sicherheitspersonal, Ladenangestellten und Kundinnen einen sozialen Mikrokosmos dar, von dem er – als Verkäufer der Obdachlosenzeitung – ein Teil ist. Nach einer Schilderung des jahrelangen Hin und Her zwischen „draußen“- und „drinnen“-Verkaufen, mit Hund oder ohne, beschreibt Arne die Situation, die ihm letztlich den dauerhaften Zugang zum Raum verschaffte:

> Ich hab dann aber dreist, also dreist wie ich bin, na ja also dreist bin ich gar nicht, dacht ich also so: „Also meine Güte! Was soll das, ne!“ Weil, die Kunden haben immer zu mir gesagt, jeder, auch die, die vorher noch nie eine Zeitung bei mir gekauft haben, also nicht nur Stammkunden, sondern so wildfremde Menschen: „Warum stellen Sie sich denn nicht rein, Mensch? Ist doch kalt hier draußen und naß.“
> *Ja?*
> Ja, ja. Die sagen: „Stellen Sie sich doch rein“, sag ich: „Das will der Manager nicht“, sagen die: „Ach, so ein Quatsch! Sie stören doch keinen“ und so blabla. Auch mit den Hunden sagen die: „Wer hat sich denn da beschwert. Der Hund ist doch so lieb“ und so. Haben sie ihm noch was vom Schlachter geholt und so. (...) Und irgendwie hat er es im Lauf der Zeit wohl mitbekommen, daß die Kunden mich wohl mögen. Weil, ich bin auch nicht so der, der da Leute aggressiv da anmacht oder der das, irgendwie, so aufdringlich oder irgendwie breit da stehe so, sondern eben so ruhig und in der Ecke und so. Ja. Und die Leute haben mich hier angenommen, ne. Und auch so die Verkäuferinnen so.

Die erstaunte Nachfrage der Interviewerin („Ja?“) zeigt, daß sie nicht damit gerechnet hat, daß Kunden der Mall im Konflikt um Arnes Raumnutzung eine tragende Rolle spielen könnten. Arne bekräftigt daraufhin seine Aussage, indem er zusätzlich den Hund in die Erzählung einbindet. Seiner Geschichte zufolge waren letztendlich weder die Hausordnung noch sein Verhandlungsgeschick noch das Mallmanagement ausschlaggebend, daß er sich „drinnen“ etablieren konnte, sondern eine Art „Stimmung“ in der Mall, die durch die Kunden, die Verkäuferinnen, seine Freundlichkeit und seine Beharrlichkeit hergestellt wird. Wie er später im Interview erzählt, denkt er, daß man im Laufe der Zeit „ein gewohntes Bild“ werde, „man gehört dazu“. Um jeglichen Zweifel seitens der Interviewerin auszuräumen, betont er diese Form des Dazugehörens nochmals, indem er erzählt, die Leute würden beim Zeitungsvertrieb anrufen und nach ihm fragen, wenn er längere Zeit nicht dort ist: „Wir vermissen unseren Verkäufer vom Einkaufszentrum.“ Außerdem, so Arne weiter, fragten ihn oft Passantinnen in der Mall, ob er wisse, wo der Zooladen, eine Sparkasse oder der Supermarkt sei, ob sich eine Post im Haus befinde, oder wo die Toiletten wären, und er gebe ihnen immer Auskunft. Damit demonstriert Arne sowohl seine Kompetenz im Umgang mit der Mall wie die Sinnhaftigkeit seiner Anwesenheit, und die Interviewerin reagiert prompt:

> *Das heißt, Du könntest Dich langsam auch anstellen lassen und einen Infopoint vorne aufmachen?*
> Ja, ja. Das würde schon gehen. Auf jeden Fall. Also die könnten mich jetzt mieten. So mit „die Treppe rauf“ und ich weiß genau, wie und wo ich da hinkomme, ne. Ja das mach ich oft. Ist ja nicht so groß, ne. Ist eigentlich nicht groß, du bist ja schnell durch. Pup pup pup pup. Gehst da durch, oben ist noch die Krankenkasse, dann der Zahnarzt noch, hier ganz oben. Jetzt hab ich natürlich ein paar Läden vergessen.

Es ist deutlich, daß Arne sich auch deshalb im Mallbereich mit seiner kleinunternehmerischen Struktur etablieren konnte, weil er keine „Leute aggressiv (...) anmacht“ oder „irgendwie so aufdringlich“ ist, sondern sich „angemessen“ verhält. Dennoch ist das, was als angemessen definiert wird, in diesem Fall nicht entpersonalisiert, sondern Ergebnis von Aushandlungsprozessen klar benennbarer Akteure sowie der „Stimmung“ nicht nur in der Mall, sondern auf dem Kiez.

Deutlich auf die Definition „angemessenen“ Verhaltens beziehen sich Rebecca (12) und Katja (12) in ihrer Strategie, ihre Touren durch das Einkaufszentrum im Neuköllner Quartier zu legitimieren, die sie mehrmals die Woche unternehmen. Sie orientieren sich dabei, wie sie erzählen, an den von ihnen bevorzugten Läden, und ihr Vergnügen des Mallschlenderns bestehe darin, innerhalb der Läden Kleider und Accessoires durchzusehen. Ihre Erzählung kann auch so interpretiert werden, daß es sich um das in ihren Augen für ihr Alter, ihr Geschlecht und den konkreten Ort angemessene Verhalten handelt, das sie der erwachsenen Interviewerin schildern.[11] In ihrer Narration existieren zwar Praxen wie jene, im Mallbereich auf Bänken zu sitzen, Leute zu treffen, abzuhängen und rumzublödeln. Aber erstens teilen sie zugleich mit, daß sie damit nichts zu tun hätten, und zweitens gebe es in der Mall ja auch Kontrolle und Ausschluß. Ihre

[11] Auch die engagierte Kritik am „Konsumtempel“ der beiden älteren Frauen ist – auf die Interviewereffekte hin befragt – zum Teil vermutlich darauf zurückzuführen, daß sie gegenüber der Forscherin eine Argumentationsweise als die „richtige“ erachteten, wie sie etwa der Pfarrer der Gemeinde vertritt.

Mitteilung besteht im Grunde darin, daß die Interviewerin sich keine Sorgen machen muß, wenn sie sich regelmäßig in der Shoppingmall aufhalten:

> *Katja*: Ja, also, die Jugendlichen, meist immer auch die Jungs, die hier Blödsinn bauen, wie, was weiß ich, irgendwas umschmeißen, oder sich daneben benehmen, wo man schon sagt, „Oh Gott, mit denen geh ich nirgends wo mehr hin" und die dann Hausverbot kriegen, aber ... mach ich mir nichts draus. (...)
> *Rebecca*: Also einer aus der Nebenklasse, der ist rausgeflogen, und, also erst mal für 'ne Woche, dann kam er noch mal rein, hat sich nicht dran gehalten und wurde er für einen ganzen Monat erst mal, mußte er raus.
> *Katja*: Vesna hat auch Hausverbot, oder?
> *Rebecca*: Ne, nur Tchan.
> *Katja*: Tchan?
> *Und Ihr findet es soweit o.k., daß es dann Hausverbot gibt?*
> *Rebecca*: Ja, sollen sie sich besser benehmen.
> *Katja*: Ja.

In dieser Passage nutzen die Mädchen die Praxis des Centermanagements, Hausverbote zu erteilen, die durch den juristisch privaten Status dieses öffentlich zugänglichen Orts im Quartier möglich ist: Sie legitimieren damit ihren eigenen Aufenthalt in der Mall. Ihre Argumentationslogik orientiert sich dabei eher an ihren Erfahrungen mit schulischen als mit städtisch-öffentlichen Räumen. Die Sicherheitsangestellten wirken in ihrer Schilderung wie die Hofaufsicht in der Schulpause, das Hausverbot wie ein Schulverweis. Ihre Vergleichsebene ist also weniger jene von öffentlich und privat in einem juridisch-räumlichen Sinn, sondern sie scheinen ihre Erfahrungen innerhalb von Institutionen wie Schule oder Schwimmbad heranzuziehen. Der Satz „sollen sie sich besser benehmen" zeigt aber auch an, daß es zwischen Schule und Schwimmbad/Einkaufszentrum einen grundlegenden Unterschied gibt. Während der Schulbesuch eine staatliche Pflicht ist, ist der Besuch letzterer freiwillig. Und es ist Sache der Einzelnen, ob sie sich der dort geltenden Hausordnung unterwerfen, die ihnen dann den Aufenthalt erlaubt, oder ob sie sich konflikthaft zu den lokalen Regeln stellen – und damit der Rauswurf eintreten kann. Die Grenze zwischen Integration/Kontrolle und sozialem Ausschluß scheint hier sehr eindeutig gezogen. Rebecca und Katja scheinen sich den durch das Hausrecht definierten lokalen Regeln im Einkaufszentrum widerspruchsfrei zu fügen. Sie sehen diese nicht als soziale Kompromißbildungen, sondern als „naturgegeben". Zugleich ist auch ihre Haltung zum Hausrecht instrumentell, insofern sie es zur Beruhigung der erziehungsberechtigten Erwachsenen nutzen, die ihnen ebenfalls die Mallaufenthalte gestatten oder verbieten können. Dies gründet vermutlich auch darin, daß das Einkaufszentrum, außer einer „Regierungstasche" (Shearing 1997) unter „Mikro-Management", für die beiden Mädchen auch ein Ort der informellen Kontrolle durch persönliche

Beziehungen ist. Katjas Tante arbeitet in einem der Eiscafés und sowohl „alle“ Mitschüler wie auch viele Lehrerinnen kommen regelmäßig hierher. Für sie ist das Einkaufszentrum kein Nicht-Ort (Augé), sondern ein Schnittpunkt ausdifferenzierter Macht- und Herrschaftsbeziehungen, die im Alltag zu bearbeiten sind. Da die Mall recht großflächig und verwinkelt ist, gibt es auch Chancen auf Anonymität und – bezogen auf die informelle Kontrolle – klandestines Handeln in einzelnen Situationen. Im Sinne einer Konfliktvermeidungsstrategie nutzen Rebecca und Katja genau diesen Doppelcharakter dafür, ihre Aufenthalte in der Mall gegenüber sich sorgenden, kontrollierenden Erwachsenen zu legitimieren und sich zugleich Raum für nicht von ihnen beobachtete Situationen zu schaffen. Katja und Rebecca beschreiben erst am Ende des Interviews, während des Zeichnens der *mental map*, ihre Tour räumlich. Diese führt, wie sich an der Karte ablesen lies, auch an einem Geschäft vorbei, das nicht auf der „eigentlichen Route“ liegt, da sie kein besonderes Interesse bezüglich der dort angebotenen Waren haben. Es handelt sich um ein Sportartikelkaufhaus, von dem sie vorher berichtet hatten, daß „die Jungs“ dort immer hingingen. Eine mögliche Deutung dieses Schlenkers im Mallraum ist, daß ihre Route die der Jungs an einem Punkt kreuzen soll und auf diese Weise eine Kontingenzsituation des Zusammentreffens hergestellt wird. Sie ermöglichen über diese Praxis unmittelbare Begegnungen, über die nicht explizit geredet wird.

4 Der dritte Raum

Rebecca und Katja bewegen sich mit Kompetenz und Performanz durch den Raum der Mall und durch das Quartier – durch soziale Ordnung und Raumordnung, die sie auf diese Weise im Alltag sowohl herstellen wie erfahren. Es ist aber zugleich ein Raum, in dem sie Strategien entwickeln, dem Alltag zu entrinnen und in dem sie das „Besondere“ suchen. Häufig sind dies Momente, in denen touristische Praxen relevant werden, wie der Besuch im Multiplex-Kino mit den Eltern oder das Goutieren von Modenschauen oder der Weihnachtsbeleuchtung als Attraktionen. Auch bei Rita (33), die regelmäßig das Einkaufszentrum in Altona aufsucht, gibt es diese Praxis des alltäglichen wie touristischen Gebrauchs. Obwohl sie am anderen Ende Hamburgs wohnt, macht sie regelmäßig zweimal die Woche auf dem Weg zum Sport Shoppingtouren durch das Shopping Center. Im Interview verdeutlicht sie zunächst, wie sie die „Ambivalenzen“ im Verhältnis zwischen Konsumlust, verfügbarem Geld und persönlichen Beziehungen definiert und bearbeitet. Diese Bearbeitung enthält eine Legitimationsfigur, die sich auf ihre Art des „dynamischen Shoppens“ bezieht bzw. darauf, daß ihre „Shoppingexzesse“ nicht immer in einem rationalen Verhältnis zum „wirklichen Bedarf" und den vorhandenen Mitteln stehen: Rita thematisiert dies als „etwas für sich selbst" tun, indem sie sich zum Kaufen „verführen" läßt. Das „für sich selbst" zeigt sich auch darin, daß man aus ihrer Sicht zwar lange und viel über das Einkaufen kommunizieren kann – aber nicht unbedingt beim Einkaufen. Shoppen ist für Rita eine eher selbstbezügliche Tätigkeit, insbesondere in dieser Mall: „Ich glaube, das ist der Ort, den ich alleine immer begehe" (lacht). Die Mall ist für sie weder ein Kommunikationsort noch ein sozialer Ort im engeren Sinn, sie begibt sich dort vielmehr in die Rolle einer solitären Konsumflaneurin. Kurze, unverbindliche Begegnungen vor Ort findet Rita dagegen angenehm: So schließt ihre Praxis des Flanierens das Sitzen auf den Bänken im Erdgeschoß ein. Sie habe das zwar am Anfang „komisch" gefunden, sich selbst plötzlich inmitten einer Shoppingmall sitzend zu sehen, finde es aber erstaunlich vergnüglich. Man könne vorbei gehende Leute beobachten, andere kämen und bäten darum, ein Stück zu rücken, damit auch sie sich setzen können – aber ohne daß daraus gleich eine Unterhaltung resultieren müßte. Rita geht, wie auch schon Ralf, nur durch die Mall, wenn sie auf dem Weg liegt. Die beiden „Passagen" mit ihren jeweiligen alltäglichen und touristischen Komponenten sind jedoch unterschiedlich legitimiert: Während Ralf eine Erzählung favorisiert, die besagt, er flaniere durch das Shopping Center, *ohne* zu konsumieren, artikuliert Rita eine Praxis des Flanierens, *um* zu konsumieren.

Nutzerinnen bewegen sich in postfordistischen Einkaufszentren nicht schlicht touristisch, sondern produzieren, wie die bisher angeführten Interviews zeigen können, Überschneidungen von alltäglicher Lebensführung und touristischer Attraktion. Immobilienunternehmen und Centermanager versuchen, diese Praktiken und Überschneidungen sowohl kalkulierbar zu machen als auch zu regulieren. In dem sie spezifische lokale Besonderheiten, Geschlechteridentifikationen und -interaktionen,[12] Nutzungszeiten und Interaktionsmuster in der Raumgestaltung wie der Werbung diskursiv unterstützen, zielen sie auf gemanagte, also spezifizierte Produktionen von Atmosphäre und Milieu. Die „Regierungstaschen" der Malls stellen damit – als soziale, ökonomische und mit einer symbolischen Ordnung belegte räumliche Strukturen – im Goffman'schen Sinn „Handlungsfelder" dar, „in denen eine Ordnung der Interaktion aufrechterhalten wird, die sich in Raum und Zeit weit über jede einzelne in ihr vorkommende soziale Situation hinaus erstrecken" (Goffman 1994: 62). In ihnen finden unmittelbare Begegnungen, Interaktionen und Performanzen statt. Das Handlungsfeld „Shoppingmall" ist aber nicht nur wie bei Goffman *metaphorisch* als Bühnenraum zu analysieren, den das Publikum durch seine Performanz mitproduziert. Weder Theater noch Alltagssituation, wie Goffman sie im Blick hatte, ist die

[12] Eine in diesem Beitrag nicht diskutierte Schlüsselkomponente der symbolischen Ordnung (auch) in Shoppingmalls ist die der Zweigeschlechtlichkeit.

Mall ein als „Theater“ oder „Bühne“ gemanagter Raum, der kapitalistischen Rationalitäten unterliegt und das alltägliche Leben wie die touristische Attraktion zu inkludieren sucht. Auch Henri Lefèbvre (1991) greift in seinen raumtheoretischen Überlegungen zur Dynamik und Beziehung von Realität und Illusion auf die Metaphern von Bühne und Theater zurück: Im Zusammenspiel von Fiktivem und Realem, in den Interaktionen zwischen Blicken und Illusionen kommen, so Lefèbvre, Schauspieler, Publikum, „Charaktere“, Text und Autor zusammen, werden aber nie eins. In der Verschmelzung der Repräsentation des Raums (szenischer Raum) mit den Räumen der Repräsentation (die dramatische Aktion, die Interaktion zwischen Bühne und Publikum) entstehe ein „dritter Raum“, der mithin aus einem kreativen Prozeß hervorgeht. Lefèbvre dachte diesen „Raum“ als einen dynamischen und situativen, der sich aus diesem Grunde der Aneignung durch das Kapital entzieht.

Auf Seiten der Gesellschaftswissenschaften besteht die Tendenz, die von den Unternehmen geschaffene Welt des Konsums sowohl als *a-politische* wie *anti-soziale* zu begreifen und diese Annahme entlang von Dichotomien wie Homogenität vs. Heterogenität von Milieus, Abgeschlossenheit vs. Zugänglichkeit, Privatheit vs. Öffentlichkeit oder Inszenierung vs. Authentizität zu diskutieren. Shoppingmalls gelten als Inbegriff der Imagination, als eine Illusion von „Stadt“, die sich vom „eigentlichen“ Städtischen isoliere, als Orte, die Nutzerinnen nicht Erfahrungen, sondern Erlebnisse böten. Den Kommunen erscheinen Einkaufszentren wiederum ausschließlich aus ökonomischen Standortabwägungen interessant, da sie (derzeit) als „die“ Motoren gelten, um den Abzug von Kaufkraft aus den Städten zu bremsen. Eine über diese funktionale Vorstellung hinausgehende Konzeption des Städtischen oder des Sozialen, bezogen auf Shoppingmalls, existiert jedoch kaum. Insofern postfordistische Shoppingmalls diesen „dritten Raum“ anvisieren, der *zwischen* den von Goffman in der „Rahmenanalyse“ bearbeiteten räumlich-semiologisch-strukturellen Komponenten (Raumentwurf) und den Interaktionen entsteht, sind sie dem Sozialen aber nicht enthoben. Die Betreiber können diesen Raum nur mittels Kommunikation und Kooperation der Kundinnen „produzieren“ und versuchen, diese kreativen Prozesse zu kontrollieren. Im Umkehrschluß bedeutet dies, daß postfordistische Einkaufszentren – im Unterschied zur fordistischen Form der Konsumtion – notwendig auf soziale und lokale Situationen angewiesen sind. Sie stehen somit in einem Verhandlungsprozeß – wie deutlich oder undeutlich dieser auch thematisiert wird. Zusammen mit den Vorstellungen vom Städtischen und mit sozialen Interaktionen fließen darüber hinaus Gefährdungen und Abweichungen in die Produktion dieses Konsumraums ein, die Mallbetreiber ebenfalls zu de-thematisieren und auszuschließen suchen. Jock Young (2001) faßte diese postfordistische Dynamik unter den Begriff der „bulimischen Gesellschaft“, die Diversität konsumiere,[13] Schwierigkeiten und Gefahren dagegen nicht aushalten könne, sondern „ausspucke“. „Gefährliche“ Situationen stellen für das Mallmanagement die eine Schwierigkeit dar. Eine mindestens ebenso große Gefährdung des ökonomischen Erfolgs ist jedoch das mögliche Ausbleiben von gesellschaftlicher Interaktion und der darin stattfindenden kollektiven Kreativität.

Literatur

Balibar, Étienne (1992), Die uneindeutigen Identitäten, in: KultuRRevolution, Heft 27, S. 71-78.

Borst, Renate et al. (Hg.) (1990), Das neue Gesicht der Städte. Theoretische Ansätze und empirische Befunde aus der internationalen Debatte, Basel/Boston/Berlin.

Crawford, Margaret (1992), The World in a Shopping Mall, in: Michael Sorkin (Hg.), Variations on a Themepark, New York, S. 3-30.

Cremer-Schäfer, Helga/Heinz Steinert (1991), Herrschaftsverhältnisse, Politik mit der Moral und moralisch legitimierter Ausschluß, in: Kriminologisches Journal, 23, Heft 3, S. 173-188.

de Certeau, Michel (1988 [1980]), Kunst des Handelns, Berlin.

de Marinis, Pablo (2000), Überwachen und Ausschließen. Machtinterventionen in urbanen Räumen der Kontrollgesellschaft, Pfaffenweiler.

Esser, Joseph/Joachim Hirsch (1987), Staatssoziologie und Gesellschaftstheorie: Von der Fordismuskrise zur „postfordistischen“ Regional- und Stadtstruktur, in: Walter Prigge (Hg.), Die Materialität des Städtischen: Stadtentwicklung und Urbanität im Umbruch, Basel/Boston/Berlin, S. 31-56.

Fraser, Nancy (1994), Widerspenstige Praktiken. Macht, Diskurs, Geschlecht, Frankfurt/M.

Goffman, Erving (1977), Rahmenanalyse: ein Versuch über die Organisation von Alltagserfahrungen, Frankfurt/M.

Goffman, Erving (1994), Die Interaktionsordnung, in: ders., Interaktion und Geschlecht, Frankfurt/M./New York, S. 50-104.

Greipel, Erich (1998), Shopping-Center und Einzelhandel: Entwicklungsrahmen, Potential und Flächenperspektiven, in: Bernd Falk (Hg.), Das große Handbuch Shopping-Center, Landsberg/Lech, S. 79-98.

Gross, Peter (1994), Die Multioptionsgesellschaft, Frankfurt/M.

Häußermann, Hartmut (1998), Zuwanderung und die Krise der Stadt, in: Wilhelm Heitmeyer et al. (Hg.), Die Krise der Städte, Frankfurt/M. S. 145-175.

[13] Jock Young setzt hier den Begriff des Konsumierens ein, während bezogen auf das Management von Einkaufszentren in der von mir eingenommenen Perspektive jener der „Aneignung“ treffender wäre, da nur die Nutzerinnen Differenzen „produzieren“, während die Unternehmen sich diese soziale Produktion tatsächlich aneignen.

Heitmeyer, Wilhelm (1998), Versagt die „Integrationsmaschine" Stadt? Zum Problem der ethnisch-kulturellen Segregation und ihrer Konfliktfolgen, in: Wilhelm Heitmeyer et al. (Hg.), Die Krise der Städte, Frankfurt/M., S. 443-468.

Heitmeyer, Wilhelm et al. (1998), Die Krise der Städte, Frankfurt/M.

Hollein, Max (2002), Shopping, in: Max Hollein/Christoph Grunenberg (Hg.), Shopping. 100 Jahre Kunst und Konsum, Ostfildern-Ruid, S. 13-15.

Jessop, Bob (2002), Liberalism, Neoliberalism and Urban Governance: A State-Theorectical Perspective, in: Neil Brenner/Nik Theodore (Hg.), Spaces of Neoliberalism, Oxford/Malden, S. 105-125.

Jones Lang LaSalle (2000), Shopping Center im neuen Millenium. Retail Report Januar 2000.

Krasmann, Susanne (1999), Regieren über Freiheit. Zur Analyse der Kontrollgesellschaft in Foucaultscher Perspektive, in: Kriminologisches Journal 31, Heft 2, S. 107-121.

Krasmann, Susanne (2003), Die Kriminalität der Gesellschaft. Zur Gouvernementalität der Gegenwart, Konstanz.

Lazzarato, Maurizio (1998), Verwertung und Kommunikation, in: Thomas Atzert (Hg.), Umherschweifende Produzenten. Immaterielle Arbeit und Subversion, Berlin, S. 53-66.

Lefèbvre, Henri (1991 [1974]), The Production of Space, Oxford/Cambridge.

Makropoulos, Michael (2004), Aspekte massenkultureller Vergesellschaftung, in: Mittelweg 36, Heft 1, S. 65-87.

Mayer, Margit (2003), Das Potenzial des Regulationsansatzes für die Analyse städtischer Entwicklungen am Beispiel territorialer Anti-Armutspolitik, in: Ulrich Brandt/Werner Raza (Hg.), Fit für den Postfordismus?, Münster, S. 265-280.

Pine, Joseph/James Gilmore (2000), Erlebniskauf. Konsum als Ereignis, Business als Bühne, Arbeit als Theater, München.

Shearing, Clifford (1997), Gewalt und die neue Kunst des Regierens und Herrschens. Privatisierung und ihre Implikationen, in: Trutz von Trotha (Hg.), Soziologie der Gewalt. Kölner Zeitschrift für Soziologie und Sozialpsychologie, Sonderheft 37, S. 263-278.

Shearing, Clifford/Jennifer Wood (2003), Nodal Governance, Democracy, and the „New Denizens", in: Journal of Law and Society 30, No. 3, S. 400-419.

Schrage, Dominik (2003), Integration durch Attraktion. Konsumismus als massenkulturelles Weltverhältnis, in: Mittelweg 36, Heft 6, S. 57-86.

Schulze, Gerhard (1992), Die Erlebnisgesellschaft. Kultursoziologie der Gegenwart, Frankfurt/New York.

Underhill, Paco (2000), Why we buy. The Science of Shopping, New York.

Young, Jock (2001), The Bulimic Society: Patterns of Social Control in Late Modernity, in: Martina Althoff et al. (Hg.), Integration und Ausschließung. Kriminalpolitik und Kriminalität in Zeiten gesellschaftlicher Transformation, Baden-Baden, S. 42-60.

4 Virtualisierungen des Shopping

„Virtualisierung", verstanden als eine über die physische Realität des Verkaufsraums und die personale Interaktion von Käufer und Verkäufer hinausgehende Dimension, ist dem Phänomen „Shopping" inhärent, seit die Passagen des 19. Jahrhunderts den Genuß des Flanierens propagierten und die Warenhäuser das „begehrliche Bummeln" in Kaufakte zu verwandeln trachteten. Mit der Entwicklung neuer technischer Medien stehen jedoch neuartige Möglichkeiten bereit, um die Sinne prospektiver Konsumenten gezielt in die Konstruktion der Orte des Shoppens mit einzubeziehen. Exemplarisch wird dies in diesem Kapitel an zwei Beispielen verfolgt: einerseits bezüglich des „Instore-Radio", welches das Kundenmanagement im SB-Markt um eine auditive Komponente erweitert, andererseits bezüglich des Internet-Shopping, bei dem vollends virtualisierte Verkaufs-„Orte" entstehen, für die die ortsgebundenen Abläufe des realen Shopping nachmodelliert werden müssen – sowohl auf seiten der Anbieter wie der Kunden.

Sven Thiermann leistet in seinem Beitrag eine Funktionsbestimmung des „Instore-Radio", jenes meist unbemerkt bleibenden Verfahrens der Kundenansprache im SB-Markt. Es nimmt eine eigentümliche Zwitterstellung ein zwischen kommerziellen Rundfunksendern, deren Programmschemata es weitgehend übernimmt, und den am Ort des Geschehens vorgenommenen Werbemaßnahmen: Das typische „Instore-Radio" wird von externen Anbietern produziert, jedoch werblich an die spezifische Produktpalette des lokalen Marktes angepaßt. Vom Typus der Kunden- bzw. Höreransprache nimmt es auf die am Rundfunk ausgebildeten Hörgewohnheiten bezug, kann jedoch gerade aufgrund seiner Nähe zum Produkt Funktionen des klassischen, beratenen Verkäufers übernehmen und unterscheidet sich damit von den Massenmedien. Insofern stellt das „Instore-Radio" nicht lediglich eine akustische Ergänzung des SB-Konzepts dar, sondern ist zugleich als ein „integriertes und integrierendes Moment" der Inszenierung des Shopping-Erlebnisses anzusehen – als eine die Spezifik auditiver Rezeption nutzende Erweiterung des Kundenmanagements im Supermarkt.

Jörn Lamla und Sven Jacob begreifen in ihrem Beitrag das Online-Shopping als eine Herausforderung für eine „kulturtheoretische Dimensionierung der Konsumsoziologie“. Sie zeigen dabei zunächst die Grenzen auf, die der Übertragung des an kopräsenten personalen Interaktionen orientierten Theater-Modells von Goffman auf die Praktiken des Online-Shopping entgegen stehen, und schlagen einen Rückgriff auf semiologische Konzepte vor, um die Besonderheiten der medialen Vermittlung zu erfassen. Jedoch müsse auch die alltägliche Praxis des Online-Shopping, die Arten und Weisen seines Gebrauchs durch die Konsumenten in einer praxeologischen Perspektive mitgeführt werden. Diese zweifache Sicht auf das Phänomen Online-Shopping wird in dem Beitrag zunächst in einem Modell des Handlungsraums „Marktplatz Internet“ verdichtet und anhand von exemplarischen Beispielen aus einer qualitativen Studie zum Thema ausgeführt. Abschließend werden Anstöße für eine kulturtheoretische Konzeption der Konsumsoziologie gegeben.

Von zwei unterschiedlichen Ausgangspunkten her kommen in diesem Kapitel Phänomene in den Blick, welche die Einheit von Zeit und Raum auf den „Bühnen“ des Shopping unterlaufen: einerseits der Einzug (proto-)medialer Anspracheformen in den Supermarkt in Gestalt des „Instore-Radio“, welches die Interaktion von Käufer und (beratendem) Verkäufer zu substituieren scheint, andererseits die Entstehung räumlich nicht fixierbarer „Orte“ des Shoppens im Internet. Damit wird auch deutlich, daß eine Soziologie des Shopping nur dann gelingen kann, wenn sowohl in sachlicher Hinsicht (z.B. bezüglich der Rolle der Medien) als auch in konzeptioneller Hinsicht die Grenzens des Paradigmas personaler Interaktion reflektiert werden.

Mediale Entgrenzungen im Supermarkt

Zur Standort- und Funktionsbestimmung des Instore-Radio

Sven Thiermann

Versucht man, sich an die Einzelheiten des letzten Einkaufs im Supermarkt zu erinnern, so ist es durchaus möglich, daß man dabei eines Umstandes gewahr wird, dem man während des Besuches keine sonderliche Aufmerksamkeit geschenkt hat. Vielleicht gewöhnt an die Fülle der unverarbeitbaren akustischen Wahrnehmungsangebote einer Großstadt, gewöhnt auch an die Omnipräsenz von Musik innerhalb von Einkaufsumgebungen – vom Weihnachtsmarkt bis zum trendigen Kleidungsladen –, ist einem das Hörangebot des sogenannten Instore-Radio in seiner Spezifik möglicherweise entgangen. Dafür mag auch gesorgt haben, daß sein Musikteppich wie bei kommerziellen Privatradios durch zahlreiche Werbespots oder auch Nachrichten angereichert ist, so daß es durchaus schwer sein kann, das Instore-Radio als besonderes Medienformat überhaupt wahrzunehmen.

Instore-Radio ist ein exklusiv und zielgerichtet hergestelltes Produkt zur Beschallung von Einkaufsumgebungen und nicht nur die bloße Einspielung eines überall empfangbaren Radiosenders in einem Geschäft. Instore-Radio bedeutet auch nicht, daß das Verkaufspersonal vorbereitete CDs zur Abspielung bringt, und es hat wenig Ähnlichkeit mit dem alten „Ladenfunk" und seiner „handgemachten", live eingesprochenen Werbung für dieses oder jenes Produkt. Die heutigen Betreiber von Instore- oder Point-of-Sale-Radio, so ein weiterer Namen für das beschriebene Phänomen, möchten an diese alten Zeiten des „Ladenfunks" auch nur ungern erinnert werden (vgl. Metschies 2002). Denn so wie die räumliche Gestaltung zur Kundenführung in Shopping-Malls einen planerischen Quantensprung verspricht, so gehen auch die Anbieter des Instore-Radio mit ihrem Produkt von einer völlig neuen Generation der Einkaufsbeschallung aus, die zudem inzwischen in zahlreichen Einkaufsketten Anwendung findet.

Die Schwierigkeiten, das Instore-Radio zu erkennen, bestehen weniger darin, die Feinheiten der programmlichen Ästhetik zu verstehen, denn selbst für die vermeintlich ununterscheidbaren Angebote des sonstigen Radiomarktes existieren tiefsitzende Sensibilitäten der HörerInnen, die jedenfalls ein entsprechendes Entscheidungsvermögen begründen können (vgl. Vowe/Wolling 2004). Das Problem ist vielmehr, die Besonderheiten der Produktion, Distribution und Rezeption des

Instore-Radio zu erkennen, und somit auch die funktionale Einbindung seiner programmlichen Präsentation in das Ensemble des Einkaufsmarktes wahrnehmen zu können. Aber handelt es sich denn dabei überhaupt noch um Radio?

Nimmt man die Selbstbeschreibung des Instore-Radio als eigenständigen Radiotyp ernst, so fällt die deutliche Diskrepanz zwischen der massenhaften Wahrnehmung – ob bewußt oder unbewußt, ob unter- oder oberhalb der Aufmerksamkeitsschwelle – und dem weitgehenden Fehlen medien- bzw. kulturwissenschaftlicher Untersuchungen zum Thema ins Auge. Man könnte dieses Fehlen als medienwissenschaftlichen Konsens deuten, das Phänomen Instore-Radio eben nicht als Radio zu begreifen, sondern als bloße Ergänzung der Verkaufsraumausstattung auf der auditiven Ebene. Die mögliche Überlassung des Phänomens an die Wissenschaft des Marketing ist jedoch mindestens so problematisch, wie dieses fraglos unter der Rubrik „Rundfunk" zu subsumieren.

Jedoch ist die These, daß es sich beim Instore-Radio um ein Radio bzw. Massenmedium handelt, ungleich produktiver, da damit ein weiteres Diskussionsfeld erschlossen werden kann, ohne daß man sich in diesem Spannungsfeld vorab entscheiden müßte. Das betrifft zunächst die Frage der juristischen Handhabung des Phänomens, da Rundfunk gerade in dieser Hinsicht etwas anderes repräsentiert als der unsichtbare Laden-DJ. Gleichfalls naheliegender ist es dann, von einem Programm auszugehen und nach dessen Form und Struktur zu fragen. Ein weiterer wichtiger Punkt ist auch die Frage nach der Öffentlichkeit des Mediums. Ist Instore-Radio als ein ähnlich oder gar genauso öffentlich „empfangbares" Radio zu verstehen wie die herkömmlichen Radios? Wie läßt sich die Rezeptionssituation des Instore-Radio entsprechend lesen?

Diese Fragen geben gleichsam die Richtungen an, in denen, vom Medienmodell ausgehend, in diesem Beitrag argumentiert werden soll. Das Hauptaugenmerk soll dabei auf die Momente gelegt werden, in denen Instore-*Radio* phänomenologisch gesehen zu „kippen" beginnt, es Verbindungen eingeht, die über die herkömmliche Struktur und Funktion von Massenmedien hinausweisen. Unter welchen Prämissen diese Entgrenzungen letztlich „funktionieren" und ob dann im Ergebnis etwas steht, was eben kein Radio mehr ist, wird von abschließendem Interesse sein.

1 Die medienpolitische Institutionalisierung des Instore-Radio

Um die nachfolgend grob umrissenen Debatten um das Instore-Radio besser einordnen zu können, sei an dieser Stelle ein kurze Beschreibung seiner Arbeitsweise eingefügt. Als ausdifferenzierte Dienstleistung am „Point-of-Sale" entsteht Instore-Radio in Deutschland zu Beginn der 1990er Jahre. Vor allem die

Nutzung neuer technischer Möglichkeiten zur Distribution und zum empfängersensitiven Empfang des Audiosignals via ISDN, Satellit oder Internet brachte den entscheidenden Vorteil des Instore-Radio auf den Weg: Einerseits war damit problemlos eine bundesweite Erreichbarkeit unabhängig vom klassischen technischen Modell des Rundfunks möglich, die gleichzeitig hochgradig zielselektiv funktionierte. Während das zentral erstellte Rahmenprogramm für alle gilt, kann andererseits die darin enthaltene Werbung bis auf den konkreten Einkaufsmarkt genau eingesetzt werden.

Das landesweit erste, im August 1990 gestartete „p.o.s. radio" aus Kiel[1] hatte nach der Aufnahme des Betriebes einen Lizensierungsantrag an die zuständige Landesmedienanstalt gestellt, die keinen Hehl aus ihrer Auffassung gemacht hatte, daß es sich hier fraglos um genehmigungspflichtigen Rundfunk handele (vgl. Lilienthal 1993). Drei Jahre später argumentierten die Betreiber des 1992 in Hessen gestarteten Instore-Radio „Radio Null Eins", daß es sich bei diesem Rundfunkmodell um eine „geschlossene Geschäftskommunikation" handele. Die hessische Landesmedienanstalt hingegen konstatierte gleichfalls, daß es eher ein bundesweites und öffentlich ausgestrahltes Privatradio sei.[2] Zwar wäre die Landesmedienanstalt sehr wahrscheinlich bereit gewesen, das bereits in Betrieb gegangene „Radio Null Eins" ex post rundfunkjuristisch zu legalisieren, nur der Betreiber weigerte sich schlicht, an diesem Verfahren teilzunehmen.[3]

Der Kernpunkt der Auseinandersetzung war die Frage, ob Instore-Radio öffentlich sei und damit unter die Rundfunkgesetzgebung falle. Technisch gesehen bezog sich die Debatte auf die „Ausstrahlung" in den Märkten, der Signalfluß vom zentralen Studio zu den angeschlossenen Einkaufsmärkten war ja eindeutig nicht öffentlich. Die Aufsichtsanstalten standen zum damaligen Zeitpunkt jedoch vor dem nicht unerheblichen Problem, daß die Mediengesetze der Länder keine Rahmenbedingungen definierten, die den neuartigen Methoden der Erstellung, Verteilung und Aufführung, wie sie vom Instore-Radio angewandt wurden, entsprochen hätten. Die bisher üblichen Lizenzierungsverfahren waren vor allem auf die Koordination, Zuweisung und Kontrolle technischer Übertragungsfrequenzen üblicherweise des UKW-Bandes ausgerichtet, welche jedoch in diesem

---

[1] Heute ist dies ein Produkt der p.o.s. medien GmbH, dem Marktführer der Branche. Neben dem Kerngeschäft Radio werden inzwischen auch Business TV sowie weitere Werbe-Dienstleistungen für den „Point-of-Sale" geboten.

[2] Vgl. Hömberg/Hohlfeldt/Schnellhardt 1998; Lilienthal 1993; Brink 1993.

[3] Vieles spricht dafür, daß die Auseinandersetzung in Hessen sehr persönliche Hintergründe hatte. Inhaber von „Radio Null Eins" war Thomas Koschwitz, ein damals sehr bekannter Moderator bei HR3, der Jugendwelle des Hessischen Rundfunks, und gleichzeitig eine gefragte Stimme für Werbespots innerhalb des HR. Daher beäugte man seine kommerziellen Parallelaktivitäten äußerst kritisch. Nach den Auseinandersetzungen verließ Koschwitz die Firma und verkaufte „Radio Null Eins" an die Kieler Marktführerin, mit der er schon länger programmlich kooperiert hatte.

Falle nicht benötigt wurden. Ob die verschiedenen neuartigen Informationsdienste, von denen Instore-Radio nur ein Beispiel ist, jeweils als Rundfunk im Sinne des Rundfunkstaatsvertrages zu betrachten seien, war und ist jedenfalls Gegenstand einer seit mehreren Jahren kontinuierlich geführten Auslegungs- und Interpretationsdebatte innerhalb der exekutiven Organe. In den darin mittlerweile vollzogenen Abstufungen des Rundfunkbegriffs – heute unterscheidet man zwischen Rundfunk, Mediendiensten und Telediensten – wurden allerdings kaum Fragen nach der situativen Einbettung der Medien behandelt, also etwa nach der Öffentlichkeit von Einkaufsmärkten. In dem Versuch, die neuen Informationsdienste administrativ handhabbar zu machen, beschränkte man sich darauf, diese hinsichtlich ihres Programmes qualitativ zu unterscheiden. In der Auslegung des Rundfunkbegriffs stützte man sich dabei vor allem auf den Aspekt der „Darbietung", der fortan zum Ausgangspunkt einer juristischen Abgrenzung gemacht wurde (vgl. DLM 1997; 2003).[4] Der Darbietungscharakter des Rundfunks wurde danach gemäß der üblichen Rechtsprechung hinsichtlich seines Beitrages zur individuellen und öffentlichen Meinungsbildung verstanden. Damit hatte man allerdings, was den Fall des Instore-Radio betrifft, genaugenommen nicht viel gewonnen. Letztlich läßt sich doch für jede technische Kommunikationsform ein Beitrag zum Meinungsbildungsprozeß unterstellen und stets nur graduelle Differenzierungen hinsichtlich der Breitenwirkung, Aktualität und Suggestivkraft diagnostizieren, wie das bisher letzte Strukturpapier selbstkritisch festgestellt hat (vgl. DLM 2003).

Einzig das „p.o.s.-Radio" aus Kiel ist von den derzeitigen Instore-Radios offiziell als Rundfunk klassifiziert und verfügt daher über eine entsprechende Lizenz, die allerdings auch erst nachträglich (ein für klassische UKW-Stationen im übrigen kaum denkbarer Weg) sowie nach „vereinfachtem Zulassungsverfahren" erteilt wurde (eine, so kann man begründet vermuten, verwaltungstechnische Beschreibung des Umstandes, daß es außer der *Entscheidung* der Verwaltung kein Verfahren im näheren Sinne gegeben hat). Alle anderen heute am Markt präsenten Anbieter, insgesamt gibt es bundesweit derzeit nicht mehr als drei, gelten hingegen als Mediendienstleister. Als solche können sie zwar bei den zuständigen Landesmedienanstalten einen Antrag auf rundfunkrechtliche Unbedenklichkeit stellen (vgl. DLM 2003: 3), Mediendienste sind darüber hinaus jedoch grundsätzlich zulassungs- und anmeldefrei vgl. (DLM 2003: 2).

Instore-Radio wird damit juristisch eher mit den sogenannten „closed-circuit-Medien", den meist betriebsinternen Medien mit klar eingegrenzten Be-

---

4 Der Rundfunkstaatsvertrag definiert Rundfunk in § 2 Abs. 1 der Fassung von 1991 folgendermaßen: Rundfunk ist „die für die Allgemeinheit bestimmte Veranstaltung und Verbreitung von Darbietungen aller Art in Wort, in Ton und in Bild unter Benutzung elektrischer Schwingungen ohne Verbindungsleitung oder längs oder mittels eines Leiters."

nutzergruppen (etwa die jeweiligen Mitarbeiter/innen) gleichgesetzt, als mit herkömmlichen Radios (vgl. Hömberg/Hohlfeld/Schnellhardt 1998: 113). Auch wenn Instore-Radio durchaus etwa Elemente der internen Mitarbeiteransprache und -motivation, ist damit nur ein bestimmter Teil seiner Funktionen gekennzeichnet.

Hinter den Formalisierungen in der juristischen Handhabung von Instore-Radio standen weniger explizite medienpolitische Ordnungsvorstellungen als vielmehr die konkrete Notwendigkeit, sich mit den neuen Medienformen auseinanderzusetzen. Infolge der institutionellen Logik der Aufsichtsbehörden mußten diese die Aufgabe bewältigen, einerseits auf ihrer Zuständigkeit zu bestehen, jedoch gleichzeitig bereit sein, die verwaltungsjuristischen Grundlagen entsprechend zu perspektivieren, also zu begründen, warum sie dafür letztlich doch nur bedingt zuständig sind. Das mag einen unbedeutender Effekt für die entsprechende Institution darstellen, gleichwohl wurden in diesem Prozeß eine über den unmittelbaren Bereich des administrativen Umgangs hinausreichende Definition des Gegenstandes vorgenommen, indem Instore-Radio eben gerade nicht als öffentliches, meinungsbildungsrelevantes Radio klassifiziert wurde.[5]

Allerdings fanden sich nur sehr wenige Kritiker einer lizenzfreien Etablierung des Instore-Radio: Sie bestanden darauf, daß es sich hierbei durchaus um ein privates Kommerzradio handele, nur eben an einem anderen und gar unausweichlicheren Empfangsort. Eine weitestgehend ungeregelte Existenz von Instore-Radios faßten sie jedenfalls als medienpolitischen Kontrollverlust auf (vgl. Brink 1992, 1993; Lilienthal 1993; Musik 1997).

Die Art der Etablierung des Instore-Radio steht damit für eine medienpolitische Tendenz, mediale Angebote für Teilöffentlichkeiten, die nicht auf die Bereitstellung öffentlich empfangbarer Übertragungsfrequenzen angewiesen sind, aus der Bestimmung des Rundfunks herauszunehmen und damit deren Betrieb und Gestaltung weitestgehend zu liberalisieren. Am Instore-Radio lassen sich jedoch auch Aspekte beobachten, die über die von Mediendiensten erwartbaren Ansprüche deutlich hinausgehen. Das betrifft vor allem seinen Funktionsbezug zur Öffentlichkeit, der sich wahrnehmbar in der Selbststilisierung als „richtiges" Radio äußert. Diese phänomenologische Mehrdeutigkeit von Instore-Radio basiert im Kern auf einer Entgrenzung rundfunktypischer Darstellungsmuster, die im folgenden näher untersucht werden.

---

[5] Diese Verfeinerungen des juristischen Rahmens durch die Exekutive stellte gewissermaßen auch den Ersatz für die weitestgehend fehlende medien*politische* Diskussion über das Phänomen dar.

2 Programmliche Eigenschaften des Instore-Radio

Zentrales Anliegen sowohl von Anbietern als auch von Abnehmern der Dienstleistung Instore-Radio ist es, mittels Musik ein angenehmes, positiv aufgelockertes Ambiente zu schaffen, in dem Produktwerbung mit geringen Streueffekten in der Zielgruppenansprache geschaltet werden kann. Die technische Möglichkeit des letzteren – zentrale Erstellung des Programms, jedoch auf den einzelnen Supermarkt ausdifferenzierbare Werbeschaltung – ist das entscheidende Kennzeichen des Instore-Radio und macht es gerade für Werbekunden äußerst interessant. Der Point of Sale als Kulminations- und Entscheidungspunkt aller Strategien der Produktplazierung ist selbst von besonderer Bedeutung, da die Branche von einer ca. 55-prozentigen „Indoor-Decision-Rate" (POPAI 2003) bei Kaufentscheidungen ausgeht, weshalb es das folgerichtige Ziel ist, den „Kommunikationsfluß zum Kunden" bis zum entscheidenden Handgriff zum Regal aufrechterhalten zu können.

Der Grund für die Verwechselbarkeit des Instore-Radios mit dem herkömmlichen privat-kommerziellen Radio ist kein Zufall: Die Programmgestaltung des Instore-Radio orientiert sich zunächst weitestgehend an den radiobranchenüblichen Format- und Gestaltungskriterien des kommerziellen Privatradios. Dies betrifft sowohl die Auswahl und Realisierung eines entsprechenden Musikformates als auch die ästhetischen und inhaltlichen Präsentationsformen der Programmelemente.

Zunächst zur Musik: Die Wahl einer bestimmten musikalischen Farbe ist auf dem privat-kommerziellen Radiomarkt primäres Unterscheidungs- und Definierungsmerkmal zwischen den Sendern. Während dort allerdings jeder Sender mit einem durchgehenden Format um die Gunst des Publikums buhlt, d.h. vor allem um die Gunst einer gemäß dem Wissen der Werbebranche damit verbundenen Zielgruppe, findet man beim Instore-Radio eine tageszeitabhängige Zusammenstellung aus einer Vielzahl von Formaten: Wenn zur Ladenöffnung vor allem Rentner kommen, darf es schon einmal ein Schlagertitel sein, am frühen Nachmittag zum Schulschluß findet hingegen das Format „Hot AC"[6] Anwendung, also ein vor allem an Jugendliche gerichtetes Musikprogramm. Instore-Radio ließe sich somit, wenn man die angewandten Gestaltungsregeln der Musikauswahl zugrundelegt, als partitionierte Symbiose aller für einen Einkaufs-

[6] „Aktuelle heiße Gegenwartsmusik für Erwachsene" lautet die wörtliche Übersetzung dieses Unterformates der Kategorie „AC" (Adult Contemporary). Dessen werbetechnische Definition liest sich in einschlägigen Publikationen etwa so: „Popmusikstandards der letzten Jahrzehnte bis heute: Orientierung am breiten Massengeschmack, melodisch geprägt, leicht durchhörbar (...) Kernzielgruppe: 25-49 Jahre" (Quelle: www.radiomanager.de/format2.htm, März 2004). Das Unterformat „Hot AC" ist dann eine aktuellere Variante davon. Interessant ist dabei, daß Musikformate wie beispielsweise „AC" selbst immer schon Ergebnisse einer stilistischen Bereinigung sind.

markt tageszeitlich isolierbaren Zielgruppenvorstellungen auffassen. Da dies jedoch bezogen auf die tatsächlichen Zusammensetzung des Kundenstroms immer unscharf bleibt und die logische Kehrseite der Musikfarbenlehre, die „Verschreckung" eines Kunden durch ungeliebte Musik, als Regel gleichfalls gelten muß, entsteht so ein letztlich nur leicht nuancierter Mainstream-Mix, der die Eigenständigkeiten eines musikalischen Radio-Programms abgelegt hat.[7] Im Versuch, über die partitionierte Anwendung der Musikfarbenwissens jeden Kunden in die Atmosphäre des Marktes zu integrieren, überschreitet Instore-Radio die gewöhnlichen Abgrenzungen des Radiomarktes und bildet – räumlich begrenzt – quasi die Gesamtheit des Marktes ab. Es ist nicht nur darauf angewiesen, sondern kann sich dies auch „leisten", denn auf diesem so entstandenen Markt gibt es keine Wahlmöglichkeit.

Was findet sich jenseits der Musik? Von den derzeit drei bundesdeutschen Anbietern von Instore-Radio (der Instore-Marketing GmbH Hamburg mit ihrem Produkt „IC-Radio", „echion – Business Multimedia" aus Augsburg sowie die bereits genannte p.o.s. Medien GmbH Kiel mit „p.o.s. radio") arbeitet einzig letzterer – neben den obligatorischen Werbeeinblendungen – mit nichtmusikalischen Gestaltungselementen, die beiden ersteren beschränken sich auf die Lieferung eines mit Werbung angereicherten Musikstromes, in dem auch der Name des Anbieters oder ein anderes für die Wiedererkennung des Programms eingesetztes Markenlabel fehlt. Das Programm bleibt hier namenlos bzw. nur mit dem Namen der Einkaufskette, in der es ausgestrahlt wird, verbunden.[8]

„p.o.s. radio" hingegen versucht sich selbst als vollwertiges Radio zu präsentieren. Zu diesem Zweck werden regelmäßige Nachrichten sowie weitere Informationselemente eingesetzt, die – ähnlich der musikalischen Farbauswahl – tageszeitabhängig angeordnet sind. Eine quantitative Inhaltsanalyse im Jahr 1996 hatte für „p.o.s. radio" einen zeitbezogenen Wortanteil (einschließlich Werbung)

---

[7] Vgl. Metschies 2002. Gegen diesen Typisierungsversuch des Instore-Radio könnte man freilich einwenden, daß ein guter Teil der herkömmlichen Privatradios letztlich vor einem ganz ähnlichen Problem steht, nämlich, daß das Bemühen um Kunden- bzw. Hörerbindung zu einer für die Konkurrenzsituation auf dem Radiomarkt unvorteilhaften allgemeinen Nivellierung der Programme führt. Instore-Radio würde sich dann, betrachtet man allein die programmliche Ebene, eher graduell als qualitativ davon unterscheiden. Dafür spricht auch, daß der neueste Anbieter von Instore-Radio in Deutschland, die Firma echion, ihren redaktionell-technischen Aufwand für die Musik dadurch reduziert hat, daß sie von vornherein durchgehend das Musikformat mit dem größtmöglichen geschmacklichen Kompromiß anwendet.

[8] Vgl. Medienspiegel 10/2003: 2. Dort werden auch folgende Zahlen zur Verbreitung von Instore-Radio genannt: p.o.s. radio mit 7646 angeschlossenen Märkten (davon 6521 im Lebensmitteleinzelhandel), IC Radio mit 2495 (1991 im Lebensmitteleinzelhandel) und Echion mit 246 Lebensmittelmärkten, Stand September 2003. Die von „p.o.s. radio" präsentierten Media-Daten vom September 2004 nennen ähnliche absolute Zahlen, ergänzen aber, daß sie damit knapp 50 Prozent des Lebensmittelseinzelhandels (Ladenfläche ab 400m² gerechnet) abdecken. In von der Marktforschung bestätigten Hörerzahlen bedeutet dies eine permanente Reichweite von ca. 1 Million Zuhörern, vgl. P.O.S. Radio Media Daten 2005.

von ca. 15 Prozent ergeben, wobei Werbung einen doppelt so hohen Anteil wie die redaktionellen Angebote einnahm (vgl. Hömberg/Hohlfeld/Schnellhardt 1998). Als spezifisches Element kommt bei „p.o.s. radio" noch die bereits weiter oben genannte Mitarbeitermotivierung hinzu: Die Sendungen beginnen bereits einige Zeit vor der Ladenöffnung, während die Mitarbeiter/innen mit der Warensortierung und anderen vorbereitenden Tätigkeiten beschäftigt sind. „Wir grüßen Frau Mustermann in der Filiale in Westerland" ist ein Werbebeispiel des Anbieters, das jedenfalls technisch stets möglich ist.

Bezüglich der meßbaren Anteile programmlicher Elemente unterscheidet es sich nur graduell von anderen Radios, nur der höhere Werbeanteil fällt hier etwas aus dem Rahmen. Auch die Darstellungsform ist im bekannten professionellen Sinne: Die eingesetzten Sprecher und Moderatoren drücken eine ruhige, aber fröhliche Stimmung aus, die Stimmlage ist gegebenenfalls technisch etwas nach unten korrigiert. Die Informationen bleiben kurz und sind mit Musik unterlegt, auf tiefgreifende Analysen wird verzichtet, Service und Unterhaltung stehen im Vordergrund – ganz wie es den Hörgewohnheiten im privat-kommerziellen Bereich entspricht. Noch deutlich weniger jedoch, als man dies bereits im Privatradio normalerweise erwartet, hat „p.o.s. radio" die Absicht, einen verläßlichen Überblick über die aktuelle Nachrichtenlage zu geben. „Wir reden im Radio nicht unbedingt über den BSE-Skandal oder ein Bombenattentat in Palästina", war vor einiger Zeit die Auskunft eines Redakteurs des Radios gegenüber einem Zeitungsreporter (vgl. Musik 1997). Informationselemente dienen, so kann man daraus folgern, weniger der Information, sondern sollen eine ähnliche Aufgabe wie die Musik erfüllen und eine unterhaltend-integrative und auf die Kommunikation von Vertraulichkeit und Seriosität angelegte Wirkung zeitigen. Dazu werden radiospezifische gestalterische Elemente eingesetzt, denen diese erwünschte Wirkung zugeschrieben werden kann. Genau in dem Moment jedoch, da der Sound des Instore-Radio sich bis zur Ununterscheidbarkeit an das herkömmliche Privatradio angepaßt hat, bricht „p.o.s. radio" aus dem Präsentationsraster aus: Zu hören ist dann beispielsweise eine Werbung, die den anwesenden Kunden unmittelbar anspricht: „He, Sie da, mit der Jeansjacke, ja, genau sie! ... "[9] Es folgt eine Werbung für ein in diesem Markt zu findendes Produkt, unter Umständen auch einschließlich der Beschreibung, wo dieses zu finden sei. Die zunächst fern vom Alltag des Einkaufsmarkt angesiedelte Darstellungslogik wird zugunsten einer diese Differenz bewußt durchbrechenden Zielgruppenansprache verlassen. Beides bleibt jedoch aufeinander bezogen: Allgemeine Unterhaltungselemente können als Hintergrund den Erfolg dieser Ansprache maximieren helfen. Instore-Radio bietet dazu eine in herkömmlichen Massenmedien nicht reali-

[9] So und ähnlich mehrfach vom Autor in EDEKA-Märkten vernommen.

sierbare Kontrollmöglichkeit: Die einkaufsmarktgenaue Werbedistribution kann mit den realen Verkaufszahlen für das beworbene Produkt in eben diesem konkreten Markt abgeglichen werden.

Instore-Radio erfüllt daher mehrere Funktionen im Einkaufsmarkt: Es liefert einerseits die auditive Ebene für das Erlebnisensemble des Einkaufsmarktes, eine Aufgabe, die andernorts auch durch lokale, vom Personal des Marktes bediente Beschallung gelöst wird. Darüber hinaus ermöglicht Instore-Radio, diese auditive Ebene für den Einsatz marktspezifischer Werbung zu nutzen. Im Falle von „p.o.s. radio“ tritt noch der informierende Aspekt als zusätzliches Element hinzu, der dieses Produkt auch als programmlich adäquate Simulation eines richtigen Radios erscheinen läßt. Alle drei genannten Funktionen ergänzen sich in ihrer Darstellungs- und Wirkungslogik. Entscheidend für Instore-Radio ist die tiefe gegenseitige Durchdringung sowohl der Funktionen als auch der geschilderten programmlichen Elemente, von denen keines (auf Kosten eines anderen) aus der Gesamtpräsentation ausbricht.

Der Selbstvergleich des Instore-Radio mit dem herkömmlichen Radio findet jedoch nicht nur auf der programmlich-ästhetischen Ebene statt, die eher für die Hörerschaft bestimmt ist, sondern auch mittels des an die Werbekundschaft gerichteten Reichweitenvergleichs. Insbesondere „p.o.s. radio“ als ein inzwischen mit Media-Analysen untersuchtes Produkt verspricht eine höhere Reichweite als herkömmliches Radio zu einem vorteilhafteren Preis.

3 Rezeption und Öffentlichkeit

Zur Bestimmung und Charakterisierung des Instore-Radio ist eine Beobachtung der programmlichen Konstruktionen jedoch noch nicht ausreichend. Ein gültiger Charakterisierungsversuch sollte die Situation des Empfangs, der Rezeption des Mediums mit einbeziehen, was im folgenden versucht werden soll.

Augenfällig ist zunächst die nicht vorhandene Wahlmöglichkeit. Der selektive Zugriff auf ein bestimmtes Programm, wie er etwa in der heimischen Situation des Radiohörens gegeben ist, ist hier nicht möglich: Weder existiert ein alternatives Angebot, noch steht hier die einfachste (und wohl häufigste) Wahlmöglichkeit, das Ausschalten, zur Verfügung: Das Radio (d.h. der Lautsprecher) bleibt oft optisch verborgen, in jedem Falle aber physisch unerreichbar. Der unmittelbare Zugriff ist den Hörern entzogen, da die Hörsituation im Vergleich zum herkömmlichen Radio verändert ist: Während man bei Massenmedien gewöhnlich von einer individuierten Rezeptionssituation ausgeht, hat sich diese bei Instore-Radio entindividualisiert. Dies bedeutet jedoch nicht die Rückkehr zur romantisierten Kollektivrezeption aus der Frühzeit des Radios und auch des

Fernsehens, an welche z.B. die in letzter Zeit wieder zahlreicher gewordenen Fußballübertragungen in Eckkneipen anzuknüpfen versuchen. Denn in diesen Fällen findet die Ansammlung ja zum Zweck der (gemeinsamen) Beobachtung des Mediums statt, ein für das Instore-Radio eher undenkbarer Fall, da das Medium nicht der Grund der zudem sehr zerstreuten Ansammlung ist. Der Rezipient ist zunächst nur ein Kunde des Marktes, ein äußerlich wahrnehmbares Verhalten gegenüber dem Medium kann sich genau genommen nur negativ, in Ablehnung, äußern, indem der Besuch des entsprechenden Einkaufsmarkt gemieden wird (das ist aber auch nur solange möglich, wie der Kunde sich in einem urbanen Umfeld mit entsprechend dichter Infrastruktur befindet und selbst auch entsprechend mobil ist). Gleichwohl bleibt selbst diese Form der Selektion höchst unwahrscheinlich, da sie voraussetzt, daß innerhalb des wohlgefügten Ambientes des Einkaufsmarktes der Bestandteil Instore-Radio identifiziert und als Selektionskriterium herangezogen wird. Dies wäre genau das Gegenteil dessen, was mit den nicht unaufwendigen Bemühungen der Verschmelzung des Radios mit der Marktumgebung erreicht werden soll.

Bemerkenswert an der entindividualisierten Rezeptionssituation ist vor allem, daß diese, wie oben ausgeführt, mit einer individualisierten Ansprache des Hörers korrespondiert. Sie bezieht sich dabei auf die geläufige Annahme, daß der Kunde (trotz oder gerade aufgrund seines standardisierten bzw. standardisierbaren Einkaufsverhaltens) eben nicht als auswechselbarer Teil einer Masse von Konsumenten gelten möchte, sondern als Individuum mit Bedürfnissen, die nur ihm eigen sind. Diese Bedingung versucht die Gestaltung der Werbespots im Einkaufsradio zu berücksichtigen.

Die Differenz von individueller und kollektiver Rezeption läßt sich vor allem am Bezug zum Öffentlichen darstellen. Sucht man nach mit dem Instore-Radio vergleichbaren situativen Konstruktionen der Rezeption von Medien, stößt man zum Beispiel auf den sogenannten Stadtfunk, der in einigen osteuropäischen Städten früher üblich war. Öffentliche Lautsprechersysteme, wie zum Beispiel seit 1948 in Leipzig, dienten als Unterhaltungs- und Verlautbarungsinstrument in den Händen der kommunalen Verwaltung. Beobachtbare Wirkung gelang dem Leipziger Beispiel aber nur bei Sportübertragungen wie der Friedensfahrt oder im Herbst 1989, als darüber der gemeinsame Aufruf Kurt Masurs und der SED-Bezirksleitung zum Gewaltverzicht übertragen wurde.[10] Während die Rezeptionssituation in diesem Beispiel ungleich alternativloser und zwingender ist, artikuliert sich hier Öffentlichkeit hingegen freilich noch etwas allgemeiner, nämlich

[10] Soweit ersichtlich, gibt es keine explizit dem Leipziger oder einem anderen Stadtfunk gewidmete Literatur. Einige Hintergründe zu dessen Rolle im Herbst 1989 finden sich bei Todd W. Harris (o.J.). Allgemeinere, wenn auch eher technisch interessierte Informationen unter http://www.rechentechnik-ddr.de/html/stadtfunk.html (Stand: November 2004).

eher als Ort einer politischen Meinungsbildung, die – trotz zentralistischer Steuerung – auch von ihren Wirkungsabsichten her auf den öffentlichen Ort als solchen baut. Instore-Radio braucht diese Unterstellung des öffentlichen, gemeinsamen Ortes nicht: Die vergleichsweise abgeschlossenen Räume des Instore-Radio gehorchen in erster Linie ökonomischen Partikularinteressen, die zwar auch Partikular*öffentlichkeiten* bilden, der darin verhandelte Gegenstand bleibt jedoch ein rein privater (vgl. Fezer/Wieder 1998). Gleichwohl ist der Markt notwendig öffentlich und läßt keine Selektionsmechanismen des Zutritts erkennen, wenn man von dem Makel ungenügender Kaufkraft einmal absieht. Ein nüchterner Blick auf die heutigen Shopping-Zentren mit ihren teils riesigen Parkplatzflächen ließe es auch etwas befremdlich erscheinen, dabei nicht von öffentlichen Einrichtungen zu sprechen, auch wenn es sich hierbei ausnahmslos um privates und eben nicht öffentliches, z.B. kommunales Eigentum handelt. Daher scheint es auch angebracht, hier von einer Simulation des Öffentlichen zu sprechen, und zwar gerade in dem Sinne, daß in der Konzipierung von Einkaufsmärkten – z.B. als Erlebnislandschaften – oftmals versucht wird, die Bedeutungsgehalte des klassischen Marktplatzes zu besetzen, der in seinen Funktionen ein zentrales Element städtischer Öffentlichkeit bildete. Die Frage zielt hier allerdings nicht auf den vermeintlichen historischen Bruch in der Konstruktion von Marktöffentlichkeiten (heute können eher Parallelitäten beobachtet werden), sondern allein auf die soziale Konstruktion des Kontextes von Instore-Radio. Öffentlichkeit paart sich hier, das ist zusammenfassend das Besondere, sowohl mit Zwang (analog zum Stadtfunkmodell im Sinne der Unausweichlichkeit und des Kontrollentzugs bezüglich des Hörangebotes) als auch mit gegenseitiger Selektion (Entscheidung für bzw. gegen eine bestimmte Partikularöffentlichkeit durch die Kunden und die eher implizit funktionierende Selektion der Kunden durch den Markt). Die Unausweichlichkeit ist zwar räumlich umgrenzt, bezieht sich aber wie beim Stadtfunk darauf, daß Instore-Radio nicht autonom und mobil empfangbar ist (gemäß der Vorstellung von Öffentlichkeit des *Rundfunks*).

Betrachtet man die Rezeptionsumgebung des Instore-Radio, so findet sich eine unvergleichliche Nähe zum Produkt. Das meint hier nicht das innerhalb des Radioprogramms beworbene, sondern jenes, welches das unsichtbare Radio begreif- und handhabbar umgibt. Das akustische Signal fügt sich, so kann man sagen, gestaltend in ein Ambiente, welches wesentlich von der Fülle bzw. der Spezifität des Warenangebotes lebt. Die Frage, die sich hier aufdrängt, ist, inwiefern am Instore-Radio eine bestimmte Funktion innerhalb dieses Ambientes beobachtet werden kann, die so von keinem anderen Element erfüllt wird. Zur Gruppe der Werbemedien gehörend (wie alle visuellen Hilfsmittel zum Hinweis auf bestimmte Produkte), bewegt sich das Instore-Radio auf der noch gelegentlich unbesetzten auditiven Ebene. Die hier in besonderer Weise mögliche ästhetische Präsentation und Prägung des Ortes hat, so die These, nur zum Teil etwas mit der Werbung für ein konkretes Produkt zu tun, sondern bezieht sich daneben auch auf die tiefergelagerte Aufgabe, den Kaufakt zunächst überhaupt als Idee zu plausibilisieren (vgl. Ruoff 1974). So entsteht ein Bedeutungsraum, der das repräsentiert, was Karen Ruoff in der Sinnerschließung des englischen „to sell“ gesucht hat: Ein Areal der allgemeinen Bedürfniserregung nicht nur nach den Dingen, die „gerade wegzugeben“ sind (Ruoff 1974: 54), sondern durchaus auch in einem produktunspezifischen Sinne. Diese allgemeiner gefaßte Funktion ist auch anderen Werbemedien eigen, Instore-Radio zielt darauf jedoch direkter. Der Sound ist in Permanenz hörbar und kann auch jenseits bewußter Hinwendung der Aufmerksamkeit wahrgenommen werden. Die integrierend wirkende Funktion des Sound soll im nächsten Abschnitt noch näher ausgeführt werden.

Den positiv erlebten Rausch, der für den Kunden mit seinen Bewegungen innerhalb der Angebotsfülle des Marktes verbunden ist, hatte auch Walter Benjamin an der sozialen Figur des Flaneurs beobachtet (vgl. Benjamin 1990). Dieser, so die idealtypische Charakterisierung, streifte scheinbar ziellos durch die Passagen des modernen Paris, die Nähe zu den Produkten suchend, dem verlokkenden Hauch der Entfremdung folgend. Der Flaneur im Sinne Benjamins freilich *kaufte nicht*, er genügte sich mit der Selbststilisierung als nur potentieller Kunde vor den großformatigen Schaufensterscheiben, während die tatsächlichen Kaufangebote für ihn oft unerreichbar hinter den Scheiben auslagen. Von diesen erhofften Rauschzuständen zehren auch die situativen Konstruktionen heutiger Einkaufslandschaften, wenngleich die Einladung zum Flanieren eher nur als gelittenes Appendix gegenüber der Kaufaufforderung gilt. Die unmittelbare Nähe der Produkte, die gleich einem Interieur geordnet scheinen, ist ein bereits genanntes zentrales Merkmal des Instore-Radio. Räumlich betrachtet ist das nicht viel mehr als eine Tautologie, programmlich jedoch offenbart sich dies als besonderes Merkmal: Während Werbung in herkömmlichen Medien einen Erinnerungseffekt generieren muß, der bis zum nächsten Einkauf anhält, kann sich die Gestaltung von Werbung im Instore-Radio den Umstand der greifbaren Nähe des Produktes zunutze machen. Es übernimmt damit in gewisser Weise die Position des Flaneurs: Stellvertretend für den Kunden durchstreift es – sich hörbar im Ambiente „wohlfühlend“, dieses selbst maßgeblich prägend – das Angebot an Produkten und teilt ihm Besonderheiten und Angebote in einer sich gelegentlich gar als personalisierter Geheimtip gebenden Art mit. Damit ersetzt es auch zu weiten Teilen den klassischen Verkäufer, der beratend dem Kunden zur Seite steht. Denn insbesondere im Lebensmitteleinzelhandel ist der Verkäufer inzwischen zum Regalauffüller und Kassenbediener degradiert worden.

Etwas zugespitzt läßt sich das Instore-Radio auch als Ensemble der *sprechenden Produkte* begreifen, welches von sich zu überzeugen sucht.[11] Das baut auch auf die Hoffnung, beim Kunden ein gemeinsames Interesse an einem *guten Geschäft* erzeugen zu können. Der erfolgreichen Suche nach einem gutem Produkt versucht sich Instore-Radio anzudienen. Verzichtbar scheint es freilich für diejenigen Kunden, die versuchen, unabhängig schnell und sicher *ihren* Kauf zu machen. Das muß nicht gelingen, kann sich aber beispielsweise auf die teilweise offen bekundete Ablehnung öffentlicher Dauerbeschallungen stützen: Nach englischem Vorbild hat sich dazu vor kurzem eine Bürgerinitiative in Schleswig-Holstein gegründet, die gegen die generelle Dauerbeschallung in öffentlichen Räumen mobil macht und dabei auch Instore-Radio im kritischen Visier hat (vgl. Molter 2004).

4 Die auditive Bühne des Marktes

Läßt man den werbenden bzw. informierenden Anteil von Instore-Radio zunächst außer acht, finden sich weitere, ganz ähnliche Muster der akustischen Ambienteprägung von Kaufumgebungen. Vor allem in sogenannten Special-Interest-Läden, die Kleidung, Fahrräder, Tonträger oder ähnliches einer meist jugendlichen Zielgruppe offerieren, ist es üblich, mit Musik, gelegentlich gar mit einem persönlich anwesenden DJ, die Kundenbindung zu stärken. Diese Strategie basiert auf der wahrnehmungspraktischen Ebene auf dem, was Walter Ong (1987) vor einiger Zeit als inkorporative Funktion des Sounds beschrieben hat. Die Sonderstellung des Hörens unter den Sinneswahrnehmungen läßt sich für Ong daran festmachen, daß der Klang den Wahrnehmenden inmitten seiner Umwelt positioniert, dieser ihn, im Gegensatz zum Sehsinn, der immer ein Außen konstituiere, faktisch umschließe. Der für die soziale Einbindung und räumliche Verortung so wichtige Hörsinn kann auch mit Beobachtungen pathologischer Erscheinungen belegt werden: Der Verlust des Hörsinns ist für die jeweils Betroffenen weit schwerwiegenderer als etwa der Verlust des oft für primär gehaltenen Sehsinns.[12] Der Sehsinn mag zwar in der Reihenfolge der Wahrnehmungsgeltung dem Hören vorauseilen, aber er bleibt doch, so Ong, ungenau und auch täuschend. Das Hören übernimmt dann die Funktion einer garantierenden

---

[11] Einige Szenarien der technisch-genetischen Produktentwicklung liegen auch gar nicht mehr weit davon entfernt, dieses Sprechen tatsächlich den Produkten selbst zu überlassen. Diese von der Technologie-Kritik aus taktischen Gründen entworfenen Negativbilder sind zwar oft weit überzeichnet, machen jedoch auf das Problem der Durchfunktionalisierung der Produkte aufmerksam.

[12] Dieses Wissen war bereits in der römischen Civitas des Altertums bekannt: Während dort der Taube den Irren und Wahnsinnigen gleichgesetzt war, blieb der Blinde im vollen Besitz seiner bürgerlichen Rechte.

Absicherung des Gesehenen und verortet den Wahrnehmenden sowohl physisch als auch sozial im Raum. Auf der Seite des Hörangebotes betrifft das den Sound, aber noch viel mehr die Stimme, die im Radio zwar gleichfalls als (technisch manipulierter) Sound fungiert, aber daneben in der „Stiftung von Hörräumen" (Kittler 2002: X) der bloßen Musik überlegen ist.

Über die integrativ-sichernde Wirkung des Hörens hinaus lassen sich zwei daran anschließende mögliche Konzeptionen vom Hörer ausmachen: eEinerseits, daß er als ausschließlich passives Element im Sinne eines bloß additiven Einfügens in die Hörerschaft verstanden wird, andererseits, daß er in die Hörsitutation aktivierend eingebunden wird. Beides sind durchaus typische Hörsituationen des Rundfunks, wenngleich letztere meist nur in thematischen und strukturellen Randbereichen, man denke etwa an Brechts zunächst für das Theater entwickelte Ideen der Aufbrechung rein passiver Hörsituationen, der vor allem politisch intendierten Partizipation des Hörers (vgl. Brecht 1975; 1957). Dies war verstanden worden vor allem als Gegenwicht zur strukturellen Chancenlosigkeit der Konsumenten von Massemedien, die nach kulturindustriellen Maßstäben produziert wurden. Sozialkonstruktivistische Ansätze wissen allerdings inzwischen auch, daß ohne aktive Beteiligung des Hörers nicht viel „funktioniert". Das betrifft sowohl die kommunikative Rückbindung mit anderen Rezipienten, indem man sich Medieninhalte gegenseitig erzählt, aber auch die durchaus nicht eingleisigen Deutungsmöglichkeiten der medialen Angebote, die man etwa versucht, politisch zu „dekodieren" (vgl. Keppler 1994; Hall 1980).

Diese medientypischen Mechanismen sind nun auch beim Instore-Radio nicht einfach abwesend, gleichwohl ist die Idee des Instore-Radios näher an der eines unmittelbaren Tauschaktes mit dem Hörer angelagert: Im Sinne Georg Francks (1998) läßt sich hier der potentielle Käufer als Besitzer der Währung Aufmerksamkeit auffassen, die er bereit sein sollte, gegen die notwendigen Informationen für einen guten Handel einzutauschen. Dieser vom Instore-Radio angestrebte Tauschvorgang soll die Grundlage für den nächsten, eigentlichen Tauschakt abgeben, wenn der Kunde eine bestimmte Ware kauft. Was Instore-Radio also macht, ist vor allem, Optionen für Anschlußhandlungen zur Verfügung zu stellen und diese mit einem hohen Grad an Wahrscheinlichkeit auszustatten. Es versucht in einer Weise aktivierend zu wirken, wie sie vielleicht in alternativen Szenemedien üblich ist, wenn zu Demonstrationen aufgerufen wird, wenn die ARD Spendenaufrufe für deutsche Flutopfer verbreitet oder der Wetterbericht für den nächsten Tag regenfeste Kleidung empfiehlt. Instore-Radio versucht zu aktivieren, indem es auf die Welt der Waren fixiert.

Die bereits im vorigen Kapitel angesprochene informierende Funktion des Einkaufsradio steht allerdings vor einem nicht unwesentlichen Problem: Der Käufer möchte nicht zuletzt den Anschein seiner autonomen Selbststeuerung innerhalb des Warenangebotes gewahrt wissen. So belegen Kundenumfragen, daß das Bedürfnis des selbständigen Zurechtfindens noch vor der Erzielung eines guten Preises steht.[13] Auf diesen Autonomieanspruch versucht die Kundenorientierung entsprechend zu reagieren (vgl. den Aufsatz von *Voswinkel* in diesem Band). Die informierende Funktion kann sich daher nicht in Form eines *Überredens* zu einem bestimmten Produkt präsentieren, sondern muß sich den Anschein geben, an bereits existierende Bedürfnisse nur zu *erinnern*. Darauf hebt letztlich auch die individualisierte Ansprache des Kunden in den Werbespots des Einkaufsradio ab, die mit der Vergeßlichkeit der modernen gestreßten Menschen kokettiert und sich zur Abhilfe anbietet. Der Sound hingegen kann als hinreichend subtil empfunden werden, die Entscheidungsautonomie des Käufers nicht offenkundig zu attackieren – solange zumindest die Musikfarbe oder gar die Beschallung an sich nicht als störend wahrgenommen werden.

Instore-Radio muß daher selbst nicht nur als bloße akustische Ergänzung, als Vermittlungsebene, die mit medientypischen Momenten arbeitet, verstanden werden, sondern als integriertes und integrierendes Moment der Inszenierung des Ortes „Einkaufsmarkt“. Was diese scheinbar äußerst enge Verbindung zwischen Medium und Markt jedoch fraglich macht, ist der einfache Umstand, daß Einkaufsmärkte auch ohne Instore-Radio „funktionieren“, Instore-Radio von seiner Logik her jedoch auf die Marktumgebung angewiesen ist. Eines der zentralen Merkmale von Massenmedien, der Versuch, als eigenständiges Markenprodukt auf dem Hörmarkt aufzutreten, hat sich beim Instore-Radio auf eine andere Ebene verschoben: Seine unmittelbaren Kunden sind nicht mehr die Hörer, sondern die Märkte selbst, die aus der, wenn auch kleinen, Zahl von Anbietern ihr Produkt auswählen, welches dann konkurrenzlos die Verkaufsfläche beschallen darf. Zwar könnte man idealtypischer Weise annehmen, daß es eine ausreichend große Zahl von verschiedenen Instore-Radios gibt, so daß der Besuch dieses oder jenes Einkaufsmarktes mit der Wahl eines bestimmten Radiosenders verglichen werden könnte. Genau an diesem Punkt wird jedoch deutlich, wie eng das Instore-Radio mit seiner Umgebung verschmilzt. Die Operation mit einem eigenen Markenlabel des Senders, wie es etwa „p.o.s. radio“ praktiziert, erfüllt dabei vor allem die bereits beschriebene Funktion, sich überhaupt als Radiosender zu inszenieren. Das zielt sowohl auf die Wahrnehmung der Hörerkunden als auch auf den Markt als Kunden, der sich damit eine höhere Akzeptanz einzuhandeln verspricht.

Die Selbstpositionierung als Medium hat beim Instore-Radio jedoch nicht den Zweck, auf den Radiomarkt außerhalb des Marktes zu wirken. Dies gilt hinsichtlich der Hörkonkurrenz, jedoch nur bedingt für die Konkurrenz auf dem Werbemarkt. Für diese Kundschaft gibt Instore-Radio sowohl das implizite Ver-

[13] Vgl. „Das ganz normale Verhalten der Österreicher beim Einkaufen“, 3sat v. 22.09.04, 21.25 Uhr.

sprechen eines richtigen Radios als auch die Möglichkeit einer genaueren Verbindung von Zielgruppenerreichbarkeit und Produktplazierung.

Die Frage ist daher, inwiefern Instore-Radio mit diesen Öffnungen hinsichtlich der Funktionsergänzung des Marktes noch als Massenmedium im eigentlichen Sinne verstanden werden kann. Daß die Beschäftigung mit diesem Thema eher aus dem wirtschaftswissenschaftlichen Bereich kommt und weniger aus der Medienwissenschaft, scheint zumindest ein Indiz dafür zu sein, daß man im allgemeinen nicht von einem, wenn auch besonderen, Typ von Massenmedium ausgeht. Äußerlich gesehen mag dies richtig scheinen, gleichwohl *repräsentiert* Instore-Radio Strukturgehalte, wie sie Massenmedien eigen sind, freilich ungleich stärker gekoppelt an die Logiken des Marktes. Nicht nur des eigenen – Instore-Radio ist, wie grundsätzlich jedes andere Radio auch, für dessen Betreiber ein attraktives wirtschaftliches Unternehmen, da es eine gut verwertbare Werbefläche darstellt – , sondern auch die des Einkaufsmarktes, in dem es ausgestrahlt wird. Diese doppelte Marktbindung ist somit die vielleicht eigentümlichste Eigenschaft des Instore-Radio. Auf der darstellerischen Ebene findet sich etwas, was dem ähnlich ist, was Haug einmal als das „ästhetische Gebrauchswertversprechen" bezeichnet hat (Haug 1975: 19), wobei der darin enthaltene doppelte Verweis in der Rezeptionssituation kaum unterscheidbar ist. Denn die darin angelegte Ästhetik der Warenpräsentation ist grundsätzlich die gleiche, unabhängig davon, ob der Radio- oder der Einkaufsmarkt die Realisierungsdimension darstellt. Die Metapher des Einkaufsmarktes als sozialer Bühne steht hier vor allem für den Versuch, eine ganzheitliche Inszenierung des Ortes zu realisieren. Maßgeblich ist hier das Design des Marktes, welches so zu konstruieren ist, daß dessen Betreten als unmißverständliche Teilnahme an dieser Aufführung verstanden wird (vgl. Ziems 2004). Das wird mit visuellen und akustischen Mitteln zu erreichen versucht, wobei Instore-Radio als die entwickeltste Form in diesem Bereich zu verstehen ist.

5 Zusammenfassung: Der Hörer als Kunde

Rundfunk, dessen innere Logik mehr wäre, als Metaphern der Dienstleistungsgesellschaft ausdrücken können (die Bedienung des Kunden, Präsentation von Dienstleistungen usw.), war und ist stets auch ein wenig Utopie. Gerade das nicht-örtliche des Radios wurde ja nicht als Abwesenheit, sondern eher als Allgegenwart verstanden, dessen Erreichbarkeit *für alle* die anderen möglichen Bedeutungsgehalte wie freie Meinungsbildung und -äußerung, Demokratie oder auch Partizipation transportieren konnte. Instore-Radio, sofern als Medium und Rundfunk begriffen, wäre dann allerdings in jedem Falle anti-utopisch zu nennen. Nicht nur, weil es die für diese Gehalte notwendigen Differenzierungsvoraussetzungen nicht aufbringt, es allein unter dem Diktat der Dienstleistung steht, so daß die Nähe zum Produkt nicht nur physisch gilt, sondern auch, weil sich im Instore-Radio eine eng und eindeutig umgrenzte Ortsbezogenheit realisiert.

Diese an verschiedenen Stellen deutlich gewordene enge Verbundenheit des Phänomens Instore-Radio mit dem Ort seiner Ausstrahlung stellt damit auch seine Charakterisierung als eigenständiges – d.h. auf sich selbst bezogenen Richtlinien der Kommunikation mit dem Rezipienten folgendes – Massenmedium in Frage. Maßgebend für die Einschätzung ist, aus welcher Richtung man auf das Phänomen schaut: Macht man die Annahme eines vollwertigen Mediums zum Ausgangspunkt, stellt sich die Situation als hochgradige Einnetzung in nicht unmittelbar auf das Medium selbst bezogene Mechanismen dar. Geht man hingegen davon aus, daß das Instore-Radio sich erst als Medium zu erweisen habe, so lassen sich die angestellten Beobachtungen vor allem als Simulation, als das bewußte Spielen mit medientypischen Formen begrifflicher, programmlicher und distributiver Art deuten. Beide Sichtweisen sind für sich durchaus plausibel, lassen sich aber auch auf eine Gemeinsamkeit zurückführen: Sie verstehen Instore-Radio als mediales Labor, in dem – weitestgehend frei von juristischen Beschränkungen – all die genannten Elemente unter unmittelbar marktbezogenen Bedingungen getestet werden können. Erst durch die Einhegung in echte Marktsituationen, verbunden mit im Vergleich zum herkömmlichen Radio immens erweiterten Möglichkeiten der qualitativen und quantitativen Kundenbeobachtung, kann das inszenierte Medium Instore-Radio seine Vorteile ausspielen. Dies geschieht aber nie rein selbstreflexiv, d.h. auf die Gestaltung und Entwicklung der eigenen Typik bezogen, sondern stets unter logischem Bezug auf die Ganzheitlichkeit der Marktumgebung. Es stellt für die Bühne des Marktes nicht nur den Soundtrack zur Verfügung, das ist auch durch andere, weniger aufwendige Maßnahmen zu erreichen, sondern gleichsam die Partitur der Aufführung, in der die Tempi und Stimmungen sowie der Einsatz der verschiedenen Instrumente konkret festgelegt ist. Die Marktforschung konnte inzwischen feststellen, daß der Erfolg dieser Maßnahmen freilich nicht absolut, aber doch meßbar und signifikant ist (vgl. POPAI 2003).

Instore-Radio steht, so kann man ausblickend urteilen, als prototypisches Element für eine vollständig liberalisierte Medienlandschaft. In ihm können alle in Hörmedien möglichen Werbe- und Finanzierungsformen direkter oder indirekter Art angewandt werden, die eben auch bis hin zur ununterscheidbaren Verschmelzung eines Mediums mit seiner Hörumgebung reicht.[14] Prototypisch ist es auch

---

[14] So stellt die p.o.s. medien GmbH nicht nur das Basisprogramm „p.o.s. radio“ zur Verfügung, sondern bietet den Abnehmern auch daraus abgeleitete sogenannte Unique-Formate an (z.B. „EDE-KA-Live“, „Kaufland aktuell“, „Walmart-Radio“), vgl. P.O.S. Radio Mediadaten 2005: 7.

hinsichtlich seines Verständnisses vom Hörer, der durch Instore-Radio als Dienstleistungsbezieher organisiert wird. Der Konsument bzw. Kunde wird auf diesem Wege selbst zu einem vorbildhaften gesellschaftlichen Rollenmodell. Er wird zwar als entscheidungsautonom vorgestellt, aber innerhalb der Aufführungen, an denen er teilnehmen kann und muß, wird ihm nur klar strukturiertes Rollenverhalten mit auf den Weg gegeben. Der oft auf die allgemeine Nutzung von Medien zurückgeführte lernende, sozialisierende Effekt beim Kunden[15] ist daher nicht nur auf die etwaigen Produktpräferenzen bezogen, sondern immer auch auf die Rolle des Konsumenten überhaupt. Instore-Radio nimmt in diesem Sinne eine besondere Stellung innerhalb der Medien ein, da es schon selbst am Ort der Realisierung eben dieses Rollenmodells präsent und mit diesem verwoben ist.

Literatur

Benjamin, Walter (1990), Das Paris des 2nd Empire bei Baudelaire, in: ders., Gesammelte Schriften I.2, hg. Rolf Tiedemann/Hermann Schweppenhäuser, Frankfurt/M., S. 537-569.

Brecht, Brecht (1957), Schriften zum Theater: Über eine nicht-aristotelische Dramatik, hg. Siegfried Unseld, Berlin/Frankfurt/M.

Brecht, Brecht (1975), Der Rundfunk als Kommunikationsapparat, in: ders.: Gesammelte Werke, Bd. 18., Frankfurt/M.

Brink, Heide (1992), Legal, illegal, Supermarktregal, in: Die Tageszeitung v. 9.12.1992, S. 14.

Brink, Heide (1993), Fernsehen, wenn die Kasse klingelt, in: Die Tageszeitung 09.03.1993, S. 14.

DLM (1997), Erstes Strukturpapier über die Zuständigkeit der Landesmedienanstalten im Grenzbereich zwischen Rundfunk und Mediendiensten und die Unterscheidung von Rundfunk und Mediendiensten, hg. Direktorenkonferenz der Landesmedienanstalten (Quelle: http://www.alm.de/aktuelles/position/DLMSP_1.HTM, Stand: November 2004).

DLM (2003), Drittes Strukturpapier zur Unterscheidung von Rundfunk und Mediendiensten, hg. Direktorenkonferenz der Landesmedienanstalten (Quelle: http://www.alm.de/bibliothek/download/3.Strukturpapier.pdf, Stand: November 2004).

Faber, Ronald J./Thomas C. O'Guinn (1988), Expanding the view of consumer socialisation: A non utilitarian mass-mediated perspective, in: Research in Consumer Behavior, Vol. 3, S. 49-77.

Fezer, Jesko/Axel J. Wieder (1998), Geschickt gemacht: Jesus vertrieb die Händler vom Platz vor dem Tempel, in: Marius Babias/Achim Könnecke (Hg.), Die Kunst des Öffentlichen, Amsterdam/Dresden, S. 84-104.

Franck, Georg (1998), Ökonomie der Aufmerksamkeit. Ein Entwurf, München.

Giegel, Hans-Joachim (Hg.) (1992), Kommunikation und Konsens in modernen Gesellschaften, Frankfurt/M..

[15] Vgl. Faber/O'Guinn 1988.

Hall, Stuart (1980), Encoding/Decoding, in: ders./Dorothy Hobson et al. (Hg.), Culture, Media, Language. Working Papers in Cultural Studies (1972-1979), London, S.128-138.
Harris, Todd W. (o.J.), The revolutionary Church? The Role of the East German Protestants amid political Change, in: Religion in Eastern Europe (Quelle: http://www.georgefox.edu/academics/undergrad/departments/soc-swk/ree/HARRIS_WP.html, Stand: November 2004).
Haug, Wolfgang Fritz (Hg.) (1975), Warenästhetik. Beiträge zur Diskussion, Weiterentwicklung und Vermittlung ihrer Kritik, Frankfurt/M.
Hoffmann, Stefan (2002), Geschichte des Medienbegriffs, Hamburg.
Hömberg, Walter/Ralf Hohlfeld/Michaela Schnellhardt (1998), Instore-Radio zwischen Klangteppich und Werbeträger, in: Media Perspektiven Nr. 3, S. 113-123.
Karpenstein-Eßbach, Christa (2004), Einführung in die Kulturwissenschaft der Medien, Paderborn.
Keppler, Angela (2004), Tischgespräche. Über Formen kommunikativer Vergemeinschaftung, Frankfurt/M.
Kittler, Friedrich/Thomas Macho/Sigrid Weigel (Hg.) (2002), Zwischen Rauschen und Offenbarung. Zur Kultur- und Mediengeschichte der Stimme, Berlin.
Koivunen, Niina (2002), Organisational Music. The role of Listening in Interaction Processes, in: Consumption, Market and Culture, Vol. 5, No. 1, S. 99-106.
Lilienthal, Volker (1993), Schwarzfunk auf der Werbewelle. HR3-Moderator betreibt nebenher ein Supermarktradio, in: epd – Kirche und Rundfunk v. 24.3.1993, S. 5-7.
Medienspiegel (2003), Es funkt im Supermarkt, in: Medienspiegel. Mediendienst des Instituts der Deutschen Wirtschaft Köln, 10/2003, S.2.
Metschies, Ulrich (2002), Lust aufs Shoppen machen, in: Kieler Nachrichten v. 9.10.2002.
Molter, Frank (2004), Musik ja, aber nur freiwillig, in: Kieler Nachrichten v. 11.2.2004.
Musik, Alexander (1997), Erlebniswelt am Point of Sale, in: Die Tageszeitung v. 29.3.1997, S. 14.
Ong, Walter (1997), Oralität und Literarität. Die Technologisierung des Wortes, Opladen.
POPAI (Point of Purchase Advertising International) (2003), European Consumer Habits Study. Ergebnisse und Analysen der deutschen Teilstudie, Krefeld.
P.O.S. Media Daten (2005), (Quelle: www.pos-medien.de/MEDIADATEN_POSRadio_2005.pdf, Stand: November 2004).
Ruoff, Karen (1975), Warenästhetik in America, or Reflections on a Multi-National Concern, in: Wolfgang F. Haug (Hg.), Warenästhetik. Beiträge zur Diskussion, Frankfurt/M., S. 48-68.
Vowe, Gerhard/Jens Wolling (2004), Radioqualität – was die Hörer wollen und was die Sender bieten, TLM-Schriftenreihe Bd. 17, München.
Welsch, Wolfgang (1996), Grenzgänge der Ästhetik, Stuttgart.
Ziems, Dirk (2004), Der Store als Kaufbühne, in: planung & analyse. Zeitschrift für Marktforschung und Marketing, Heft 4, S. 20-23.

Shopping im Internet

Anstöße für die kulturtheoretische Dimensionierung der Konsumsoziologie

Jörn Lamla/Sven Jacob

1 Einleitung

Shopping online scheint etwas völlig Normales zu sein, folgt man der Werbung großer Provider oder betrachtet ihre Startseiten im Internet. Kommerzielle Anbieter sind daran interessiert, den Kundinnen und Kunden das Gefühl zu vermitteln, daß sie ihren Shopping-Bedürfnissen ohne Verlust im Cyberspace nachgehen können. Aber Shopping im Internet – ist das möglich? Die Antwort fällt abhängig von der kulturtheoretischen Perspektive sehr unterschiedlich aus. Konzeptualisieren wir das Shopping z.B. entlang der Bühnen- oder Theater-Metapher mit dem dramaturgischen Handlungsmodell von Erving Goffman (1969), so erfüllt der Einkauf im WorldWideWeb kaum eine der für die Praxis des Shopping wesentlichen Bedingungen. Die Intuition, daß im virtuellen Handlungsraum einiges vorgeht, das der Welt des Shopping nicht fremd ist, weckt jedoch Zweifel, ob dieser Theorierahmen dem Untersuchungsgegenstand hinreichend adäquat ist. Die Frage eignet sich daher vorzüglich, um über die kulturtheoretische Dimensionierung der Konsumsoziologie genauer nachzudenken.

Goffman bietet mit der Theater-Metapher[1] ein Modell für die Analyse des Shopping an, das viele der dramaturgischen Strategien zu erhellen vermag, mit denen Käufer und Verkäufer in direkter Interaktion sowie Stadtplanerinnen, Architektinnen, Dekorateure und Raumausstatter als „Bühnenbildner" der Lokalitäten die Situationsdefinition des Einkaufens beeinflussen und ausgestalten. Aber er hat mit diesem Modell auch klare Festlegungen getroffen: Er ist primär an der Untersuchung von sozialen Konstellationen interessiert, in denen Individuen untereinander „während ihrer unmittelbaren physischen Anwesenheit" auf

[1] Problematische Verwendung findet die Theater-Metapher auch in postmodernen Diagnosen, die es als empirisch evident und nicht mehr hinterfragbar betrachten, daß die Signatur unseres Zeitalters im Spielerischen und Fragmentarischen der kulturellen Lebensformen und Identitätsmuster besteht, vgl. Firat/Dholakia 1998: 157ff. So liefert ihnen das Bild vom allgegenwärtigen „Lifestyle-Shopping" (Shields 1992) noch das Modell für die Integrationsoptionen der vermarktlichten Gesellschaft.

ihre Handlungen wechselseitig Einfluß nehmen (vgl. Goffman 1969: 18). Zwar liefern seine Reflexionen zu den Grenzziehungen zwischen Vorder- und Hinterbühne auch Interpretationshilfen, die das Verhältnis zu räumlich und physisch Abwesenden einbeziehen (vgl. Goffman 1969: 99ff.). Die emotionalen Hemmnisse etwa, in Luxus-Designerläden einfach hineinzumarschieren, als wären sie normale Boutiquen, sind ein vortreffliches Beispiel für Konstellationen sozialer Kontrolle, die sich mit dem Theoriewerkzeug von Goffman gut einfangen ließen. Letztlich interessiert ihn hier aber, wie es den Rollenspielern gelingt, solche Situations- und Grenzdefinitionen aktiv aufrecht zu erhalten oder durchzusetzen, welche Bündnisse und Verschwörungen sie dafür untereinander eingehen, und vor allem: wie sie ihr Selbst hierfür inszenieren oder – was beinahe dasselbe ist – hinter einer gelungenen Fassade verbergen. Der prekäre Status von Selbstinszenierungen und die Schutzvorkehrungen und Taktiken des „impression management", mit denen die Akteure die Krisen des Alltags – kleine Mißverständnisse, einen Fauxpas oder plötzlich auftretende Rollenkonflikte – meistern, liefern Goffmans Folie für eine Theorie des Shopping in Situationen sozialer Kopräsenz. Beim Einkauf via Internet jedoch ist diese Kopräsenz marginal.

Sollten wir deshalb Abstand davon nehmen, Einkaufen im Internet als (Cyber-)Shopping zu bezeichnen und darauf bestehen, daß der sonntägliche Schaufensterbummel auf öffentlicher Bühne mit dem „Window-Shopping" im Cyberspace nicht zu vergleichen ist? Dagegen spricht, daß *Virtualität* auch beim Shopping im Real Life eine große Rolle spielt: Das Besondere am Shopping-Erlebnis besteht nach Falk und Campbell (1997: 4) weniger im Kauf von Waren als in den *Vorstellungen*, die wir uns mittels der Waren über uns selbst und über andere machen.[2] Vorstellungen sind nun beim Einkauf im Internet nicht nur möglich, sondern von zentraler Bedeutung. Dabei sind die Virtualisierungen von der Präsentation in Interaktionssituationen – im Sinne der Bühnen-Vorstellung – freilich in dem Maße abgelöst, wie das technische Medium den sozialen Zusammenhang räumlich und zeitlich dezentriert. Im Unterschied zum Theater-Modell von Goffman ist dies für Kulturtheorien, die an der Zeichenvermitteltheit der Vorstel-

---

[2] Auch bei Goffman (vgl. 1969: 61f.) ist der virtuelle Aspekt der „Vorstellung" wichtig, bleibt aber auf Konstellationen der interaktiven Situationsaushandlung und kopräsenten dramaturgischen Inszenierung im Alltag bezogen. Er arbeitet sehr klar das Problem heraus, daß die Akteure sich für die Darstellung ihres Selbst einer Zeichensprache bedienen müssen, die keinen Zugang zum wirklichen Selbst vermittelt, sondern von den Interaktionspartnern zu interpretieren ist und somit im Bereich von Vorstellungen verbleibt. Genau in dieser Unschärfe der zeichenhaften Repräsentation des Selbst sieht er auch die Anfälligkeit für soziale Störungen und Krisen begründet. Während Goffman sich aber auf Probleme der Performanz, d.h. der mehr oder weniger alltagstauglichen Beherrschung und Kontrolle dieser Unsicherheiten und Unschärfen des Zeichengebrauchs in Interaktionssituationen konzentriert, richten andere Kulturtheorien den Blick auf virtuelle Zusammenhänge und Wechselwirkungen in der Welt der Zeichen, die den Kontext unmittelbarer kopräsenter Aushandlung gerade überschreiten, indem sie Abwesendes in den Vorstellungen relevant werden lassen.

lungen die emergenten Strukturen, lateralen Vernetzungen und Eigendynamiken der Sprache, der Kultur und der Gesellschaft hervorheben, kein auf moderne Massenkommunikationsmedien begrenzter Sonderfall, sondern als Normalfall anzusehen (vgl. de Saussure 2001; Derrida 1974). Wenn wir also die sozialen Wechselwirkungen der Vorstellungen, die beim Shopping relevant werden, mit einem Theoriemodell analysieren, das die Differenzen und Verweisungszusammenhänge sprachlicher Zeichen betont, relativieren sich die Unterschiede zwischen virtuellen und realen Shopping-Welten, und die performativen Eigenschaften des „impression management" verlieren an Erklärungsrelevanz für die kulturelle Praxis des Shopping.

Um sowohl Besonderheiten der (medienvermittelten) Konstellation als auch allgemeine Momente der kulturellen Praxis des Shopping differenziert erfassen zu können, schlagen wir einen theoretischen Analyserahmen vor, der *praxeologische* und *semiologische* Erklärungsansätze umfaßt und sich nicht auf eine dieser Perspektiven vorab festlegt.[3] Während Goffmans interaktionistisches Theater-Modell ein Beispiel für die praxeologische Theoriefamilie abgibt, die das Gewicht auf die körperlichen Bewegungen durch Raum und Zeit, die Präsenz der Anderen und die Materialität der Artefakte legt, betonen Theorien, die wir dem semiologischen Paradigma zuordnen, das Spiel der Zeichen und deren Differenzen losgelöst vom konkreten situationsbezogenen Gebrauch in ihrem strukturellen oder virtuellen Ordnungs- oder Verweisungszusammenhang. Im folgenden erläutern wir die Gegenüberstellung von Praxeologie und Semiologie zunächst schlaglichtartig an einigen prominenten Ansätzen, die in der Soziologie des Konsums und des Shopping mit diesen Perspektiven unterschiedliche Aspekte in den Vordergrund gerückt haben (2). Anschließend zeigen wir auf, wie sich diese Perspektiven in einem heuristischen Theorierahmen zur Analyse des Shopping im Internet aufeinander beziehen lassen und erläutern die entsprechenden Untersuchungsdimensionen an exemplarischen Segmenten des virtuellen Marktplatzes im Internet (3). Die Frage, ob wir im Cyberspace ähnlich shoppen können wie im Real Life oder ob die unterschiedlichen Handlungskonstellationen zwischen diesen kulturellen Konsumpraktiken scharfe Kontraste hervorbringen, diskutieren wir abschließend an ausgewählten empirischen Beispielen aus ersten Interviews, die wir im Rahmen eines Forschungsprojekts zur alltagsökonomischen Nutzung des Internet erhoben haben (4).

---

[3] Ähnlich argumentiert Stuart Hall (vgl. 1999), der die beiden Paradigmen als *Kulturalismus* und *Strukturalismus* bezeichnet. Die Geschichte der „Cultural Studies" und ihrer Medienanalysen gibt eine gewisse Pendelbewegung zwischen diesen beiden Polen der theoretischen Konzeptualisierung zu erkennen, vgl. Hepp 1999. Dabei steht die kulturalistische (hier: praxeologische) Perspektive für die Betonung der aktiven und kreativen Rezeptionshaltung der Subjekte, die in den „Cultural Studies" gegen vorschnelle Manipulationsvorwürfe an die Adresse der Massenmedien betont wird. Umgekehrt erinnert die strukturalistische (semiologische) Perspektive unter Rückgriff auf die Arbeiten Foucaults an den engen Zusammenhang von gesellschaftlichen Diskurs- und Machtordnungen.

2 Soziologie des Shopping im Spannungsfeld von Semiologie und Praxeologie

Nachdem mit Goffmans Theater-Modell bereits ein praxeologischer Ansatz für die Analyse des Shopping vorgestellt wurde, werden zunächst Bausteine der semiologischen Perspektive näher betrachtet. Hierfür sind der Strukturalismus und der Poststrukturalismus zentral. Diese Theorieansätze räumen den differentiellen Verweisungszusammenhängen der Zeichen einen Vorrang vor ihrer konkreten Verwendung durch die handelnden Akteure ein. Das zentrale Argument geht auf die sprachwissenschaftlichen Arbeiten von Ferdinand de Saussure (2001) zurück, der aus der willkürlichen (arbiträren) und deshalb über Konventionen in der Kultur festzulegenden Beziehung zwischen Bezeichnendem und Bezeichnetem (Signifikant und Signifikat) den weitreichenden Schluß gezogen hat, daß die Sprache (langue) als ein virtuelles System unabhängig von den konkreten performativen Gebrauchsweisen (parole) studiert werden kann und sollte. In ihrer linguistisch gewendeten Durkheim-Tradition betrachten die Vertreter der strukturalistischen und poststrukturalistischen Theorien Kultur als (kognitives) Klassifikationssystem, das eine soziale Realitätsebene sui generis bildet und nach eigenen, entweder universellen (Lévi-Strauss) oder historisch sich formierenden (Foucault) Regeln geordnet ist.[4] Das rationale Subjekt der Aufklärung verliert in dieser Perspektive seine Zentralstellung. Es wird im Spiel der Zeichen *dezentriert* – wobei Derrida (1972) an diesem Spiel stärker die Kontingenz und Unabschließbarkeit hervorhebt und strukturalistische Positionen kritisiert, die von geschlossenen Diskurswelten ausgehen. Wie wirkt sich nun das semiologische Denken auf die soziologische Analyse des Shopping aus?

Roland Barthes (1983) kommt das Verdienst zu, das Forschungsprogramm der Semiologie systematisch entwickelt und (wie vor ihm schon Lévi-Strauss) auf solche bedeutungstragenden Zeichensysteme ausgeweitet zu haben, die dem Gebiet der Soziologie näher stehen als der Linguistik. So hat er sich mit der Modewelt einen Untersuchungsgegenstand ausgewählt, der für die Soziologie des Shopping von zentraler Bedeutung ist. Er rekonstruiert die Mode als „En-

---

[4] In der Durkheim-Traditionslinie sehen wir auch die „Cultural Theory“ von Mary Douglas, die das Shopping als aussagekräftiges Untersuchungsfeld betrachtet, weil sich darin kulturelle Abgrenzungskämpfe zwischen privaten Haushalten abzeichnen, die ihrer „Grid-Group-Typologie“ von Risikokulturen entsprechen und funktional auf gesellschaftliche Sphären bezogen sind, vgl. Douglas 1997. Vor allem an der „Verabscheuung der Anderen“, die in den Vorstellungswelten des Shopping eine wichtige Rolle spiele („wer stellt sich so was in die Wohnung?“; „es ist unglaublich, auf was die Leute alles reinfallen!“), zeige sich, wie sich kollektive Klassifikationsschemata hinter dem Rücken der Akteure durchsetzen. Diese Denkschemata gehen auf zwei Differenzierungsmerkmale zurück: den Grad des moralischen Zusammenhalts der Bezugsgruppe (group) und den Grad der gesellschaftlichen Regelungsdichte (grid). Vgl. einführend dazu Karmasin/Karmasin (1997: 27ff.).

semble kollektiver Vorstellungen", wie es sich – losgelöst von der konkreten Praxis des Auswählens, Kaufens und Tragens der Kleidung – als schriftliche Zeichenordnung in den Modezeitschriften niederschlägt (Barthes 1985: 19). Dabei interessiert ihn insbesondere das rhetorische System, das dem jährlichen Wechsel der Kleiderordnung erst einen sozialen Sinn verleiht. Denn als in höchstem Maße arbiträres (wenngleich sehr klar ökonomisch motiviertes) Zeichensystem muß die tautologische Sprache der Mode – wonach als modisch gilt, was gerade nicht außer Mode ist und umgekehrt – durch ein Geflecht von rhetorischen Verweisungen und Konnotationen mit Gründen und Funktionen so angereichert und rationalisiert werden, daß ihre paradoxe Struktur verborgen bleiben kann (vgl. Barthes 1985: 269ff.). Indem sie die Welt der Mode mit Oppositionswerten wie Arbeit und Freizeit, Tätigkeit und Sein, sowie kleinen romanartigen Erzählungen versehen, die vorwiegend aus der Welt der Muße und des Festes stammen, erzeugen die Zeitschriften eine euphorische Stimmung, in der sich die Handelnden aus den Elementen der Mode ein Modell ihrer Persönlichkeit zu kombinieren suchen, obgleich diesen Identitäts-Bausteinen der willkürliche und fragmentarische Charakter diskret produzierter und schon bald entwerteter Signifikanten anhaften bleibt.[5] In das ideologische Geflecht der Naturalisierung des kontingenten Modespiels ist die Shopping-Bühne als ein Mythos, in dem Muße und Tätigkeit zum Ausgleich gelangen, selbst rhetorisch einbezogen (vgl. Barthes 1985: 255ff.). Von der Modesprache geht folglich vor jeder performativen Verwendung eine Macht aus, indem sie den Selbstinszenierungen ein ganzes Drehbuch vorgibt. Diese Macht zeigt sich nicht zuletzt in der Botschaft, daß sich die Körper nach der Mode formen und in ihre Struktur einpassen lassen. Die Vorstellungswelten kontrollieren so die leibgebundenen Praktiken des Shopping.

Bei Jean Baudrillard (1991: 244) wird der Gedanke, daß nicht Waren, sondern Zeichenrelationen konsumiert werden, auf das gesamte Gebiet des Konsums und der Alltagsgegenstände ausgedehnt: „Der Verbrauch ist die virtuelle Totalität aller Gegenstände und Mitteilungen, die in ein mehr oder minder kohärentes Gespräch einmünden". Die Diagnose einer zunehmenden Verselbständigung der Zeichen des Shopping und des Konsums wird hierbei auf den gesellschaftlichen Wandel rückbezogen. So steht die Phase der industriellen Produktion für das Aufkommen eines *Gesetzes der Serie*, das zu erkennen gibt, wie die Wünsche, Bedürfnisse und Konsumpraktiken der Subjekte zum Kalkül einer Zeichenmanipulation werden können (vgl. Baudrillard 1991: 171ff.): Durch den permanenten Hinweis auf andere, bessere, zukünftige und einzigartige Modelle

---

[5] Auf den Bezug der Mode zum Problem, einen Ausgleich zwischen Individualität und Vergesellschaftung zu realisieren, hat schon Simmel (1986) hingewiesen. Auch er hat die Paradoxie aufgezeigt, daß die individuelle *Besonderung* sich hier im *Immergleichen*, im ständigen Auf und Ab der Mode vollzieht.

orientiert die Serie den Massenkonsum auf ein virtuelles Ideal, das unerreichbar ist und dadurch die Produktionsmaschinerie am Laufen hält. Die Gegenstände verlieren hier ihren funktionalen Rückhalt in den eingelebten alltagskulturellen Traditionszusammenhängen des Bürgertums und ermöglichen so ein virtuelles Spiel der freien Wahl und Kombinatorik, das die Handelnden auf sublime Weise in die kapitalistische Wirtschaftsordnung integriert. Dafür bürgt der moderne Katalog-Einkauf ebenso wie der Kredit oder die Werbung, die allesamt eine formelle Emanzipation der Konsument(inn)en befördern, sich dadurch aber auch der Komplizenschaft mit der Produktionsordnung versichern. Deutet sich hier bereits ein dynamischer Zusammenhang zwischen den Sinnwelten des Shopping und den medialen Formen der Zeichenrelationen an, so vollendet sich dieser in der gegenwärtigen Phase des Informationszeitalters: Durch die umfassende Integration im Medium des digitalen Codes schließe sich das Spiel der Zeichen in einem gesellschaftlichen Simulationszusammenhang ab, der eine exakte Verdopplung der Realität verspreche, sie damit umfassend definiere und neu erschaffe, aber zugleich hinter dem Prozessieren eines einheitlichen binären Schemas auch verschwinden lasse (vgl. Baudrillard 1988).

Bei Baudrillard verliert die Unterscheidung von Internet- und Real-Life-Shopping somit ihren Sinn. Allerdings werfen sozial- und kulturwissenschaftliche Analysen zur *Mediennutzung* die Frage auf, ob technische und semiotische Strukturen nicht doch stärker als Ausdrucksmittel oder Ressourcen aufgefaßt werden müssen, die soziale Akteure kontextabhängig einsetzen, um ihre Alltagsprobleme zu bewältigen. Eine Reihe von „Cultural Studies“ etwa arbeiten die eigensinnigen *Aneignungspraktiken* heraus, mit denen spezifische Gruppierungen die populärkulturellen Sinnangebote der Massenmedien aufnehmen, sie für ihre Belange kreativ umwerten, mit lokalen Gemeinschaftsnormen kombinieren und so in ihre subkulturellen Sinnwelten eingliedern (vgl. Hörning/Winter 1999). Diese Sichtweise nähert sich bisweilen der fragwürdigen Annahme von „Konsumenten-Souveränität“, um sie dann etwas unvermittelt durch einen „Foucault-Effekt“ zu kompensieren, womit das Bestreben vieler Studien gemeint ist, sozialen Machtverhältnissen in den Mechanismen und Strukturen der *polyvalenten* medialen Kulturproduktion nachzuspüren (vgl. Hepp 1999: 146ff.). Die Cultural Studies deuten damit aber Möglichkeiten einer Synthese an, die weder den Macht-, Medien- und Symbolstrukturen ihre sozialen Ordnungseffekte – zumal in ökonomischen Kontexten – noch der Alltagspraxis ihre kulturtransformierenden Kapazitäten und Gegenmachtpotentiale abspricht.

Insofern praxeologische Analysen der Kulturaneignung das subjektzentrierte Modell rationaler Wahlhandlungen bereits relativieren, tragen sie dem „Linguistic Turn“ der Kulturtheorie Rechnung (vgl. Reckwitz 2003). Sie kritisieren jedoch am semiologischen Textparadigma die Tendenz zur „Entmaterialisierung“ des

Sozialen und betonen demgegenüber die körperlichen „performances", das implizite Routinewissen und die Materialität der Artefakte, die einer Ablösung und Verselbständigung der virtuellen Zeichenwelten gegenüber den lokalen Handlungskontexten Grenzen setzen. Auch bleibt in diesen Ansätzen das Subjekt in der Art und Weise, wie es von der Werbung, den Medien, den Gegenständen des Konsums, dem Geld usw. *Gebrauch* macht, zumindest insoweit pragmatisches Entscheidungszentrum, als seine in einem komplexen individuellen Bildungsprozeß erworbenen „skills", das „know-how" und die Dispositionen seines Habitus diese Aneignung steuern. Die Inkorporierung „kulturellen Kapitals" (Bourdieu 1982) läßt sich aus praxeologischer Perspektive nicht unabhängig von den kreativen Alltagsleistungen des situationsbezogenen Handelns verstehen (vgl. de Certeau 1988; Giddens 1992). Mit der Betonung materieller und leibzentrierter Aspekte rücken die praxeologischen Ansätze die *raumzeitliche Positionalität und Sequenzialität* der Praxis wieder in den Vordergrund, so daß der Vergleich von Real-Life- und Internet-Shopping deutliche Kontraste zwischen diesen Konsumpraktiken erwarten läßt.

Zwar überschneiden sich diese zwei Handlungskontexte auch unter Gesichtspunkten der Materialität von Artefakten und der medialen Substrate der Zeichen in vielerlei Hinsicht – etwa in der Nutzung von Bildmedien in der Werbekommunikation, die auch in realen Einkaufsmeilen oft von Bildschirmen flakkert, oder in der elektronischen (Kredit-)Kartenzahlung auf der Basis digitalisierten Geldes, die schon lange zum allgemeinen Shopping-Inventar gehört, also kein Spezialfall des Internet ist. Die Shoppingpraktiken dürfen daher nicht vorschnell mit dem Hinweis auf die Materialität der Handlungskontexte voneinander abgegrenzt werden. Selbst die musikalische Untermalung des Einkaufs und Geräuschkulissen müssen nicht Sache realer Kaufhäuser bleiben – irgendwann vielleicht nicht einmal der Einsatz „anregender Düfte" (vgl. Underhill 2000: 223). Aber viele Aspekte der Materialität erzeugen relevante Unterschiede zwischen den betrachteten Shopping-Praktiken, weshalb sie keineswegs zu vernachlässigen sind. Dies beginnt bei der Materialität der Waren selbst (vgl. Miller 1998: 137ff.): Der physischen Präsenz der meisten Warenarten sind im Internet unüberwindbare Schranken gesetzt. Dafür hat es der User am heimischen PC mit einem technischen Artefakt zu tun, das Tücken und Eigengesetzlichkeiten eigener Art ins Spiel bringt.[6] So muß man im Real Life nicht erst „Plug-Ins" downloaden, um Waren anzuschauen. Noch deutlicher werden die Unterschiede, wenn

[6] Zahlreiche Medientheorien – von McLuhan und de Kerckhove über Virilio bis Kittler – zeigen die Eigendynamik medialer Infrastrukturen an der Kapazität zur *Umsequenzierung* lokaler Alltagspraktiken auf. Dominieren im Internet alltagskulturelle Relevanzen die Aneignungs- und Gebrauchsweisen der Maschine oder passen diese sich einem unverfügbaren System von algorithmisch programmierten raumzeitlichen Vernetzungen nur noch an, vgl. die Beiträge in Lagaay/Lauer 2004.

die raumzeitliche Positionalität der Körper und die Sequenzialität der Praktiken in beiden Shopping-Kontexten mitberücksichtigt werden. Im einen Falle vermittelt ein globales Netz von Rechenmaschinen in Echtzeit zwischen räumlich isolierten, nahezu bewegungslosen Körpern und einem unfaßbar großen Warenuniversum (vgl. Rötzer 2002). Im anderen Falle bleiben Raum und Zeit viel stärker verkoppelt, weshalb etwa die Architektur von Einkaufszentren bedeutsam wird und „Shoppen gehen" darin ganz wörtlich aufzufassen ist (vgl. Shields 1992; Satterthwaite 2001). Schon Walter Benjamin (1974) wollte zeigen, in welchem Maße die Wahrnehmungs- und Aneignungsweisen der kapitalistischen Konsumwelten von Parametern der Passagenarchitektur, von atmosphärischen Lichtverhältnissen und der Wirkung räumlicher Größe sowie insbesondere vom spezifischen Nähe- und Distanzverhältnis beeinflußt sind, das der Flaneur zur Menge der Konsumenten sorgsam einhält. Findet der „Cyberflaneur" oder die „Cyberflaneuse" (Hartmann 1999) für das Wechselspiel von ästhetischer Verzauberung und schockartiger Ernüchterung, das nach Benjamin erst den Rausch beim Shopping begründet, im Internet geeignete Äquivalente, oder sind die Konsument(inn)en in diesem Kontext doch ganz anders zur Ordnung des Marktes positioniert?

3 Zur kulturtheoretischen Dimensionierung des „Shopping im Internet"

Für die Analyse des „Shopping im Internet" gilt es, die verschiedenen kulturtheoretischen Dimensionen, die im Gegenstandsfeld des Konsums den vorangegangenen Überlegungen zufolge relevant werden können, adäquat aufzugreifen. Hierfür schlagen wir ein heuristisches Modell des Marktplatzes Internet vor, das im folgenden an einzelnen exemplarischen Segmenten der virtuellen Alltagsökonomie erläutert wird. Wir legen darin *drei analytische Dimensionen* zugrunde – eine Sach-, eine Sozial- und eine Raum-Zeit-Dimension, die uns für die Kontrastierung von Shopping-Praktiken geeignet erscheinen. Erst eine solche komplexe kulturtheoretische Dimensionierung der Konsumsoziologie, wie wir sie mit unserem Modell vorschlagen, vermag zu klären, welche Distanzen und Diskontinuitäten zwischen den Konstellationen des Real-Life- und des Internet-Shopping empirisch bestehen und welche Bedeutung praxeologischen bzw. semiologischen Ansätzen bei dem Versuch zukommt, dieses Spektrum moderner Shopping-Praktiken soziologisch zu erhellen.

a) In der *Sachdimension* des Konsums unterscheiden wir Marktsegmente nach der Art der Waren, um die es geht. Die Achse verläuft hier zwischen Konsumpraktiken mit hohen *materialen* Anteilen einerseits und hohen Anteilen *digitaler Zeichenhaftigkeit* andererseits. Ein beinahe schon klassisches Beispiel für die erste Seite ist Amazon.de. Hier verlängern sich primär die aus dem *Versand- und Distanzhandel* seit längerem bekannten, also alltagspraktisch etablierten Strukturen (das Blättern und Suchen, das Ausfüllen eines Bestellformulars, die Warenversendung per Post, die Bezahlung per Rechnung, Bankeinzug oder Kreditkarte usw.) in das Medium Internet hinein. Zugleich wird deutlich, daß dieses Feld durch materiale Eigenschaften und Qualitäten der Artefakte und die raumzeitliche Distanz der Handelsbeziehung auf spezifische Weise limitiert ist, was z.B. an den Schwierigkeiten deutlich wird, Lebensmittel auf diesem Weg zu vertreiben. Diese materialen Grenzen des klassischen „Remote-Shopping" lassen sich durch Virtualisierungen im Internet vermutlich kaum verschieben.

Am anderen Ende des Kontinuums finden wir Felder des Marktplatzes Internet, in denen die Materialität der Waren nahezu vollständig hinter ihrer Zeichenhaftigkeit zurücktritt. Sämtliche *digitalen Waren*, die direkt aus dem Netz beziehbar sind, seien dies nun Musikstücke, Informationen (Wissen), Bilder, Filme, Texte oder auch Geld, basieren letztlich auf einem einheitlichen informationstechnischen Zeichencode, der durch die Zugriffsstruktur des weltweiten Computernetzes unabhängig von weiteren physisch greifbaren Trägern (etwa der CD als Ton- oder Datenträger) und herkömmlichen Vertriebswegen zirkulieren kann (vgl. Negroponte 1995). Hier finden sich ungeahnte Ausbreitungsmöglichkeiten für ein autonomes Spiel der Zeichen, und es gilt zu untersuchen, ob sich die soziale Welt des Shopping darin als virtuelle Konstruktion wiedererrichten, also erfolgreich simulieren läßt. Denn materiale Bedingungen der Knappheit etwa müssen hier – angesichts der beliebig vielfachen verlustfreien Reproduzierbarkeit der Waren – erst künstlich mitproduziert werden (vgl. Engemann 2003).

b) Ob und wie sich mit der Digitalisierung Spielregeln des Marktes verändern, ist eine Frage, die auch die *soziale Dimension* des Internet betrifft. In dieser Dimension lassen sich soziale Beziehungsformen, in denen *Regeln und Kulturen eines offenen und transparenten Marktes* belebt werden, von solchen ökonomischen, technischen und symbolischen Strukturen des Cyberspace unterscheiden, die Machtressourcen ungleich verteilen und so *hierarchische Zugriffsmöglichkeiten* der Produzenten auf die Konsument(inn)en erweitern.

Für die eine Seite dieser Dimension liefert das Internetauktionshaus eBay ein einschlägiges Beispiel. Wichtig sind hier die soziale Offenheit und der Aushandlungscharakter der Tauschprozesse. In den Versteigerungen wird mit anonymen Anderen vermittelt durch einen technischen Bietagenten der Preis für ein Angebot aktiv ausgehandelt und erst mit dem zeitlichen Auslaufen der Auktion festgelegt. Das Einkaufen erhält so Züge eines Wettspiels. Hier läßt sich die Frage anschließen, inwiefern der Erfolg dieses Handlungsfeldes mit der Rückkopplung an die alltagspraktischen Kompetenzen der Handelnden unmittelbar zusammenhängt: Zwar werden die Konsumpraktiken auch im Falle von eBay aus gewohnten Kontexten entbettet, aber – so ließe sich praxeologisch argumentieren – ohne die alltagspraktischen „skills" und das implizite Wissen außer Kraft zu setzen. Die *egalitäre Grundstruktur* von eBay, die es jedem Mitglied ermöglicht, als Käufer wie als Verkäufer aufzutreten, kultiviert vielmehr umgekehrt den sozialen Perspektivenwechsel zwischen Abwesenden, die um die Bedeutung wechselseitigen Vertrauens wissen (das hier durch wechselseitige Bewertungen gesichert werden soll). „EBayer" lernen also, daß sie „marketmakers" sind, die das, was vordem Shopping war, jetzt als „Kaufsport" betreiben, dessen massenhafte Ausübung in gesteigerter „Konsumentenfitness" mündet (vgl. Priddat 2004).

In anderen Bereichen des Marktplatzes Internet läßt sich demgegenüber die Herausbildung *asymmetrischer Chancenstrukturen* bis hin zu *hierarchischen Machtverhältnissen* erwarten. Auf ein für die semiologische Verknüpfung von Zeichen- und Machttheorie sowie die Szenarien einer Überwachungsgesellschaft besonders charakteristisches Beispiel weist die Diskussion um den „gläsernen Konsumenten" hin, dessen Datenspuren gesammelt und ausgewertet werden, um längerfristige Kundenbindungen zu gestalten und den Zugriff auf die Lebenszeit der Konsument(inn)en – auf ihren „Life-Time-Value" – seitens der Unternehmen zu sichern (vgl. Rifkin 2000). Als Kommunikations- und Speichermedium zugleich erweitert das Internet die Voice- und Kontrolloptionen zwischen „Business" und „Consumer" zwar prinzipiell in beide Richtungen (vgl. van Bömmel 2003). Entscheidend ist jedoch, wie Vertragsverhältnisse (z.B. Lizenzrecht) konkret ausgestaltet werden und die Machtressourcen und Zugriffschancen auf die Informationen und Datenspuren darin verteilt werden. Ein anderes Beispiel dafür, wie Anbieter soziale Abhängigkeitsstrukturen etablieren, die den Kunden durch Netzwerk- und Lock-In-Effekte (Goldhammer 2002, S. 111ff.) die exit-Option (Hirschman 1974) erschweren, stellen „digitale Dienstleistungen" dar, wie sie in der Mobilfunkbranche eingesetzt werden (vgl. Hanekop/Tasch/Wittke 2001). Neben der Änderung der Dienstleistungsqualität, die in vieler Hinsicht einen individuelleren Kundenzuschnitt erhält, ändern die Anbieter zugleich den Kommunikations- und Service-Modus und verlangen dem Konsumenten via Internet die informierte Mitarbeit an der digitalen Dienstleistungserstellung ab – wodurch sie Arbeitskosten auf die „neuen Prosumenten" abwälzen.

c) Unterstützung könnte die Allianz von digitalen Zeichen und neuen sozialen Macht- und Kontrollformen, die einen Gegenpol zur reziproken Situations- und Vertrauensaushandlung in offenen Foren oder Plattformen darstellen, durch Strukturen des technischen Mediums erfahren. Im Sinne Ritzers (1999; 2001) gilt es hier, die spezifischen Mittel des Konsums auf ihre selektiven Effekte in den Konsumpraktiken hin abzuklopfen. Interessanterweise reproduziert sich der kulturtheoretische Paradigmenstreit, von dem wir ausgegangen sind, in techniksoziologischen Diskussionen um die Frage, ob die Computertechnik sich der

Beschreibung als *praktisches Gebrauchsmittel* noch fügt oder ob ihr der *Status eines eigenständigen Aktanten* zukommt (vgl. Hörning 2001; Latour 1995). Die Kontraste liegen hier in einer *Raum-Zeit-Dimension*, insofern der routinisierte praktische Gebrauch eine gewisse Einbindung der Technik in die *Sequenzialität* des Alltags erfordert, wohingegen die technischen Aktanten die Führung in solchen Fällen übernehmen, in denen die *Eigenzeiten* informationstechnischer Abläufe und die *räumlichen Netzeffekte* der weltweiten Datenströme die Relevanzen der Nutzer umzuprogrammieren beginnen (vgl. Castells 2003; Funken/Löw 2003; Stegbauer 2002). Exemplarisch lassen sich hierfür Geldzahlungssysteme der Internetökonomie kontrastieren.

Ein Beispiel für Zahlungsweisen mittels Internet, die eine geringe Eingriffstiefe der technisch-medialen Strukturen gegenüber alltagspraktischen Gebrauchsweisen zu erkennen geben, ist das einfache *Home-Banking*. Hier werden in erster Linie bekannte Praktiken des Überweisens, Schaltens von Daueraufträgen, der Umsatzabfrage und Kontoüberwachung mittels Auszügen, des Hantierens mit PIN-Nummern usw., die bereits im „Real Life" durch digitale Technologie geprägt sind, von einigen weiteren räumlichen und zeitlichen Friktionen befreit. Man erledigt jetzt von zu Hause oder einem beliebigen Internetzugang aus, wofür man vorher zur nächsten Bankfiliale oder zum Geldautomaten gehen mußte. Zu fragen ist hier, wovon die *gebrauchsförmige* Aneignung des Konsummittels abhängt. Wir vermuten, daß hierfür technische Kontrolloptionen zentral sind, die im Falle der „Online-Zahlung" mittels Überweisung dem Nutzer z.B. jederzeit volle Übersicht über die Budgetauswirkungen gestatten.[7]

Bei anderen Formen der Online-Zahlung veranlaßt die Technik dagegen automatisch den Zahlungsvorgang, koppelt ihn aber zeitlich von der Einkaufshandlung insofern ab, als die Wirkungen auf das Haushaltsbudget erst verzögert sichtbar werden. Beispiele sind neben der Kreditkartenzahlung Systeme wie „Click and buy". Brisant sind diese Zahlungssysteme vermutlich erst in ihrer Verschränkung mit anderen Aspekten des Konsummittels Internet – man denke an elektronische Börsendienste, mathematische Finanzmarktmodelle, Preissuchmaschinen, Käuferprofilvergleiche usw. –, deren technische Eigenzeiten und Netzeffekte die Handlungsorientierungen durch unzählige externe Relevanzsetzungen dezentrieren. Ritzer (2001: 155) betont in diesem Zusammenhang auch die wiederverzaubernden Wirkungen des Cyberspace, der ähnlich den Auslagen

---

[7] Interessant ist in diesem Zusammenhang etwa der Erfolg des spezifischen Kartensystems der Schweizer Migros-Gesellschaft, das es den Kunden nach jeder Transaktion ermöglicht, ihren aktuellen Kontostand zu überprüfen: Arnd Weber (1997) hat zeigen können, daß dieses System einem (zumindest in den deutschsprachigen Teilen der Schweiz) kulturell tiefverwurzelten und in protestantischen Traditionen begründeten Bedürfnis entgegenkommt, „Kontrolle über das eigene Handeln zu behalten".

in Einkaufszentren oder -passagen auf eine unendlich wirkende Vielfalt kaufbarer Waren verweist, die sich mit wenigen Mausklicks scheinbar folgenlos in den großen virtuellen Einkaufswagen hineinwerfen und erwerben lassen. Das elektronische Geld ist im Unterschied zum realen Bargeld freilich keineswegs ohne Gedächtnis, sondern legt den Konsument(inn)en eine Art „elektronisches Halsband" an (vgl. Haesler 2002).

Abb. 1: Marktplatz Internet – Dimensionen des Handlungsraumes

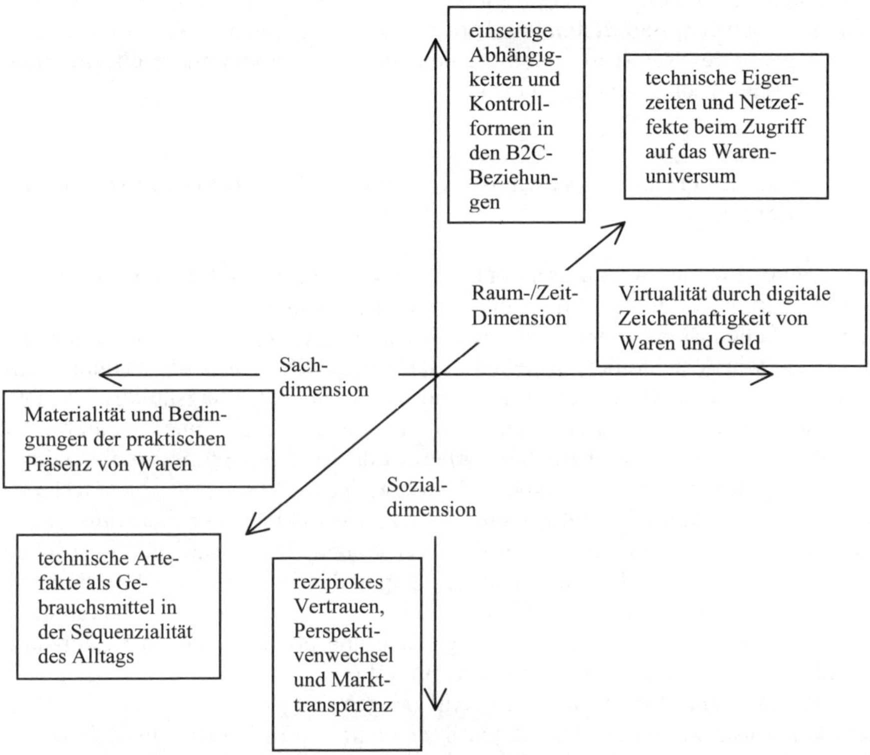

Wie die zusammenfassende Darstellung in Abb. 1 zeigt, umfaßt unser heuristisches Modell sowohl solche Perspektiven auf das Shopping im Internet, die in praxeologischen Theorien dominieren (links unten), als auch solche, die von (post-)strukturalistischen, macht- oder emergenztheoretischen Ansätzen betont werden (rechts oben). Zudem vermag es, beide Paradigmen entlang der drei Dimensionen direkt aufeinander zu beziehen. Konkrete ökonomische Handlungsfelder und Konsumpraktiken im Internet weisen freilich vielfältige Kombinationen der im Modell analytisch unterschiedenen strukturellen Parameter auf. Auch die zur Erläuterung der Dimensionen exemplarisch gegenübergestellten Marktsegmente wie Internetauktionen, Musiktauschbörsen oder virtuelle Versandhäuser werden durch die idealtypischen Eigenschaften keineswegs erschöpfend beschrieben. Es kam bislang nur darauf an, die relevanten kulturtheoretischen Analysedimensionen und Aspekte für den Gegenstandsbereich des Online-Shopping an Beispielen zu konkretisieren. Um zu klären, wie die „virtuelle Alltagsökonomie“ empirisch strukturiert ist, welches Spektrum an Shopping-Praktiken sich darin abzeichnet und in welchen Hinsichten diese sich vom Retail-Shopping des Real-Life unterscheiden, sind Konsumpraktiken im virtuellen Handlungsraum selbst zu untersuchen.

4 (Online-)Shopping zwischen alltagsökonomischer Praxis und virtueller Einkaufswelt

Im folgenden wollen wir an drei kontrastiven Fallbeispielen[8] konkreter Konsumpraktiken in der virtuellen Alltagsökonomie die Eingangsfrage, ob wir online im herkömmlichen Sinne shoppen können, wieder aufgreifen. Dafür gilt es genauer zu klären, wie Aspekte der virtuellen Zeichenwelten, sozialen Macht- und technischen Medienstrukturen einerseits und Faktoren der alltagskulturellen und -ökonomischen Praxis, ihrer Sequenzialität, Kontextgebundenheit, Materialität und ihres Aushandlungscharakters andererseits in diesen Fällen des Online-Shopping genau zusammenwirken, sich wechselseitig limitieren oder interferieren. Indem wir deren Verhältnis und relative Gewichtung genauer eingrenzen, kommen wir einer Bestimmung der Differenzen und Gemeinsamkeiten zwischen den unterschiedlichen ökonomischen, sozialen und kulturellen Handlungskontexten des Retail- und des Online-Shopping nicht nur näher, sondern können auch im Paradigmenstreit zwischen semiologischen und praxeologischen Kultur- und Sozialtheorien zumindest ansatzweise vermitteln.

a) Autonomie der Lebenspraxis: Auf die ganz allgemeine Frage hinsichtlich der ökonomischen Online-Aktivitäten ihrer Familie gibt Frau G. an, daß sie „ja eigentlich nur ganz wenig im Internet machten“, und daß sie die Dinge, die sie einkauft, „lieber erst einmal angreift“, also ausprobiert. Ohne darauf besonders befragt worden zu sein, fügt sie hinzu, daß dies auch der Grund sei, warum sie

---

[8] Die Beispiele entnehmen wir aus Vorstudien zu einem empirischen Forschungsprojekt zur „virtuellen Alltagsökonomie“, an denen neben den Autoren auch Sighard Neckel beteiligt war. Ihnen liegen Daten aus narrativen Interviews zur konsumpraktischen Nutzung des Internet zugrunde, die mit hermeneutischen Methoden sequenziell analysiert wurden.

und ihr Mann „so gut wie nicht" aus dem Katalog bestellten. So habe sie einen Arbeitskittel für die Hausarbeit über ein Versandhaus bestellt, der dann nicht paßte und zurückgesandt werden mußte. Da Frau G. diese Analogie ganz naturwüchsig und unvermittelt herstellt, läßt sich schließen, daß für sie das Internet quasi die elektronische Variante eines Versandkatalogs darstellt und aus ähnlichen Gründen wenig attraktiv ist.

Daran zeigt sich zunächst, wie durch milieukulturell verankerte und biographisch aufgeschichtete Deutungsmuster und Handlungsorientierungen in den Konsumpraktiken starke Resistenzen dem Internet gegenüber wirksam werden können, die dessen virtuelle Verweisungshorizonte und technischen Potentiale von vornherein limitieren. Weil es für sie unabdingbar scheint, Urteile über Qualität und Beschaffenheit einer Sache auf der Grundlage unmittelbarer Erfahrungen zu fällen, ist Shopping für Frau G. nicht ohne Konsequenzen für die Qualität des Vorgangs in die digitale Welt des Internet verlängerbar. Hierbei spielt die Materialität der Güter eine wesentliche Rolle. Hinzu kommt aber auch ein allgemeines Mißtrauen gegenüber Anbieter-Beziehungen, die aufgrund ihrer technischen Vermitteltheit die lokalen Kontexte neutralisieren und die Möglichkeiten der Situationsaushandlung stark beschneiden. Würde Frau G. nun zum Kern von Internetverweigerern gehören (vgl. Gerhards/Mende 2002) oder technikfeindlich eingestellt sein, so könnte dieser Fall sicher wenig über das große Nutzerspektrum aussagen, das gerade wegen der alltagsökonomischen Verwendungsmöglichkeiten des Internet auch in jüngster Zeit noch unerwartet starke Zuwächse der Internetnutzung herbeigeführt hat vgl. (Eimeren/Gerhard/Frees 2003, S. 342ff.). Aber weder ist sie technikfeindlich – ihr Mann ist Ingenieur – noch verweigert sie sich prinzipiell dem Online-Shopping.

An ihrer Erzählung von Fällen, bei denen Frau G. schließlich doch Güter mittels Internet bezieht, läßt sich daher näher prüfen, inwiefern sie die mit ihrer restriktiven Nutzung verknüpften Autonomieansprüche beim Shopping und Konsumieren auch tatsächlich durchhält. So berichtet Frau G., daß sie und ihr Mann regelmäßig Musik-CDs über den Online-Versender Amazon beziehen. Die Begründung hierfür ergibt sich zunächst ganz pragmatisch aus Organisationsproblemen: Da es in ihrem Wohnort kein gut ausgestattetes Musikgeschäft gebe, wären sie gezwungen, in die nächst größere Stadt zu fahren, um die von ihnen gewünschten Titel – es handelt sich in überwiegendem Maße um „ernste" Musik – zu beziehen. Geht man nun aber davon aus, daß die von Amazon zur Verfügung gestellten Hörbeispiele für die Beurteilung komplexer musikalischer Werke wenig geeignet sind und die von anderen Kunden verfaßten Rezensionen und Besprechungen ebenfalls nur digital vermittelte *sekundäre Erfahrungen* darstellen, könnte man annehmen, daß die Familie hier – gegen den zuerst unterstellten Habitus eines defensiven Einkaufverhaltens – doch den Verlockungen des „einfachen Aussuchens und Bestellens“ erliegt und ohne vorherige Prüfung und Kontrolle die Waren bezieht. Es stellt sich aber im Verlauf der Erzählung heraus, daß die eben erwähnten Träger sekundärer Erfahrungen (Tonbeispiele und Onlinerezensionen) keinerlei Relevanz für die Kaufentscheidung haben. Frau G. versichert, daß ausschließlich „objektive Informationen“ wie Dirigent, Orchester, Solist etc., die aufgrund einer langjährigen Hörerfahrung Gültigkeit erlangt haben, ausschlaggebend sind für die zu treffende Entscheidung.

Der hohe Kontrollanspruch bezüglich der entscheidungsrelevanten Kriterien bleibt also auch im Falle der Nutzung des Internet für Shopping- oder Konsumzwecke konstitutiv. Das in einem spezifischen bildungsbürgerlichen Milieu angeeignete kulturelle Kapital liefert hier die Gewähr dafür, daß nur solche Güter im Internet gekauft werden, deren Qualitätsausweis nach Gesichtspunkten, die für die Aufrechterhaltung der lebenspraktischen Autonomie wichtig sind, vollständig erbracht ist. Dies setzt nicht zwingend die physische Präsenz der Ware oder Anwesenheit von Verkäufer(inne)n voraus, verhindert aber, daß sich Frau G. auf das Internet als Medium des Konsums auch dann einläßt, wenn ihre familiengeschichtlich verankerten alltagspraktischen Souveränitätsansprüche ungesichert erscheinen, d.h. Kriterien entscheidungsrelevant werden, die sich nicht an das Erfahrungswissen direkt anschließen lassen. Indem Frau G. das Internet als *ein* Mittel des Konsums unter vielen weitestgehend emotionsfrei dann nutzt, wenn es nach lebenspraktischen Kriterien angemessen erscheint, ist sie in der Lage, Verselbständigungseffekte des Mediums zu umgehen, ohne auf der anderen Seite dessen Nutzung vollständig ablehnen zu müssen. Hinsichtlich der Frage, inwieweit die Praxis des „Shopping“ ungebrochen in den Cyberspace hinein verlängert werden kann, scheint dieser Fall die von Ward (2001) formulierte These zu stützen, daß zwar zwischen der herkömmlichen Katalogbestellung und der Nutzung des Internet als Einkaufsplattform ein hohes Maß an Substituierbarkeit besteht, kaum aber zwischen dem Online- und dem Retail-Shopping.

b) Die Verselbständigung der Zeichen: Das Kontrastbeispiel liefert der Fall eines 31-jährigen selbständigen Psychologen und Programmierers, dessen virtuelle Konsumpraktiken der These von der fortschreitenden Verselbständigung der Zeichensysteme gegen ihre materialen Voraussetzungen einige Plausibilität verleihen. Konkret handelt sich bei diesem Beispiel um die Beschreibung der Strategien, mit denen Herr A. einen „exklusiven Wein“ über das Internet erwirbt. Herr A. „postet“ zu diesem Zweck in einem Weindiskussionsforum die Aussage: „Alle spanischen Rotweine sind scheiße“. Er gibt an, daß er sich aufgrund seiner Erfahrung mit diesem Forum sicher sein könne, daß sich in den durch seine Provokation ausgelösten, ob der Pauschalität seiner Aussage empörten Diskussionen vertrauenswürdige Hinweise und Empfehlungen bezüglich guter spanischer Rotweine sowie der Bezugsquellen finden lassen. Einer dieser Empfehlungen folgend, bestellte Herr A. dann einige Flaschen über einen spanischen Weinversender. Auf die Nachfrage, warum er sich nicht auch bei einem ortsansässigen Weinhändler beraten lasse, bei dem zumal die Möglichkeit bestehe, ein empfohlenes Produkt auch zu probieren, gab Herr A. an, daß er als „Kind des Internet" dieses eben als primäre Informationsquelle nutze. Er könne auch nicht davon ausgehen, daß der ansässige Weinhändler die im Diskussionsforum ausgesprochene Empfehlung führe, so daß ein Probieren dort aller Wahrscheinlichkeit nach nicht möglich sei. Zum Schluß ist anzumerken, daß Herr A. in seiner Erzählung keinerlei Angaben oder Hinweise auf seine unmittelbare Erfahrung beim Genuß bzw. Konsum eben dieses Weines macht.

Dieser Fall ist im Vergleich zu den Konsumpraktiken von Frau G. deshalb aufschlußreich, weil beim Lebens- und Genußmittel Wein ebenfalls erfahrungsgesättigte kulturelle Urteilskompetenzen eine Rolle spielen und Herr A. diesbezüglich einen ähnlich hohen Autonomieanspruch demonstriert. Allerdings ist er faktisch nicht in der Lage, zwischen den internetvermittelten Diskussionsbeiträgen über Wein, also sekundären Erfahrungen, und jenen im unmittelbaren Verzehr angeeigneten und im Zuge der Habitusbildung ausgeformten Unterscheidungskriterien wie Geschmack, Geruch etc. zu differenzieren. Statt dessen gründet er seine Erfahrungen und Urteilskompetenzen auf seine lange und intensive Auseinandersetzung mit dem Medium Internet, das er in allen Facetten zu durchschauen und deshalb kontrolliert einzusetzen vermöge. Daraus leitet er die Überzeugung ab, mit großer Sicherheit an die für seine Konsumzwecke wesentlichen Informationen zu gelangen – gegebenenfalls auch mit ganz unkonventionellen Methoden. Daß Herr A. nun den Erwerb eines „exklusiven Weines" aber als Beispiel zur Demonstration seiner Medienkompetenz wählt, illustriert bereits, wie sehr seine Konsumpraktiken von den Gesetzlichkeiten dieses Mediums geleitet werden. Insbesondere von den technikbasierten raum-zeitlichen Extensionen diskursiver Informationsnetze, deren Zeichen und Verweisungszusammenhänge längst ihre Eigengesetzlichkeiten ausgebildet haben – wie das Beispiel des Diskussionsforums zeigt, in dem spezifische Codes dazu dienen, den anonymen Kommunikationszusammenhang erst in Schwingungen zu versetzen und seine vielschichtigen Signale sodann zu dechiffrieren –, gehen hier die Relevanzsetzungen für die alltagsökonomische Praxis aus. Indem er die materialen Qualitäten des von ihm erworbenen Genußmittels hinter diese arbiträren, nicht mehr mit primären Erfahrungen vermittelten Informationswerte vollständig zurückstellt, demonstriert Herr A., wie sehr sein Denken und Handeln durch das „Mittel des Konsums" (Ritzer 1999, 2001) und dessen spezifisches Virtualisierungs- oder Simulierungspotential bereits in Regie genommen ist.

Was besagt dieser Kontrast zwischen den Konsumpraktiken von Frau G. und jenen von Herrn A. für die Gegenüberstellung praxeologischer und semiologischer Theorieansätze in der Soziologie des Shopping? Zunächst läßt sich festhalten, daß hier beide Paradigmen gewisse empirische Evidenzen vorfinden. Im Falle von Herrn A. scheint das Internet mit seiner nicht mehr überschaubaren Informationsvielfalt tatsächlich eine Fixierung auf zeichenvermittelte Sinn- und Deutungshorizonte virtueller Einkaufswelten massiv zu fördern, wohingegen bei Frau G. ihre milieukulturell verankerten Performanzen und Entscheidungskriterien die alltagsökonomischen Einsatzmöglichkeiten des Internet von vornherein stark limitieren. Während in ihrem Fall das Einkaufen im Cyberspace von der „realen" Welt des Shopping weitgehend getrennt bleibt, scheint Herr A. die Diagnose von Baudrillard zu bestätigen, wonach sich die Zeichenwelten des Konsums tendenziell verselbständigen und eine Differenzierung zwischen Online- und Offline-Shopping eher hinfällig werden lassen. Wenn es auf materiale Eigenschaften der Waren und experimentelle Auseinandersetzungen in Kontexten der Unmittelbarkeit, in denen das Shopping starken Körpereinsatz fordert und Erfahrungen der sozialen Kopräsenz vermittelt, nicht mehr ankommt, dann bieten die virtuellen Welten des Cyberspace tatsächlich ein umfassendes Äquivalent für die Shopping-Erlebnisse aus dem Real Life.

Allerdings bleiben die kulturtheoretischen Paradigmen in dieser exemplarischen Gegenüberstellung auch weitgehend unvermittelt nebeneinander bestehen. Soll deren theoretisches Verhältnis am empirischen Material geklärt werden, so müßte genauer bestimmt werden, wie die Dispositionen und Faktoren der alltagsökonomischen Praxis einerseits und der virtuellen Einkaufswelten andererseits in den Shopping-Praktiken so unterschiedlicher Konsumtypen, wie sie Herr A. und Frau G repräsentieren, jeweils konkret zusammenwirken. Im ersten Fall macht das habitualisierte kulturelle Kapital Frau G. für bildungsbürgerliche Diskurse anschlußfähig, deren virtuell unendliche Verweisungshorizonte sie vermittelt durch ihren familiengeschichtlichen Traditionszusammenhang alltagspraktisch souverän zu begrenzen weiß. Dieses Grundverhältnis stellt sich bei Herrn A. vermutlich nicht viel anders dar: Auch hier dürfte die offene Ausrichtung an den Zeichen und Codes der unendlichen Einkaufswelten mit ihren modisch wechselnden Informationswerten durch milieukulturelle und biographische Faktoren der Habitusbildung maßgeblich mitbedingt sein.[9] Denn auch der fleißige Informationssammler, der sich vom heimischen Schreibtisch aus auf die geschickte Verarbeitung sekundärer Erfahrungen spezialisiert hat, entwickelt diese

[9] Für die Verallgemeinerung des Konsumtypus, den Herr A. repräsentiert, dürften der von Riesman (1956) im Kontext des fortgeschrittenen Kapitalismus der 50er Jahre diagnostizierte Typus des „inside dopesters" sowie der im Anschluß daran von Adorno (1972) untersuchte Typus des „Halbgebildeten" wichtige Hinweise liefern. Diese Typen weisen die habituellen und milieukulturellen Dispositionen auf, die es erst ermöglichen, die Alltagsrelevanzen den Codes und Strukturgrundlagen eines digitalen Zeichensystems zu assimilieren.

praktischen Fertigkeiten in seiner lebensgeschichtlichen Auseinandersetzung mit den technischen und sozialen Gegebenheiten seines Umfeldes. So erscheint es durchaus zutreffend, wenn Herr A. sich als „Kind des Internet“ bezeichnet und versteht.

c) Die Transformation der ökonomischen Regeln: Um also die Kompatibilität der semiologischen und praxeologischen Theorien des Shopping auf härtere Proben zu stellen, dürfte die Analyse eines Falles, der weniger eindeutig gelagert ist, hilfreich sein. Herr M., ein 21-jähriger Jura-Student, berichtet, daß er das Internet für seinen Konsumbedarf nutze, wo immer dies möglich ist. Die Palette der über das Internet bezogenen Waren reiche von solchen, die selbst digital und somit direkt aus dem Netz zu beziehen sind, bis hin zu Waren, die mittels Internet erworben, aber per Post versandt werden. Einzige Ausnahme würden Lebensmittel bilden, wobei Herr M. aber angibt, großes Interesse an einem Lebensmittel- oder Getränkeservice via Internet zu besitzen, da er „einfach sehr bequem“ sei und für derlei Verrichtungen die Wohnung nicht gerne verlasse. Auch Herr M. taucht folglich häufig und tief in die Einkaufswelten des Internet ein, so daß sich ähnlich wie bei Herrn A. auch in seinem Fall virtuelle Shopping-Orientierungen erwarten lassen, die ihm Online ganz ähnliche Erlebnisse wie in der kulturellen Praxis des Retail-Shopping ermöglichen. Die beispielhaften Erzählungen seiner Konsumpraktiken zeigen jedoch, daß die virtuell konstruierten Einkaufswelten systematisch unvollständig bleiben, da sie die Regeln des ökonomischen Systems unter den spezifischen Kontextbedingungen des Cybershopping nicht wirksam zu konstituieren vermögen, so daß sich die „Einkaufspraktiken“ im Internet geradezu grundlegend transformieren.

Ein erstes Beispiel betrifft den Bezug von digitalen Produkten: Musiktitel und Studienskripte. Herr M. betont in diesem Zusammenhang explizit, daß der Nutzen des Internet für ihn darin läge, solche Produkte beziehen zu können, ohne dafür bezahlen zu müssen. Er nutzt für diese Praxis sowohl die verschiedenen Musik- und Filmtauschbörsen als auch „gehackte“ Nutzernamen und Paßwörter, die ihm den Zugang zu kostenpflichtigen Seiten ermöglichen. Dabei erliegt er in keiner Weise der Illusion, internetvermittelte Kommunikation gewährleiste Anonymität und dementsprechend Sicherheit vor Strafverfolgung. Vielmehr ist ihm bewußt, daß seine Identität relativ leicht zu ermitteln ist. Er geht aber davon aus, daß der Aufwand der Verfolgung dieser Delikte für die Betroffenen (noch) zu hoch sei. Bezogen auf die Praktik des unentgeldlichen Herunterladens von Musik, Software und Filmen aus dem Internet gibt er an, daß er gar nicht die Empfindung habe, jemanden zu schädigen. Weiter berichtet er sodann, über eBay einen als Neuware angebotenen, aber offensichtlich defekten DVD-Player erworben zu haben. Dies sei aber nicht weiter problematisch gewesen, da er diesen selbst wieder mittels eBay (zu einem höheren Preis) veräußern konnte. In diesem

Zusammenhang erläutert er, daß er selbst bei der Möglichkeit einer Reklamation des Defektes den Aufwand dafür als zu hoch empfunden hätte und den „Schaden“ einfach durch Weiterveräußerung ausgleichen könne. Auf die Frage, ob er diese Praktiken nicht als Betrug bzw. Diebstahl empfinde, gibt er an, daß dies doch „jeder so mache“.

Herr M. stützt seine Begründung für diese Praktiken nicht allein auf die spezifischen Eigenschaften digitaler Waren, die aufgrund ihrer beliebigen verlustfreien Reproduzierbarkeit Gesetze der Knappheit außer Kraft setzen, sondern betrachtet auch im *sozialen* Handlungsraum des virtuellen Marktplatzes – wie das Beispiel des eBay-Handels mit herkömmlichen Waren belegt – grundlegende Regeln des ökonomischen Verkehrs als außer Kraft gesetzt. Im Unterschied zum traditionellen Shopping im Real Life, bei dem die Regel, für ein gewünschtes Gut auch bezahlen zu müssen, weitgehend routineförmig zur Anwendung kommt und von den Beteiligten auch anerkannt wird, scheinen die virtuell im Internet konstruierten Einkaufswelten diesbezüglich unvollständig zu bleiben. Mit der Reduzierung sowohl der Waren als auch der generalisierten Anderen auf digitalisierte Zeichencodes und ihrer Integration in geschlossene Diskursformationen lassen sich – entgegen der Annahmen mancher Poststrukturalisten – die Geltungsbedingungen normativer oder rechtlicher Regeln nicht wirksam reproduzieren und verankern. Das Beispiel legt vielmehr eine theoretische Interpretation nahe, wonach diese Regeln einen materialen und sozialen Rückhalt in alltagspraktischen „skills“ der Akteure benötigen und zur Kompensation oder Stützung solcher Fertigkeiten darauf angewiesen sind, daß die Shopping-Praktiken in interaktive Kontrollzusammenhänge eingebettet bleiben, in denen die Beteiligten kooperativ und kreativ die Unbestimmtheiten abstrakter Tauschbeziehungen reduzieren und diese zugleich „mit Leben füllen“ können. Das Fehlen solcher wirksamen Kontextbedingungen und Aushandlungsmöglichkeiten in der digitalen Zeichen-Ökonomie des Cyberspace, deren handlungspraktische Konstellation die soziale Generalisierung des rationalen Kalküls anonymer Egoisten nahe legt, scheint demgegenüber die Herausbildung anomischer Zustände zu befördern oder jedenfalls nicht aufhalten zu können. Wie der auf das Internet bezogene Sicherheitsdiskurs zeigt, wird dieser Tendenz zunehmender Regellosigkeit entsprechend auch mit zunehmender Repressionsandrohung und direkter Kontrolle – etwa durch eine De-Anonymisierung des Internet – zu begegnen versucht. Von einer rein virtuell oder zeichenhaft konstituierten Welt des Shopping freilich kann spätestens dann nicht mehr die Rede sein.

5 Fazit

Die Möglichkeiten, allgemeingültige Aussagen zu der Frage zu treffen, ob die Konsumpraktiken in der virtuellen Alltagsökonomie des Internet die aus dem Real Life bekannten Kulturen des Shopping kontinuierlich in den Cyberspace verlängern und in ihrem Vorstellungs- und Erlebnischarakter darin womöglich noch vertiefen, sind auf der Grundlage der drei knappen empirischen Fallbeispiele sicherlich begrenzt. Sowohl für die Interpretation, daß Online- und Offline-Praktiken gerade in der Welt des Shopping zahlreiche Überschneidungen und Gemeinsamkeiten aufweisen, finden sich Bestätigungen, als auch für die praxeologischen Überlegungen, wonach diese Praktiken im Ganzen betrachtet doch höchst heterogen bleiben. In ihrer Zusammenschau zeigen die Befunde freilich eines recht deutlich: Die semiologische Annahme, die Praktiken des Shopping und des Konsums seien in fester Regie eines kulturellen Zeichensystems, dessen virtueller Simulations- und Verweisungszusammenhang im Medium digitalisierter Netze erst zur vollen Entfaltung gelange, greift zu kurz. Vielmehr zeigen die vorstehenden Analysen zum Shopping im Internet deutlich, daß die Konsumsoziologie kulturtheoretisch so dimensioniert werden muß, daß sie die raumzeitlich dezentralen Faktoren der Macht-, Medien- und (virtuellen) Zeichenstrukturen verschiedener Shopping-Welten erfaßt, ohne die für die Kultur des Shopping ebenso konstitutiven Momente der Praxis, ihre Körper- und Kontextgebundenheit, ihre Materialität und ihre soziale Einbettung in Milieus, Traditions- und Erfahrungszusammenhänge zu vernachlässigen. Shopping als kulturelle Praxis – ob online oder offline – muß stets durch ihr komplexes Ensemble von alltagskulturellen Dispositionen und habitualisierten Fertigkeiten der ökonomisch Handelnden auf der einen und virtuellen Verweisungs- und strukturellen Vernetzungspotentialen medial verankerter Bedeutungssysteme und Traumwelten auf der anderen Seite erklärt werden. Erst auf der Basis eines solchen kulturtheoretischen Erklärungsgerüsts läßt sich das Spektrum dessen, was unter der kulturellen Praxis des Shopping zu verstehen ist, differenziert und plausibel erfassen.

Literatur:

Adorno, Theodor W. (1972 [1959]), Theorie der Halbbildung, in: ders., Soziologische Schriften I. Frankfurt/M., S. 93-121.

Barthes, Roland (1983 [1964]), Elemente der Semiologie, Frankfurt/M.

Barthes, Roland (1985 [1967]), Die Sprache der Mode, Frankfurt/M.

Baudrillard, Jean (1988), Die Simulation, in: Wolfgang Welsch (Hg.), Wege aus der Moderne. Schlüsseltexte der Postmoderne-Diskussion, Weinheim, S. 153-162.

Baudrillard, Jean (1991 [1968]), Das System der Dinge. Über unser Verhältnis zu den alltäglichen Gegenständen, Frankfurt/New York.

Benjamin, Walter (1974), Charles Baudelaire. Ein Lyriker im Zeitalter des Hochkapitalismus, Frankfurt/M.

Bömmel, Hermann van (2003), Konsumentensouveränität. Neue Gestaltungsoptionen des Konsumenten in der Postindustriellen Wirtschaft, Marburg.

Bourdieu, Pierre (1982), Die feinen Unterschiede. Kritik der gesellschaftlichen Urteilskraft, Frankfurt/M.

Castells, Manuel (2003), Der Aufstieg der Netzwerkgesellschaft. Das Informationszeitalter, Bd. 1., Opladen.

Certeau, Michel de (1988), Kunst des Handelns, Berlin.

Derrida, Jacques (1972 [1967]), Die Struktur, das Zeichen und das Spiel im Diskurs der Wissenschaften vom Menschen, in: ders., Die Schrift und die Differenz, Frankfurt/M., S. 422-442.

Derrida, Jacques (1974 [1967]), Grammatologie, Frankfurt/M.

Douglas, Mary (1997), In Defence of Shopping. in: Pasi Falk/Colin Campbell (Hg.), The Shopping Experience, London, S. 15-30.

Eimeren, Birgit van/Heinz Gerhard/Beate Frees (2003), Internetverbreitung in Deutschland: Unerwartet hoher Zuwachs, in: Media Perspektiven, H. 8, S. 338-358.

Engemann, Christoph (2003), Electronic Government – Vom User zum Bürger. Zur kritischen Theorie des Internet, Bielefeld.

Falk, Pasi/Colin Campbell (Hg.) (1997), The Shopping Experience. London.

Firat, A. Fuat/Nikhilesh Dholakia (1998), Consuming People. From Political Economy to Theaters of Consumption, London/New York.

Funken, Christiane/Martina Löw (Hg.) (2003), Raum – Zeit – Medialität. Interdisziplinäre Studien zu neuen Kommunikationstechnologien, Opladen.

Gerhards, Maria/Annette Mende (2002), Nichtnutzer von Online: Kern von Internetverweigerern? in: Media Perspektiven, Heft 8, S. 363-375.

Giddens, Anthony (1992), Die Konstitution der Gesellschaft. Grundzüge einer Theorie der Strukturierung, Frankfurt/New York.

Goffman, Erving (1969 [1959]), Wir alle spielen Theater. Die Selbstdarstellung im Alltag, München.

Goldhammer, Klaus (2002), Ein Blick zurück nach vorn: Die Internet-Ökonomie. Ökonomisches Handeln im Netz, in: Stefan Münker/Alexander Roesler (Hg.), Praxis Internet. Frankfurt/M., S. 102-119.

Haesler, Aldo J. (2002), Irreflexive Moderne. Die Folgen der Dematerialisierung des Geldes aus der Sicht einer tauschtheoretischen Soziologie, in: Christoph Deutschmann (Hg.), Die gesellschaftliche Macht des Geldes, Wiesbaden, S. 177-201.

Hall, Stuart (1999), Die zwei Paradigmen der Cultural Studies, in: Karl H. Hörning/Rainer Winter (Hg.), Widerspenstige Kulturen. Cultural Studies als Herausforderung, Frankfurt/M., S. 13-42.

Hanekop, Heidemarie/Andreas Tasch/Volker Wittke (2001), „New Economy“ und Dienstleistungsqualität: Verschiebung der Produzenten- und Konsumentenrolle bei digitalen Dienstleistungen, in: SOFI-Mitteilungen, Nr. 29, S. 73-91.

Hartmann, Maren (1999), Cyberflaneur und Cyberflaneuse, in: Eike Hebecker/Frank Kleemann/Harald Neymanns/Markus Stauff (Hg.), Neue Medienumwelten. Zwischen Regulierung und alltäglicher Aneignung, Frankfurt/M., S. 236-245.

Hepp, Andreas (1999), Cultural Studies und Medienanalyse. Eine Einführung, Opladen.

Hirschman, Albert (1974), Abwanderung und Widerspruch. Reaktionen auf Leistungsabfall bei Unternehmungen, Organisationen und Staaten, Tübingen.

Hörning, Karl H. (2001), Experten des Alltags. Die Wiederentdeckung des praktischen Wissens, Weilerswist.

Hörning, Karl H./Rainer Winter (Hg.) (1999), Widerspenstige Kulturen. Cultural Studies als Herausforderung. Frankfurt/M.

Karmasin, Helene/Matthias Karmasin (1997), Cultural Theory. Ein neuer Ansatz für Kommunikation, Marketing und Management, Wien.

Lagaay, Alice/David Lauer (Hg.) (2004), Medientheorien. Eine philosophische Einführung, Frankfurt/New York.

Latour, Bruno (1995), Wir sind nie modern gewesen. Versuch einer symmetrischen Anthropologie, Berlin.

Miller, Daniel (1998), A Theory of Shopping, Cambridge.

Negroponte, Nicholas (1995), Total digital – Die Welt zwischen Null und Eins oder die Zukunft der Kommunikation, München.

Priddat, Birger (2004), Lernmaschine, in: Frankfurter Allgemeine Zeitung vom 8.01.2004.

Reckwitz, Andreas (2003), Grundelemente einer Theorie sozialer Praktiken. Eine sozialtheoretische Perspektive, in: Zeitschrift für Soziologie, Jg. 32, Heft 4, S. 282-301.

Riesman, David (1956), Die einsame Masse, Darmstadt.

Rifkin, Jeremy (2000), Access. Das Verschwinden des Eigentums, Frankfurt/New York.

Ritzer, George (1999), Enchanting a Disenchanted World: Revolutionizing the Means of Consumption, London.

Ritzer, George (2001), Explorations in the Sociology of Consumption: Fastfood, Credit Cards and Casinos, London.

Rötzer, Florian (2002), Mobilität und Sesshaftigkeit, in: Peter Kemper/Ulrich Sonnenschein (Hg.), Globalisierung im Alltag, Frankfurt/M., S. 26-33.

Satterthwaite, Ann (2001), Going Shopping. Consumer Choices and Community Consequences, New Haven/London.

Saussure, Ferdinand de (2001 [1931]), Grundfragen der allgemeinen Sprachwissenschaft. 3. Aufl., Berlin.

Shields, Rob (Hg.) (1992), Lifestyle Shopping. The Subject of Consumption, London.

Simmel, Georg (1986 [1911]), Die Mode, in: Silvia Bovenschen (Hg.), Die Listen der Mode. Frankfurt/M., S. 179-207.

Stegbauer, Christian (2002), Die Gebundenheit von Raum und Zeit im Internet, in: Sozialwissenschaften und Berufspraxis, Heft 4: Virtualisierung des Sozialen, Jg. 25, S. 343-352.

Underhill, Paco (2000), Why We Buy. The Science of Shopping, New York u.a.

Ward, Michael R. (2001), Will Online Shopping Compete More with Traditional Retailing or Catalog Shopping?, In: NETNOMICS: Economic Research and Electronic Networking, Vol. 3, Heft 2, S. 103-117.

Nachwort: Marktumgebungen und Kundenbewegungen

Dominik Schrage

Unter „Shopping" wird sowohl im alltäglichen Sprachgebrauch als auch in der Fachliteratur ein reizvoll erscheinender Aufenthalt in Geschäften verstanden, der vom bloßen Einkauf im Sinne der Deckung eines vorab festgelegten Bedarfs unterschieden ist: Man kann beim „Shopping" demnach zwischen Erlebniskauf und Zweckkauf unterscheiden, wie es Kai-Uwe *Hellmann* in seiner Einführung darstellt. Folgt man dieser Unterscheidung, so ist das Ausschlaggebende am Shopping nicht unbedingt die Tatsache, daß Kunden tatsächlich etwas erwerben – wenn dies auch in den meisten Fällen wohl das Ziel sowohl der Anbieter als auch der Kunden sein dürfte –, sondern zunächst die einfache Tatsache, daß sich potentielle Kunden in Geschäften aufhalten und ihre Aufmerksamkeit dem dort präsentierten Angebot widmen, daß sie bereit sind, sich neue Kaufoptionen nahebringen zu lassen, und dem Aufenthalt etwas abgewinnen können. Im folgenden soll ein Resümee der Beiträge dieses Bandes versucht werden, das von dieser doppelten Kennzeichnung des Phänomens Shopping ausgeht.

Die Unterscheidung von Erlebniskauf und Zweckkauf, so die erste Überlegung, ist dabei nicht bloß als analytische Kategorie aufzufassen, über die ein terminologisch uneinheitliches, jedoch sachlich konsistentes Einvernehmen in der Forschungsliteratur herrscht. Sie findet sich ebenso in der alltäglichen Praxis des Einkaufens und charakterisiert das Shopping als eine Tätigkeit, bei deren praktischem Vollzug bereits auf die semantische Entgegensetzung zum bloßen Zweckkauf – der mit Routine, Arbeit oder Anstrengung verbunden wird – Bezug genommen wird. Von Shopping kann also dann die Rede sein, wenn die Kunden nicht notwendigerweise etwas Bestimmtes kaufen müssen und sich dieses Verhaltensspielraums bewußt sind.

Die zweite Überlegung, daß nämlich primär nicht der Kaufakt selbst, sondern spezifische Weisen des Aufenthalts in Geschäften für das Shopping kennzeichnend sind, folgt daraus: Denn wenn das Phänomen Shopping tatsächlich als kontingenter Sachverhalt und damit nicht von einem Ergebnis her (etwa einem Kaufakt) betrachtet werden kann, rückt damit das tatsächliche Verhältnis von Kunden zu ihrer Umgebung in den Blick. Die Beiträge dieses Bandes haben diese für das Shopping im „real life" kennzeichnende Einheit von Zeit und Ort, oftmals bezugnehmend auf die Theatermetaphorik Goffmans, in verschiedenen Kontexten betrachtet.

1 Die Gestaltung von Marktumgebungen

Shopping wird, aus Gründen der Vereinfachung und Kondensierung, im folgenden als die Bewegung von Kunden in Marktumgebungen verstanden. „Marktumgebungen“ bezeichnet dabei einerseits die simple Tatsache, daß sich Kunden in dem Verkauf dienenden Räumen aufhalten, andererseits daß sie dabei kognitive bzw. affektive Verhältnisse zu den Sinnesreizen, Bedeutungsangeboten und praktischen Abläufen (wie etwa bei der Selbstbedienung) dieser Umgebungen eingehen. „Marktumgebungen“ in diesem Sinne sind also die konkreten Räumlichkeiten und Verkehrsformen der jeweiligen Märkte (Geschäftsräume) und zugleich die sinnlichen und semantischen Atmosphären, in denen sich die moderne Marktwirtschaft in situ manifestiert und in denen sie praktiziert wird.

Die Aufmerksamkeit der Kunden zu erhalten, zu steigern und die Marktumgebungen so zu gestalten, daß sich die Wahrscheinlichkeit tatsächlicher Kaufakte erhöht, ist das strategische Ziel des Kundenmanagements auf der Anbieterseite. Gerade weil der Erlebniskauf nicht primär auf den Erwerb bestimmter Waren ausgerichtet ist, soll aus Anbietersicht die ungerichtete Aufmerksamkeit der Kunden in Kaufentscheidungen münden, die hochgradig von situativen Faktoren abhängig sein können. Diese Entscheidungslagen sucht die Gestaltung der Marktumgebungen zu beeinflussen. Dabei mag sie, je nach Geschäftstyp, vorrangig die Gestaltung des Preisgefüges (Discounter), die Vielfalt des Angebots (Warenhaus) oder die Orchestrierung eines aus vielen Einzelgeschäften zusammengesetzten Gesamteindrucks (Mall) beinhalten, oder sich, wie bei der Selbstbedienung, auf die effiziente Durchführung eines die Kundenaktivitäten einbeziehenden Einkaufsgeschehens konzentrieren.

Die Architekturgeschichte der Konsumbauten kann, wie Heike *Delitz* in ihrem Aufsatz zeigt, als eine fortgesetzte Reihe von Versuchen verstanden werden, Passanten in diesem Sinne in Kunden zu verwandeln. Voraussetzung ist dafür die Existenz eines urbanen Passantentyps, den Walter Benjamin als Flaneur beschrieben hat. Er läßt aus der Menge der anderen Passanten heraus gelassen seine Aufmerksamkeit über die Stadt und das Angebot des Marktes schweifen. Die Passagen des frühen 19. Jahrhunderts und kurz darauf das Warenhaus suchen die Aufmerksamkeit der Passanten durch den vormals aristokratischen Flair der – inzwischen verbilligten – Luxuswaren sowie durch die Fülle unterschiedlichster Angebote auf sich zu ziehen – und die Passanten selbst in die Marktumgebungen hinein. So wird aus dem „genüßlichen Flanieren“ ein „behagliches Bummeln“ in den Interieurs der Warenhäuser. Ihre Innenräume sowie die Oberflächen der Waren und ihr Arrangement sollen die distanzierte Aufmerksamkeit eines Flaneurs bzw. einer Flaneuse fixieren und auf den Kauf einstimmen.

Nach den Prachtbauten der wilhelminischen Warenhäuser kommt in den Zwanziger Jahren die Anpassung der Konsumbauten an die rapide gewachsenen urbanen Verkehrsströme zum Tragen: Nicht nur die Innenräume, auch die Fassaden der Kaufhäuser werden auf das Fließen des Verkehrs hin ausgerichtet, auf optimale Außenwirkung der Lichtreklamen bei Automobilisten und im Inneren auf raschen Kundenfluß sowie sachliche Konzentration auf das Warenangebot.

Mit der Selbstbedienung etabliert sich seit den 1960er Jahren eine Verkaufspraxis, die, so Stephan *Voswinkel* in seinem Beitrag, unter dem Schlagwort der Kundensouveränität das Verhältnis von Kunden und Anbietern radikal umgestaltet. Im Gegensatz zur vormodernen Bedeutung des Kunden als König, der bedient zu werden hat, versteht man bei der Selbstbedienung unter „Souveränität“ vor allem die individuelle Autonomie des Kunden, sich selbst an Warenentnahme, -transport sowie -verpackung zu beteiligen. Damit wird nicht mehr nur, wie etwa in den Warenhäusern, die Aufmerksamkeit der Kunden in den Bann der Marktumgebungen gezogen, sondern die Kunden werden im Verlauf des Einkaufsvorgangs selbst tätig und kommen in unmittelbare Berührung mit der Ware. Dies erhöht ihren Bewegungsspielraum im Geschäft ungemein und entbindet das Handeln weitgehend von Interaktionen mit dem Verkaufspersonal.

Zugleich setzt dies eine detaillierte Vertrautheit des Kunden mit den Routinen des SB-Vorgangs voraus, die erst erworben werden muß. Da der Kunde viel näher an die Waren herangerät, sie berühren und direkt betrachten kann, muß er gegenüber dieser sinnlichen Verfügbarkeit und Verführungskraft des Angebots eine Instanz der Selbstkontrolle ausbilden, die die „souveräne“ Bewegung in der SB-Umgebung überhaupt erst dauerhaft praktizierbar macht. Mit der Selbstbedienung wird die durch die Ladentheke symbolisierte Grenze zwischen Kunde und Ware aufgehoben, die personale Interaktion zwischen Käufer und Verkäufer wird weitgehend durch Interaktionen mit den Waren ersetzt, den Verfahren und Verkehrsregeln der SB-Umgebung folgend. Deren Gestaltung beruht dabei zu einem großen Teil auf der Einbeziehung des Kundenverhaltens in das Verfahren der Selbstbedienung.

Mit dem Instore-Radio kommt in Sven *Thiermanns* Beitrag ein akustisches Gestaltungsmittel in den Blick, das vor allem im Selbstbedienungs-Einzelhandel Verwendung findet und Wirkungsweisen der Massenmedien an die Marktumgebungen adaptiert. Es wird von externen Anbietern produziert und lehnt sich programmlich stark an die Formate des kommerziellen Rundfunks an, womit die Hörgewohnheiten der Kunden aufgegriffen werden. Instore-Radio ist jedoch nur im Geschäft selbst zu hören und wird werblich an die Produktpalette des jeweiligen Marktes angepaßt. So wird die mit der Selbstbedienung gegebene Nähe der Kunden zur Ware akustisch flankiert, zusätzlich werden damit Funktionen des – weitgehend abwesenden – beratenden Verkaufspersonals übernommen. Aufgrund der im Gegensatz zum herkömmlichen Rundfunk gegebenen Fixierung auf die spezifische Rezeptionssituation im Geschäft kann das Instore-Radio das Betrachten der Waren akustisch begleiten, auf bestimmte Bestandteile des Angebots hinweisen bzw. an sie erinnern und damit in gewissem Sinne aktivierend wirken.

Im Shopping-Center bzw. der Mall sind, wie der Beitrag von Andreas *Rieper* aus der Perspektive eines Planers ausführt, verschiedene Geschäftstypen von der kleinen Boutique bis zum großen SB-Einzelhandel unter einem gemeinsamen Dach und einem Gesamtkonzept folgend versammelt. Die Passage ist nicht nur für die Namensgebung vieler, besonders innenstädtischer Shopping-Center ein wichtiger Orientierungspunkt, sind sie doch nicht als Gebäude (etwa als besonders großes Warenhaus), sondern eher als privatwirtschaftlich betriebene Bestandteile einer städtischen Infrastruktur konzipiert. Während die alleinstehenden Center im suburbanen Raum eigenständige, allein dem Zweck des Shopping gewidmete pseudourbane Einheiten darstellen, denen die Kundenströme mittels Autoverkehr zugeführt werden, besetzen andere Center zentrale Lagen von Innenstädten oder Stadtteilen und partizipieren damit an bestehenden urbanen Wegenetzen. Die Entwicklung solcher Shopping-Center umfaßt daher nicht nur ökonomische und architektonische, sondern auch stadtplanerische, juristische und nicht zuletzt kommunalpolitische Aspekte und wird von spezialisierten Unternehmen geleistet. Als Marktumgebung eines Shopping-Center gilt also bereits planerisch ein weit über dessen bauliche Grenzen hinausgehendes städtisches Umfeld, das durch das Center auch selbst umgestaltet wird. Im Innenbereich unterliegt die Gestaltung der Regie eines Managements, das den Einzelhändlern detaillierte Rahmenbedingungen setzt und durch zentral organisierte Maßnahmen (Werbung, Aktionen, Events) Kundenströme anzuziehen und den Eindruck eines geschlossenen Gesamtgefüges herzustellen sucht.

2 Kundenbewegungen in Marktumgebungen

Die Kunden bewegen sich und ihre Aufmerksamkeit in den mit unterschiedlichen Mitteln gestalteten Marktumgebungen in einer Weise, die – in Analogie zur Tätigkeit der Anbieterseite – ebenfalls als Management bezeichnet werden kann. Damit ist einerseits, wie im Beitrag von *Voswinkel* ausgeführt, die Beteiligung der Kunden am Einkaufsvorgang selbst gemeint, zum anderen aber die Tatsache, daß die Kunden beim Erlebniskauf nicht nur eine Auswahl nach klaren Kriterien treffen, sondern zugleich auch mit der Kontingenz ihrer eigenen Bedürfnisse konfrontiert sind. Denn folgt man wiederum der semantischen Unterscheidung von Erlebniskauf und Zweckkauf, so ist die Handlungslogik der Erlebniskäufer nicht dadurch bestimmt, daß eine bereits vor dem Betreten des Geschäfts erstellte Liste von zweifelsfrei benötigten Waren nach durchsichtigen Kriterien aus dem Angebot ausgewählt wird. Vielmehr besteht das lustvolle Moment des

Shopping gerade darin, Unvorhergesehenes wahrzunehmen, in Erwägung zu ziehen, möglicherweise aus- oder anzuprobieren und dabei den eigenen Bedürfniskatalog durch das Warenangebot spielerisch irritieren zu lassen – eine ständige Prüfung des Angebots auf mögliche Aneignungen, eine permanente Vorwegnahme möglicher Nutzungen, und somit auch die Bahnung eigener Wege in den Marktumgebungen.

Insofern folgt das Shopping einer anderen Handlungslogik als der eines homo oeconomicus, der sich seiner Bedürfnisse gewiß ist und sie am Markt realisiert. Das Management des Erlebniskäufers besteht vielmehr darin, die Fülle möglicher Anschaffungen aus dem Angebot des Marktes auf Entsprechungen mit möglichen eigenen Bedürfnissen hin durchzuspielen, sie sich probehalber anzueignen, wissend, daß nicht nur aus Geldgründen die Befriedigung sämtlicher dieser Möglichkeiten unmöglich wäre. Seine Bewegungen durch die Marktumgebungen sind also sowohl physische – hier oder dort entlang gehen, dieses oder jenes ergreifen, sich im Strom der Passanten treiben lassen oder stehenbleiben – als auch ein Schweifenlassen der Aufmerksamkeit – diesen Reiz wahrnehmen, jene Bedeutung auffassen, in diese Atmosphäre eintauchen oder jenes Schnäppchen machen. Äußere und innere Beweglichkeit des Erlebniskäufers verfolgen dabei gerade kein vorab feststehendes Ziel, sondern sind im Wortsinn Passagen: Von diesem Angebot zum nächsten, von diesem möglichen Bedürfnis zum nächsten.

Daß diese Shopping-Haltung kulturspezifische Voraussetzungen aufweist, verdeutlicht der Beitrag von Elena *Müller*, der die Kulturgeschichte des Shopping in Rußland von der Zeit vor der Revolution über die Ära der Sowjetunion bis heute betrachtet und mit der Entwicklung in den westlichen Gesellschaften kontrastiert. Dieser Vergleich ergibt, daß es, trotz der eigenständigen russischen Bautradition der „Warenburg", an die vor und nach der Revolution angeknüpft wurde, in der russischen Literatur und Kultur kaum Auseinandersetzung mit dem Einkaufen gegeben hat. Für antiwestlich eingestellte Schriftsteller stand das Shopping zu Anfang des 20. Jahrhunderts als Teil der modernen Massenkultur für die Dekadenz des Westens, während es für Revolutionäre den Inbegriff der zu überwindenden bürgerlichen Kultur darstellte. Aus Sicht beider Lager erschien das Sich-Bewegen in Marktumgebungen als eine dekadente Hingabe an die Warenwelt.

In der Sowjetzeit erfuhren die Kaufhäuser zwar in der Phase der Neuen Ökonomischen Politik in den 1920er Jahren eine gewisse Beachtung, weil sie die Demokratisierung des Konsums und den „sozialistischen Überfluß" zu symbolisieren hatten. Nicht nur die stetig prekärer werdende Versorgungslage und die Errichtung von Sonderverteilern für die Nomenklatura, sondern auch die für die Kultur der Stalinzeit charakteristische strikte Trennung zwischen Freund und Feind wirkte auf die Stellung der Kaufhäuser und des Shopping zurück: Die (faktisch kaum vorhandene) Warenvielfalt und die mit ihr einhergehenden Momente des Unvorhergesehenen und Exotischen erhielten in diesem Zusammenhang die Konnotation des Unsowjetischen; der mit Bewegungen in Marktumgebungen verbundene spielerische, kontingenzoffene Umgang mit der Angebotsvielfalt entsprach nicht der binären Logik des Freund-Feind-Schemas. Auch gegenwärtig macht sich die Abwesenheit der in den westlichen Ländern zu beobachtenden Elemente des Shopping in Rußland bemerkbar: Neben stark ungleich verteilten Konsumchancen und der daraus resultierenden Segmentierung des Einzelhandels wirken dabei, so *Müller*, auch die kulturellen Muster fort, die den Erlebniskauf als eine Konfrontation mit der bedrohlichen Fremdheit der Warenvielfalt erscheinen lassen.

Mit der Selbstbedienung greift Gerhard *Keim* in seinem Beitrag eine Marktumgebung auf, die in den westlichen Ländern den Einzelhandel maßgeblich bestimmt. Während der Aufsatz *Voswinkels* die Selbstbedienung unter dem Aspekt der Einbindung der Kunden in das Verfahren behandelt, betrachtet *Keim* die Praxis der Selbstbedienung aus der Perspektive derjenigen, die sich in den von ihr geprägten Räumen bewegen. Aus der Sicht der Handelnden erscheint die SB-Marktumgebung dabei als vielschichtig: Zunächst können verschiedene Rollenmuster beim Einkaufen differenziert werden – je nachdem, ob die sich in einem SB-Markt Bewegenden eher als Passanten, Besucher, Zuschauer, Interessenten oder Bedürftige zu charakterisieren sind. Handlungsbeschränkungen beim SB-Einkauf entstehen dann aus dem Zusammentreffen einer Vielzahl von Kunden im Geschäft, denn ihre Bewegungen müssen nach informellen Verkehrsregeln koordiniert werden. Ein weiteres praktisches Problem ist die Orientierung im SB-Markt bei die Suche nach bestimmten Artikeln. Diese Beschränkungen erwachsen gerade aus der relativen Autonomie der Kunden bei der Selbstbedienung: Bei diesem System, das Anbieter- und Kundeninteressen zu synchronisieren versucht, beruht die Autonomie der Kunden scheinbar paradoxer Weise gerade auf einer hochgradigen Standardisierung des Einkaufsvorgangs, dessen Ausgestaltung die Kunden nur bedingt mitgestalten können. Je mehr Routine, so könnte man deshalb sagen, desto mehr Autonomie beim SB-Einkauf.

Ellen *Bareis* zeigt in ihrem Aufsatz anhand zweier innerstädtischer Shopping Malls, daß die Kundenbewegungen selbst als gestaltendes Moment der Marktumgebung „Mall“ begriffen werden können. Am Beispiel einer Hamburger Mall in einem „Szeneviertel“ wird deutlich, daß ein politischer Widerstand im Viertel gegen ihre Errichtung eine maßgebliche Modifizierung der Konzeption zur Folge hatte: Es wurde ein „Marktbereich“ in die Mall eingebaut, der auf die Sozialstruktur des Viertels Bezug nimmt und multiethnische Gastronomieangebote sowie Bio-Stände integriert. Diese planerische Berücksichtigung der Kritik und die daraus resultierende Akzeptanz der Mall im Stadtteil veränderten wiederum die Einstellung von (früheren) Kritikern.

An diesem Beispiel wird deutlich, daß die bei *Rieper* beschriebene stadtplanerische Perspektive von Mall-Entwicklern zuweilen gerade in innenstädtischen Lagen bestehende Strukturen in Rechnung stellt, Konsumenten insofern mittelbar die Planung der Marktumgebung beeinflussen. Indes gehen Entwickler diesen integrativen Weg nicht in jedem Fall, wie *Bareis* an einem zweiten Beispiel zeigt, mit der Konsequenz, daß Kunden an einer identifikatorischen Boykotthaltung gegenüber der Mall festhalten, obwohl sie diese faktisch nutzen. Auch die aus Interviews erschlossenen Bewegungen der Kunden in den Malls legen nahe, daß diese Marktumgebungen nicht ausschließlich von Entwicklern bzw. dem Center-Management produziert und von Konsumenten passiv rezipiert werden. Denn sowohl der nicht kaufinteressierte Aufenthalt in der Mall, etwa von Jugendlichen, als auch Besuche zum Zweck des erlebnisorientierten Einkaufs gestalten die Marktumgebung selbst mit: Die Bewegungen in Marktumgebungen erscheinen damit (auch) als Teil von ihr.

Ausgehend von der Frage nach dem Shopping im Internet vergleichen Jörn *Lamla* und Sven *Jacob* verschiedene theoretische Modelle des Shopping. Aus der Sicht praxeologischer Ansätze erscheinen die körperlichen Bewegungen in Marktumgebungen als der zentrale Aspekt des Einkaufens, was eine strikte Unterscheidung von räumlichen und virtuellen Marktumgebungen nahelegen würde. Aus einer semiologischen Perspektive läßt sich jedoch auch das in Gebäuden präsentierte Warenangebot als ein System von Zeichen lesen, und der Konsum beinhaltet aus dieser Sicht keine Aneignung von Dingen, sondern vor allem die Rezeption der Waren-Zeichen. Diese Rezeptionspraxis kann auch unabhängig von körperlichen Bewegungen als Aufmerksamkeitsbewegung im Zeichensystem des Konsums verstanden werden, weshalb es naheläge, keine scharfe Unterscheidung zwischen dem Internet-Shopping und dem Einkaufen im „real life“ zu ziehen.

3 Fazit

Betrachtet man die verschiedenen, in den Beiträgen dieses Bandes untersuchten Marktumgebungen und die Kundenbewegungen in ihnen, so scheint das hochgradig standardisierte System der Selbstbedienung auf den ersten Blick im Gegensatz zu der die Tradition der Passagen und Warenhäuser aufgreifenden Mall zu stehen: Während die Kunden bei der Selbstbedienung in die Erstellung der Dienstleistung „Verkauf“ eingebunden sind, ihre Autonomie offenbar um den Preis einer routinisierten und aufwendig zu erlernenden Beteiligung daran erlangen, ist der Aufenthalt in der Mall zwar grundsätzlich durch Hausordnungen geregelt, scheint jedoch im Vergleich zur Selbstbedienung viel weniger kodifiziert zu sein und deshalb eher als diese dem Typus des Erlebniskaufs zu entsprechen. Folgt das Shopping im Selbstbedienungssystem und in der Mall demnach gänzlich verschiedenen Regeln? Trotz dieser Unterschiede, so soll abschließend skizziert werden, basieren beide Marktumgebungen darauf, daß den Kunden ein Verhaltensspielraum zur Verfügung steht, der nur jeweils anders gestaltet ist und dementsprechend unterschiedliche Weisen der Bewegung in ihnen nahelegt.

Wie die Beiträge von *Voswinkel* und *Keim* zeigen, bleiben die körperliche Bewegung wie die der Aufmerksamkeit der Kunden im SB-Geschäft im Normalfall innerhalb des weitgehend internalisierten Rahmens der Techniken, impliziten Regeln und Verfahrensweisen dieser Einkaufsform. Die Standardisierung des Verfahrens ermöglicht den direkten Zugriff auf die Produkte ohne Aufsicht durch das Verkaufspersonal und damit gewisse, als selbstbestimmt erfahrene, jedoch den Ablauf zumeist nicht störende Handlungen. Diese relative Autonomie der Kunden im Kontakt mit der Ware eröffnet dann die Chance des Kaufs als einer Anschlußhandlung, die vor dem Betreten des Geschäfts nicht geplant war. Erlebniskauf findet bei der Selbstbedienung dann insofern statt, als der durch die Marktumgebungen eröffnete Verhaltensspielraum die Chance erhöht, durch einen raschen Griff ins Regal „dies auch noch mitzunehmen". Was hier „erlebt" wird, ist dabei seltener ein intensives Abgleichen von Wareneigenschaften mit möglichen identitätsverändernden Konsequenzen ihres Erwerbs – wie sie vor allem bei hochpreisigen Produkten anzutreffen ist –, als vielmehr die reibungslose Teilnahme am SB-Verfahren und die routinierte Inanspruchnahme von dessen Spielräumen.

Die Marktumgebung der Mall folgt, wie in den Beiträgen von *Delitz, Rieper* und *Bareis* ausgeführt, einem anderen Gestaltungsprinzip: Ihre Verhaltensspielräume ergeben sich nicht, wie bei der Selbstbedienung, aus der Standardisierung der Abläufe im Einzelhandelsgeschäft, sondern daraus, daß die Bewegungen von Passanten in der Stadt zum Bewegungsmodus auch in der Mall werden. Indem die Mall dieses Bewegungsmuster des städtischen Flanierens aufgreift, rechnet sie als Marktumgebung mit der distanzierten, jedoch aufmerksam neue Eindrücke suchenden Haltung der Passanten. Die Autonomie ihrer Bewegungen muß dabei nicht – wie bei der Selbstbedienung – in ein standardisiertes Verfahren integriert werden, vielmehr muß die Gestaltung der Umgebung dieser Suche nach neuen Eindrücken entgegenkommen, um das Betreten der Mall sowie einen möglichst langen Aufenthalt in ihr attraktiv zu machen. Denn nicht der reibungslose Ablauf des Einkaufs – wie bei der Selbstbedienung –, sondern die Aufenthaltsdauer in der Marktumgebung der Mall erhöht die Wahrscheinlichkeit von Käufen.

Von dieser Gegenüberstellung aus ließe sich die seit Beginn der intellektuellen Auseinandersetzung mit dem Konsum geäußerte Kulturkritik des Massenkonsums als Standardisierung von Bedürfnissen differenzierter fassen: Die Standardisierung des Erwerbsvorgangs, wie sie bei der Selbstbedienung am ausgeprägtesten ist, konfrontiert Kunden nicht nur mit einer unmittelbar zugänglichen Angebotsvielfalt, welche nicht unendlich groß ist und insofern tatsächlich standardisierend wirkt. Der Bewegungsspielraum sowie die Möglichkeiten von Probe- und Wahlhandlungen, die innerhalb des SB-Verfahrens eröffnet werden, stehen zugleich auch für die nicht nur aus Kostengründen attraktive „gerahmte Autonomie" der SB-Kunden. Diese ist zwar nicht mit dem Begriff der Souveränität zu verwechseln, ermöglicht aber Einkaufshandlungen, die auch im Kontext des Massenkonsums als selbstgetätigt erfahren werden können.

Eine Kulturkritik der Mall würde demgegenüber eher ihre hermetische Abgeschlossenheit hervorheben, die sich architektonisch besonders bei den suburbanen Malls zeigt und die juristisch in der Tatsache zum Ausdruck kommt, daß es sich hierbei um private Räume handelt. Die Aura des Urbanen, mit der sich Malls umgeben, erscheint aus dieser Sicht als eine Simulation, die allein dem Zwecke der Verkaufssteigerung dient und bei den Kunden die Illusion einer autarken, in sich geschlossenen Welt hervorruft. Jedoch scheint der Aufenthalt in der vom Verkehr unbehelligten und auf den einzigen Zweck des Shopping ausgerichteten Mall wiederum für Kunden eine gewisse Attraktivität zu haben. Möglicherweise stellt gerade dieses gereinigte Bild des Städtischen, mithin der Ausschluß aller üblichen städtischen Irrationsmomente sowie die räumliche Nähe der verschiedenen Angebote in der Mall zueinander, die für diese Marktumgebungen charakteristische Rahmung der Autonomie von Kunden dar. Die Bewegungen in der Mall wären dann nicht zu vergleichen mit denen in der Großstadt, schließen doch die Handlungsoptionen in dieser Marktumgebung weitgehend alle unvorhergesehenen, den Shoppingvorgang störenden Ereignisse aus, während die moderne Großstadtsemantik gerade das Unvorhersehbare betont.

Vielleicht wäre es für das Verständnis des Phänomens Shopping sinnvoller, die Autonomie der Bewegungen in Marktumgebungen weder am Begriff der Souveränität zu messen noch diese Umgebungen selbst am Maßstab des Städtischen zu bewerten, haftet doch beiden Vergleichsgrößen ein hochgradig normatives Potential an, dessen Angemessenheit bezüglich des Shopping fraglich ist. Selbstverständlich enthalten sowohl das (uneinlösbare) Versprechen der Kundensouveränität als auch die urbanen Fiktionen der Mall Anspielungen auf diese politischen bzw. ästhetischen Motive. Tatsächlich aber handelt es sich bei beiden Motiven doch eher um *Bestandteile* der jeweiligen Marktumgebungen, gleichsam um semantische Bauteile, nicht aber um Referenzkonzepte, die die Funktionsprinzipien der jeweiligen Phänomene erschließen könnten: Eine Mall *ist* keine Stadt, auch wenn sie in der Stadt errichtet wurde, und Kunden im SB-System mögen über weitgehende Verhaltensoptionen verfügen, sie sind aber als Kunden gerade nicht souverän, denn sie verfügen nicht über das SB-Verfahren.

Möglicherweise kann die „gerahmte Autonomie“ der Bewegungen in Marktumgebungen adäquater als die Einnahme der im ökonomischen Marktmodell postulierten Rolle des Käufers verstanden werden. Ein solcher Zugang, der hier nur abschließend angedeutet werden kann, bezieht sich auf das in der Semantik der liberalen Marktwirtschaft postulierte Verhältnis von Kunden und Anbietern. Die Bewegungen in Marktumgebungen können so als praktische Realisierungen der in diesem Verhältnis abstrakt gefaßten, wechselseitigen formalen Autonomie von Käufer und Verkäufer gedeutet werden. Die als Käufer und Verkäufer am Markt aufeinandertreffenden Personen oder Organisationen könnten, folgt man dieser Semantik, beide auch mit jeweils anderen Gegenübern zusammentreffen. Denn vor dem Kaufakt liegt – in der Logik des Marktmodells – die Gesamtschau des ganzen Marktes. Das Zusammentreffen von Käufer und Verkäufer, sei es in Zeit und Raum oder auch nur virtuell, erscheint dabei lediglich als Abschluß eines von beiden unabhängig voneinander vorgenommenen Abwägungsprozesses.

Beim Shopping wird diese wechselseitige formale Autonomie von Käufer und Verkäufer, welche das Modell des Marktes postuliert, beim Wort genommen und praktiziert. Sie ist sowohl den Kunden als auch den Anbietern bewußt und prägt sowohl die Gestaltung von Marktumgebungen als auch die Kundenbewegungen in ihnen. Diese formale Autonomie betrifft aus der Sicht der Käufer drei Aspekte: erstens ihr Verhältnis zu ihren eigenen Bedürfnissen, insofern diese gerade nicht unmittelbar befriedigt werden müssen, die Ressourcen Zeit und Geld also tatsächlich vorhanden und nicht an bestimmte Erwerbsakte gebunden sind. Zweitens wird davon ihr Verhältnis zu den angebotenen Waren berührt, die als alternative Kaufoptionen erscheinen und insofern Wahlmöglichkeiten eröffnen. Drittens schließlich ist das Verhältnis der Käufer zu den Anbietern betroffen, denen gegenüber keine sozialen Verpflichtungen bestehen, die das Kaufverhalten unmittelbar beeinflussen. Shopping im Sinne eines vom Zweckkauf unterschiedenen Erlebniskaufs beruht auf dieser „gerahmten Autonomie“ der Kunden gegenüber den Anbietern; deren Beeinflussungsstrategien des Kaufverhaltens richten sich demnach nicht direkt auf Kunden, sondern auf die Ausgestaltung der Marktumgebungen. Aus der Perspektive der Kunden wiederum ist Shopping nicht der zweckgebundene Einkauf zur Befriedigung von primären Bedürfnissen, sondern die für die Anreize der Marktumgebungen aufmerksamen Bewegungen in diesen. Daß dies beide Seiten wissen ist die eigentlich relevante Information, die der Differenz von Zweckkauf und Erlebniskauf zu entnehmen ist.

Autorenangaben

Ellen Bareis, Diplom-Soziologin, wissenschaftliche Mitarbeiterin am Institut für Sozialpädagogik und Erwachsenenbildung der Johann Wolfgang Goethe-Universität Frankfurt/M. Ausgewählte Publikation: Überdachte, überwachte Straßenecken. Jugendliche im städtischen Konsumraum „Mall“, in: Mitteilungen des Instituts für Sozialforschung, Heft 15, September 2003, S. 63-90.

Heike Delitz, Architektin und Soziologin, Lehrbeauftragte am Institut für Soziologie der TU Dresden. Ausgewählte Publikation: Besprechung von Bernhard Schäfers, Architektursoziologie. Grundlagen – Epochen – Themen, Opladen 2003, in: Kölner Zeitschrift für Soziologie und Sozialpsychologie, Heft 9/2004, S. 591f.

Kai-Uwe Hellmann, Dr. habil., Soziologe, im Sommersemester 2005 Vertretungsprofessor am Institut für Kulturwissenschaften der Universität Leipzig. Ausgewählte Publikation: Soziologie der Marke, Frankfurt/M. 2003.

Sven Jacob, Diplom-Soziologe, bis Dez. 2003 Zentrum für Medien und Interakivität, Universität Giessen, derzeit tätig als Sozialarbeiter in Frankfurt. Publikation: (Hg.), Zwischen Hoffnung und Notwendigkeit: Texte zu Herbert Marcuse, Frankfurt/M. 1999.

Gerhard Keim, Dr., Director International Development bei der Gesellschaft für innovative Marktforschung (GIM) in Heidelberg. Ausgewählte Publikation: Magic Moments. Ethnographische Gänge in die Konsumwelt, Frankfurt/New York 1999.

Jörn Lamla, Dr. phil., wissenschaftlicher Assistent am Institut für Soziologie der Justus-Liebig-Universität Gießen. Ausgewählte Publikation: Zivilität und Konsum. Die Bürgerkultur im Prozess gesellschaftlicher Vermarktlichung, in: Michael Corsten/Hartmut Rosa/Ralph Schrader (Hg.), Die Gerechtigkeit der Gesellschaft, Wiesbaden 2005 (im Erscheinen).

Elena Müller, M.A., Doktorandin am Institut für Slawistik der TU Dresden. Ausgewählte Publikation: Tragische Anti-Helden, würdige Gegner und unwiderstehliche Verführer. Die Feindbilder in den sowjetischen visuellen Medien nach Stalin, in: Rainer Gries/Silke Satjukow (Hg.), Unsere Feinde. Konstruktionen des Anderen im Sozialismus, Leipzig 2005, S. 437-452.

Andreas Rieper, Diplom-Soziologe, Studienleiter in einem privatwirtschaftlichen Unternehmen für Stadt- und Handelsforschung in Hamburg. Diverse Standort- und Marktuntersuchungen/-gutachten für öffentliche Auftraggeber, Immobilienfirmen, Projektentwickler und Einzelhandelsbetriebe.

Dominik Schrage, Dr. phil., Soziologe, wissenschaftlicher Mitarbeiter am Institut für Soziologie der TU Dresden. Ausgewählte Publikation: Optimierung und Überbietung. „Leben" in produktivistischer und in konsumistischer Perspektive, in: Ulrich Bröckling/Stefan Kaufmann/Axel Paul (Hg.), Vernunft – Entwicklung – Leben. Schlüsselbegriffe der Moderne, München 2004, S. 291-303.

Sven Thiermann, Diplom-Soziologe, derzeit tätig als Medienpädagoge für Jugendliche. Publikationen vor allem zu nichtkommerziellem Lokalfunk, derzeit Vorbereitung eines entsprechenden Forschungsprojektes an der Universität Halle.

Stephan Voswinkel, Dr. habil., Soziologe, wissenschaftlicher Mitarbeiter am Institut für Sozialforschung Frankfurt/M. Ausgewählte Publikation: Welche Kundenorientierung? Anerkennung in der Dienstleistungsarbeit (unter Mitarbeit von Anna Korzekwa), Berlin 2005.

Bildnachweise

Abbildungen Hellmann

S. 9, Abb. 1: Produktion und Rezeption von Bedeutungen, Bildern und Botschaften im Wechselspiel (vom Autor).

S. 19, Abb. 2: The Purchase Cube (nach Hans Baumgartner, Toward a Personology of the Consumer, in: Journal of Consumer Research 29(2002), S. 290).

Abbildungen Delitz

S. 41, Abb. 1: Passage des Panoramas, Paris (Archiv des Instituts für Baugeschichte, Architekturtheorie und Denkmalpflege der TU Dresden. Mit freundlicher Genehmigung des Instituts für Baugeschichte, Architekturtheorie und Denkmalpflege der TU Dresden).

S. 44, Abb. 2: Wertheim Leipziger Straße, Berlin (aus: Walter Müller-Wulckow, Architektur der Zwanziger Jahre in Deutschland, Bauten der Arbeit und des Verkehrs, Königstein i.T. 1929, S. 84).

S. 47, Abb. 3: Kaufhaus Schocken, Stuttgart (aus: Erich Mendelsohn, Das Gesamtschaffen des Architekten, Skizzen – Entwürfe – Bauten, Berlin 1930, S. 152).

S. 50, Abb. 4: Karstadt Hermannplatz, Berlin (Archiv der Karstadt Warenhaus AG. Mit freundlicher Genehmigung der Karstadt Warenhaus AG).

S. 54, Abb. 5: Merkur (Horten), Stuttgart (Werkarchiv Egon Eiermann des Südwestdeutschen Archivs für Architektur und Ingenieurbau. Mit freundlicher Genehmigung des SAAI).

S. 57, Abb. 6: Konsument Leipzig (aus: Waltraud Volk, Historische Straßen und Plätze heute. Leipzig/Berlin 1979, S. 83. Mit freundlicher Genehmigung des Verlags für Bauwesen, Berlin).

S. 60, Abb. 7: CentrO, Oberhausen (aus: Johannes Busmann/Hans-Günther Wawrowsky, RKW. Rhode Kellermann Wawrowsky. Architektur 1950-2000, Ostfildern 1998, S. 132. Fotograf: Wolfgang Preis. Mit freundlicher Genehmigung von RKW Architektur + Städtebau).

Abbildungen Voswinkel

S. 90 Abb. 1; S. 94, Abb. 2 und 3 (vom Autor).

Abbildungen Lamla/Jacob

S. 210, Abb. 1: Marktplatz Internet – Dimensionen des Handlungsraumes (von den Autoren).